“十三五”职业教育规划教材

软件工程案例教程

汪作文　何　婧　编著

中国铁道出版社有限公司
CHINA RAILWAY PUBLISHING HOUSE CO., LTD.

内 容 简 介

为了满足广大读者对软件开发技术的学习需求，特别是为了提高高等职业院校计算机专业学生的软件开发技术和能力，本书采用实际的软件项目——“尚品购书网站系统”作为案例进行讲解。通过该项目在软件开发各个阶段的文档设计，系统地介绍了软件项目的开发过程，为学习软件开发技术的学生和软件开发技术人员提供了帮助和借鉴。本书比较系统地介绍了软件工程的概念、技术和方法，内容包括软件工程概述、可行性分析、需求分析基础、结构化分析方法、结构化设计方法、面向对象的分析与设计、软件编码与实现、用户界面设计、软件测试、软件项目管理等。在面向对象的分析和设计方法中，还讲述了统一建模语言UML；各章重点与难点突出，文字通俗易懂，便于教学与自学。

本书适合作为高等职业院校计算机专业的教材，也可供从事软件开发与应用的工程技术人员和软件项目管理人员阅读参考。

图书在版编目（CIP）数据

软件工程案例教程/汪作文,何婧编著.—2版.—北京：中国铁道出版社有限公司,2020.11

“十三五”职业教育规划教材

ISBN 978-7-113-27322-4

Ⅰ.①软… Ⅱ.①汪… ②何… Ⅲ.①软件工程-高等职业教育-教材 Ⅳ.①TP311.5

中国版本图书馆CIP数据核字（2020）第194305号

书　　名：软件工程案例教程
作　　者：汪作文　何　婧

策　　划：徐海英　翟玉峰　　**编辑部电话**：（010）63551006
责任编辑：王春霞　彭立辉
封面设计：刘　颖
责任校对：张玉华
责任印制：樊启鹏

出版发行：中国铁道出版社有限公司（100054，北京市西城区右安门西街8号）
网　　址：http://www.tdpress.com/51eds/
印　　刷：北京柏力行彩印有限公司
版　　次：2013年11月第1版　2020年11月第2版　2020年11月第1次印刷
开　　本：880 mm×1 230 mm　1/16　**印张**：15.25　**字数**：357千
书　　号：ISBN 978-7-113-27322-4
定　　价：42.00元

前 言

软件开发技术是一门新兴的技术，而软件工程则是指导软件开发与维护的工程学科。自20世纪60年代末期以来，人们为克服“软件危机”在这一领域进行了深入的研究，逐渐形成了系统的软件开发与维护理论、技术和方法，这些理论、技术和方法在指导软件的开发实践中发挥了重要作用。

软件工程学的研究范围非常广泛，学科内的新技术、新方法不断涌现。本书着重借助一个实际的软件开发案例，从实用角度讲解软件开发技术的相关概念、基本原理和技术方法，同时也注意了其系统性和先进性。

本书共分10章，第1章介绍了软件工程的概念、软件工程的发展和软件危机，着重介绍了软件生存周期、软件开发模型及软件工程的基本概念和基本内容。第2章介绍了可行性分析的具体内容。从第3章开始到第9章是本书的重点，分别论述了需求分析基础、结构化的分析与设计、面向对象的分析与设计、软件编码与实现、用户界面设计、软件测试等各个阶段的各种方法和技术，对SAD方法、数据流图、数据字典、结构图、N-S图、PDL语言、判定树、判定表等做了比较详细的介绍，对敏捷软件开发技术也做了讲解。同时也介绍了OOA、OOD、OOP等面向对象的分析和设计技术以及标准建模语言UML、UML的静态建模机制、UML的动态建模机制、UML软件开发过程等内容。第10章主要介绍了软件项目管理的相关知识。全书采用实际的软件项目——“尚品购书网站系统”作为案例，通过该项目在软件开发各个阶段的文档设计，系统地介绍了软件项目的开发过程。

本书内容新颖，借助实际的软件开发案例贯穿整个教学过程，语言文字通俗易懂；各章重点、难点突出，原理、技术和方法的阐述融于丰富的实例之中；每一章开始都有本章要点，从第2章开始，每一章都指出了相应的软件文档。每一章均有习题，便于教学与自学。本书适合作为高等职业院校计算机专业的教材，也可供从事软件开发与应用的工程技术人员和软件项目管理人员阅读参考。

编写团队对《软件工程案例教程》第一版的教材做了一些修订，例如，增加了目前流行的敏捷软件开发模型以及软件项目管理等章节。另外，为了适应信息化教学的需要，同时也为了方便任课老师的教学和学生的学习，作者组织建设了“软件工程”

课程的 MOOC 教学资源，主要有以下内容：教学微视频、教学课件、试题、习题等，MOOC 平台网址：http://mooc.wtc.edu.cn/portal/session/bulletin/index/1060.mooc。平台的公用账户为 casual-user，密码为 user123。

本书由汪作文、何婧编著，汪作文负责全书统稿。

由于时间仓促，编者水平有限，书中难免存在疏漏与不妥之处，恳请专家和读者批评指正。

编　者

2020 年 7 月

目 录

第1章 软件工程概述

本章要点

- 软件与软件危机
- 软件工程的概念
- 软件生存周期
- 软件体系结构
- 软件开发模型
- 计算机辅助软件工程

在信息社会里，信息的获取、处理、交流和决策都需要高质量的软件，这样就促使人们对计算机软件的品种、数量、质量、成本和开发时间等提出越来越高的要求。而随着计算机应用的逐步扩大，软件需求量迅速增加，规模也日益增大，长达数万行、数十万行乃至百万行以上代码的软件也越来越多。软件规模的膨胀，带来了其复杂度的增加，而开发一个数万以至数百万行的软件，即使是富有经验的软件开发技术人员，也难免顾此失彼。其结果是，软件开发计划一拖再拖，成本失去控制，软件质量得不到保证。

为了扭转这种被动局面，自20世纪60年代末期以来，人们十分重视软件开发技术的研究，十分重视软件开发的方法、工具和环境的研究，并在软件开发技术这一领域取得了重要的成果，逐步形成了计算机科学中一门新学科——软件工程学。

1.1 软件工程背景

视频

软件工程背景

1.1.1 软件的定义

计算机软件是与计算机系统操作有关的程序、规程、规则及任何与之有关的文档及数据。它由两部分组成：一是计算机可执行的程序及有关数据；二是计算机不可执行的，与软件开发、运行、维护、使用有关的文档。

程序（Program）是用程序设计语言描述的、适合于计算机处理的语句序列。它是软件开发人员根据用户需求开发出来的。目前的程序设计语言有三种类型：依赖于具体计算机的机器语言、汇编语言，独立于机器的面向过程的语言，以及独立于机器的面向问题的语言。机器语言是用中央处理器（CPU）指令集表示的符号语言，优秀的软件开发人员使用机器语言可以开发出时空开销较小的高质量程序。但是，用机器语言编写程序时工作效率低，程序难以阅读和调试，不利于软件的维护，也难以在不同的CPU系统中推广使用。而高级语言与机器无关，其表达能力强，容易阅读和修改，大大提高了软件开发效率。目前，世界上的程序设计语言有几百种，但广泛使用的不过十余种，如支持现代软件开发的C语言、支持面向对象设计方法的C++语言、支持网络计算的面向对象程序设计语言Java，以及支持Web应用的C#语言等。

文档（Document）是一种数据媒体和其上所记录的数据。文档记录软件开发活动和阶段性成果，它具有永久性并能供人阅读或机器阅读。它不仅用于专业人员和用户之间的通信和交流，而且还可以用于软件开发过程的管理和运行阶段的维护。为了提高软件开发的效率，提高软件产品的质量，许多国家对软件文档都制定了详尽、具体的规定，颁布了各种规范和标准。我国也制定了相应的规范和标准，如《计算机软件开发规范》《计算机软件需求说明编制指南》《计算机软件测试文件编制规范》等。

1.1.2 软件的特点和分类

1. 软件产品的特点

软件是逻辑产品而不是物理产品。因此，软件在开发、生产、维护和使用等方面与硬件相比均存在明显的差异。

软件开发与硬件相比，更依赖于开发人员的业务素质、智力、人员的组织、合作和管理。一般情况下，软件的开发、设计几乎都是从头开始的，开发的成本和进度很难估计。软件在提交使用之前，尽管经过了严格的测试和试用，但仍然不能保证没有潜在的错误。而硬件产品在经过生产、组装、测试、试用后，设计过程的错误一般是可以排除的。

硬件试制成功以后，批量生产需要建生产线，投入大量的人力、物力和资金。生产过程中还要进行严格的质量控制，对每件产品进行严格的检验。而软件产品开发成功以后，只需要对原版软件进行复制即可。但是，软件在使用过程中的维护工作却比硬件复杂得多。另外，软件产品是逻辑的而不是物理的，所以软件产品不会磨损和老化。这与硬件产品也是不一样的。

2. 软件产品的分类

（1）按软件的功能进行划分

①系统软件：能与计算机硬件紧密配合在一起，使计算机系统各个部件、相关的软件和数据协调、高效地工作的软件。例如，操作系统、数据库管理系统、设备驱动程序以及通信处理程序等。系统软件在运行时需要频繁地与硬件交往，以提供有效的用户服务，共享资源，其间伴随着复杂的进程管理和复杂的数据结构处理。系统软件是计算机系统必不可少的一个组成部分。

②支撑软件：协助用户开发软件的工具性软件，其中包括帮助程序人员开发软件产品的工

具，也包括帮助管理人员控制开发的进程的工具，如各种软件包和专用程序等。

③应用软件：在特定领域内开发，为特定目的服务的一类软件。现在几乎所有的国民经济领域都使用了计算机，为这些计算机应用领域服务的应用软件种类繁多。其中，商业数据处理软件是所占比例最大的一类，工程与科学计算软件大多属于数值计算问题。此外，应用软件在计算机辅助设计／制造（CAD/CAM）、系统仿真、智能产品嵌入软件（如汽车油耗控制、仪表盘数字显示、制动系统），以及人工智能软件（如专家系统、模式识别）等方面应用广泛，使得传统的产业部门面目一新，带给人们的是惊人的生产效率和巨大的经济效益。在事务管理、办公自动化方面的软件也在企事业机关迅速推广，中文信息处理、计算机辅助教学（CAI）等软件使得计算机向家庭普及，甚至连小孩儿也能在计算机上学习和游戏。

（2）按软件规模进行划分

按开发软件所需的人力、时间以及完成的源程序行数，可确定六种不同规模的软件，如表1-1所示。

表1-1　软件规模的分类

类　别	参加人员数	研制期限	产品规模（源程序行数）
微型	1	1～4周	0.5k
小型	1	1～6月	1k～2k
中型	2～5	1～2年	5k～50k
大型	5～20	2～3年	50k～100k
甚大型	100～1000	4～5年	1M（=1024k）
极大型	2000～5000	5～10年	1M～10M

规模大、时间长、很多人参加的软件项目，其开发工作必须要有软件工程的知识做指导。而规模小、时间短、参加人员少的软件项目也得有软件工程概念，遵循一定的开发规范。其基本原则是一样的，只是对软件工程技术依赖的程度不同而已。

（3）按软件服务对象的范围划分

①项目软件：也称定制软件，是受某个特定客户（或少数客户）的委托，由一个或多个软件开发机构在合同的约束下开发出来的软件。例如，军用防空指挥系统、卫星控制系统。项目软件中有的软件带有试验研究性质，项目完成后根据需要可能在此基础上做进一步开发。

②产品软件：由软件开发机构开发出来直接提供给市场，或者为千百个用户服务的软件。例如，文字处理软件、文本处理软件、财务处理软件、人事管理软件等。

由于产品软件要参与市场竞争，其功能、使用性能以及培训和售后服务显得尤为重要。

1.1.3　软件的发展

自从第一台计算机问世以来，软件的发展可以划分为三个阶段：

①程序设计阶段，20世纪50～60年代。

②程序系统阶段，20世纪60～70年代。

③软件工程阶段，20世纪70年代以后。

计算机软件发展的三个阶段及其特点如表1–2所示。

表1–2　计算机软件发展的三个阶段及其特点

特　点	阶　段		
	程序设计	程序系统	软件工程
软件所指	程序	程序及说明书	程序、文档、数据
主要程序设计语言	汇编及机器语言	高级语言	软件语言[①]
软件工作范围	程序编写	包括设计和测试	软件生存期
软件使用者	程序设计者本人	少数用户	市场用户
软件开发组织	个人	开发小组	开发小组及大中型软件开发机构
软件规模	小型	中小型	大中小型
决定质量的因素	个人编程技术	小组技术水平	技术水平及管理水平
开发技术和手段	子程序和程序库	结构化程序设计	数据库、开发工具、开发环境、工程化开发方法、标准和规范、网络及分布式开发，面向对象技术及软件复用
维护责任者	程序设计者	开发小组	专职维护人员
硬件特征	价格高，存储容量小，工作可靠性差	降价，速度、容量及工作可靠性有明显提高	向超高速、大容量、微型化及网络化方向发展
软件特征	完全不受重视	软件技术的发展不能满足需要，出现软件危机	开发技术有进步，但未获突破性进展，价格高，未完全摆脱软件危机

注：①这里软件语言包括需求定义语言、软件功能语言、软件设计语言、程序设计语言等。

从表1–2中可以看到三个发展时期主要特征的对比。几十年来最根本的变化体现在：

1. 人们改变了对软件的看法

20世纪50～60年代，程序设计曾经被看作是一种任人发挥创造才能的技术领域。当时人们认为，写出的程序只要能在计算机上得出正确的结果，程序的写法可以不受任何约束。随着计算机的广泛使用，人们要求这些程序容易看懂、容易使用，并且容易修改和扩充。于是，程序便从个人按自己意图创造的“艺术品”转变为能被广大用户接受的工程化产品。

2. 软件的需求是软件发展的动力

早期的程序开发者只是为了满足自己的需要，这种自给自足的生产方式仍然是其低级阶段的表现。进入软件工程阶段以后，软件开发的成果具有社会属性，它要在市场中流通以满足广大用户的需要。

3. 软件工作的范围从只考虑程序的编写扩展到涉及整个软件生存期

在软件技术发展的第二阶段，随着计算机硬件技术的进步，要求软件能与之相适应。然而，软件技术的进步一直未能满足形势发展提出的要求，软件质量得不到保证，软件成本不断上升，软件开发的生产率无法提高，致使问题积累起来，形成了日益尖锐的矛盾。这就导致了软件危机。

1.1.4 软件危机

所谓软件危机，是指在软件开发过程中遇到的一系列严重的问题。

软件危机产生的原因：

①软件不同于硬件，它是计算机系统的逻辑部件而不是物理部件。在写出程序代码并在计算机上试运行之前，软件开发过程的进展情况较难衡量，很难检验开发的正确性且软件开发的质量也较难评价。因此，控制软件开发过程相当困难。此外，在软件运行过程中发现错误，很可能是遇到了一个在开发期间引入的、但在测试阶段没有能够检测出来的错误，所以软件维护常常意味着修改原来的设计。这样，维护的费用十分惊人，客观上使得软件较难维护。

②软件开发的过程是多人分工合作、分阶段完成的过程，参与人员之间的沟通和配合十分重要。但是，相当多的软件开发人员对软件的开发和维护存在不少错误的观念，在实践过程中没有采用工程化的方法，或多或少地采用了一些错误的方法和技术，这是造成软件危机的主要原因。

③开发和管理人员只重视开发而轻视问题的定义，使软件产品无法满足用户的要求。对用户的要求没有完整准确的认识就急于编写程序，这是许多软件开发失败的另一主要原因。事实上，许多用户在开始时并不能准确具体地叙述他们的需要，软件人员需要做大量深入细致的调查研究工作，反复多次与用户交流信息，才能真正全面、准确、具体地了解用户的要求。

④软件管理技术不能满足现代软件开发的需要，没有统一的软件质量管理规范。首先是文档缺乏一致性和完整性，从而失去管理的依据。因为程序只是完整软件产品的一个组成部分，一个软件产品不能只重视程序，也要特别重视软件配置。其次，由于成本估计不准确，资金分配混乱，人员组织不合理，进度安排无序，导致软件技术无法实施。

⑤在软件的开发和维护关系问题上存在错误的观念。软件维护工作通常是在软件完成之后进行的，因此是极端艰巨复杂的工作，需要花费很大的代价。所以，做好软件的定义工作，是降低软件成本、提高软件质量的关键。如果软件人员在定义阶段没有正确、全面地理解用户要求，直到测试阶段才发现软件产品不完全符合用户的需要，这时再修改就为时已晚。另外，在软件生存期的不同节点进行修改需要付出的代价是不同的。在早期引入变更，涉及面较小，付出的代价较低；在开发的中期软件配置的许多成分已经完成，引入一个变更可能需要对所有已完成的配置成分都做相应的修改，不仅工作量大，而且逻辑上更复杂，因而付出的代价剧增。在软件“已经完成”后再引入变更，则需要付出更高的代价。因此，必须把软件工程的观念引入软件开发的各个阶段，建立起软件开发与维护的工程化的观念。

1.2 软件工程的基本原理

1.2.1 软件工程的定义

软件工程是一门综合性的交叉学科，它涉及计算机科学、工程科学、管理科学和数学等。计算机科学中的研究成果都可以用于软件工程，但计算机科学着眼于原理和理论，软件工程着眼于

视频

软件工程的基本原理

如何建造一个软件系统。此外，软件工程要用工程科学中的技术来进行成本估算、安排进度及制订计划和方案；软件工程还要利用管理科学中的方法、原理来实现软件生产的管理，并用数学的方法建立软件开发中的各种模型和算法，如可靠性模型、说明用户要求的形式化模型等。

开发一个软件，除去那些规模很小的项目以外，通常要由多个软件人员分工合作、共同完成；开发阶段之间的工作也应有很好的衔接；开发工作完成以后，软件成果要面向用户，在应用中接受用户的检验。所有这些活动都要求人们改变过去那种把软件当作个人才智产物的观点，抛弃那些只按自己工作习惯，不顾与周围其他人员配合关系的做法。

在这一点上，软件开发与计算机硬件研制，甚至与高楼建设没有本质的差别。任何参加这些工程项目的人员，他们的才能只有在工程项目的总体要求和技术规范的约束下才能充分发挥和施展。

许多计算机和软件科学家尝试，把其他工程领域中行之有效的工程学知识运用到软件开发工作中。经过不断实践和总结，最后得出一个结论：按工程化的原则和方法组织软件开发工作是有效的，也是摆脱软件危机的一个主要出路。

Fritz Bauer曾经为软件工程下了定义："软件工程是为了经济地获得能够在实际机器上有效运行的可靠软件而建立和使用的一系列完善的工程化原则。"

1983年IEEE给出的定义为："软件工程是开发、运行、维护和修复软件的系统方法。"其中，"软件"的定义为：计算机程序、方法、规则、相关的文档资料以及在计算机上运行时所必需的数据。

后来，尽管又有一些人提出了许多更为完善的定义，但主要思想都是强调在软件开发过程中需要应用工程化原则的重要性。

1.2.2 软件工程的目标和原则

组织实施软件工程项目，从技术上和管理上采取了多项措施以后，最终希望得到项目的成功。所谓成功指的是达到以下几个主要目标：

①付出较低的开发成本。

②达到要求的软件功能。

③取得较好的软件性能。

④开发的软件易于移植。

⑤需要较低的维护费用。

⑥能按时完成开发工作，及时交付使用。

在具体项目的实际开发中，企图让以上几个目标都达到理想的程度往往是非常困难的。而且上述目标很可能是互相冲突的。例如，若降低开发成本，很可能同时也降低了软件的可靠性。另一方面，如果过于追求提高软件的性能，可能造成开发出的软件对硬件有较大的依赖，从而直接影响到软件的可移植性。

图1-1所示为软件工程目标之间存在的相互关系。其中有些目标之间是互补关系，例如，易于维护和高可靠性之间，低开发成本与按时交付之间。还有一些目标是彼此互斥的，例如，低开发成本与高可靠性之间、高性能与高移植性之间就存在冲突。

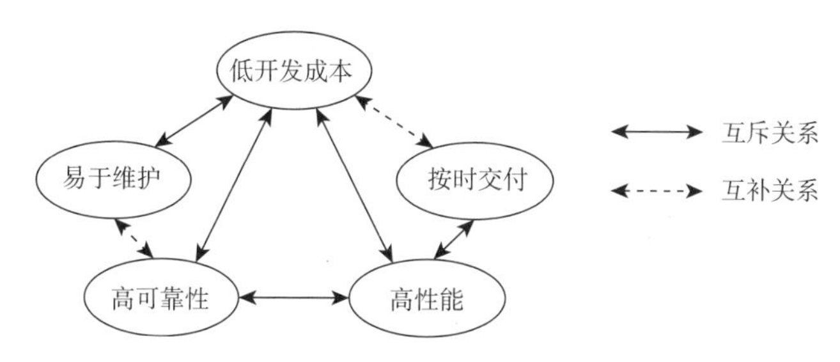

图 1-1 软件工程目标之间的关系

这里提到的几个目标很自然地成为判断软件开发方法或管理方法优劣的衡量尺度。如果提出一种新的开发方法，需要关心的是它对满足哪些目标比现有的方法更为有利。实际上，实施软件开发项目就是力图在以上目标的冲突取得一定程度的平衡。

1.2.3 软件工程的基本原理

自从“软件工程”这一术语问世以来，研究软件工程的专家陆续提出了许多软件工程的准则或信条。美国著名软件工程专家 Boehm 于 1983 年提出了软件工程的 7 条基本原理，并认为这 7 条原理是确保软件产品质量和开发效率的最有效的原理。

1. 用分解段的生命周期计划严格管理

相关的统计数据表明，失败的软件项目 50% 以上是由于计划不周造成的。这条原理表明，应该把软件生命周期分成若干阶段，并相应制订出切实的计划，然后严格按照计划对软件的开发和维护进行管理。Boehm 认为，在整个的软件生命周期内，应制订并严格执行的计划包括：项目概要计划、里程碑计划、项目控制计划、产品控制计划、验证计划和运行维护计划。

2. 坚持进行阶段评审

对一些软件项目开发的统计表明，大部分错误属于设计方面的错误，约占 63%。错误发现得越晚，改正错误付出的代价就越大。因此，软件的质量保证工作不能等到编码结束之后再进行，应坚持进行严格的阶段评审，以便尽早发现错误。

3. 实行严格的产品控制

软件的需求变更是不可避免的，软件开发人员应采用科学的产品控制技术来顺应这种需求。当需求发生变更时，其他各个阶段的文档或代码应随之相应改动，以保证软件质量。

4. 采纳现代程序设计技术

采用先进的技术既可以提高软件的开发效率，又可以减少软件维护的成本。

5. 结果应能清楚地审查

由于软件产品的一些独特的性质，为更好地进行管理，应根据软件开发的总目标及完成的期限，尽量明确地规定开发小组的责任和产品标准，从而使所得到的标准能清楚地审查。

6. 开发小组的人员应少而精

开发人员的素质和数量是影响软件质量和开发效率的重要因素，应该少而精。

7. 承认不断改进软件工程实践的必要性

Boehm 提出应把不断改进软件工程实践的必要性作为软件工程的第 7 条原理。根据这条原理，不仅要积极采纳新的软件开发技术，还要注意不断总结经验，收集进度和消耗等数据，进行出错类型和问题报告统计。这些数据既可以用来评估新的软件技术的效果，又可以用来指明必须着重注意的问题和应该优先进行研究的工具和技术。

1.3 软件生存周期

视频

软件工程开发模型概述

1. 软件生存周期的概念

软件产品从形成概念开始，经过开发、使用和维护，直到最后退役的全过程称为软件生存周期。软件生存周期根据软件所处的状态、特征以及软件开发活动的目的、任务可以划分为若干个阶段。软件生存周期分为软件系统的问题定义、可行性研究、需求分析、概要设计、详细设计、软件编码、软件测试、软件维护等八个阶段。

把上述基本的过程活动进一步展开，可以得到软件生存周期的六个步骤：

①制订计划：确定要开发软件系统的总目标，给出它的功能、性能、可靠性以及接口等方面的要求；研究完成该项软件任务的可行性，探讨解决问题的可能方案；制订完成开发任务的实施计划，连同可行性研究报告，提交管理部门审查。

②需求分析：对待开发软件提出的需求进行分析并给出详细的定义。编写出软件需求说明书及初步的用户手册，提交管理机构评审。

③软件设计：把已确定了的各项需求转换成一个相应的体系结构，进而对每个模块要完成的工作进行具体的过程性描述。编写设计说明书，提交评审。

④程序编写：把软件设计的过程性描述转换成计算机可以接受的程序代码。

⑤软件测试：在设计测试用例的基础上检验软件的各个组成部分。

⑥运行/维护：已交付的软件正式投入使用，并在运行过程中进行适当的维护。

2. 目的和阶段

软件工程过程没有规定一个特定的软件生存周期模型或软件开发方法，各个软件开发机构可以为自己的开发项目选择一种生存周期模型，并将软件工程过程所包含的各种过程、活动和任务映射到该模型中。也可以选择和使用软件开发方法来执行适合于其软件项目的活动和任务。

研究软件生存周期的目的是为了科学、有效地组织和管理软件的生产，从而使软件生产更可靠、更经济。采用软件生存周期来划分软件的工程化开发，使软件开发分阶段依次进行。前一个阶段任务的完成是后一个阶段工作的前提和基础，而后一个阶段通常将前一个阶段提出的方案进一步具体化。每一个阶段结束之前都要接受严格的技术评审和管理评审。采用这种划分，使得每一个阶段的工作相对独立，有利于简化整个问题的解决方法，且便于不同人员分工协作。而且，其严格的科学的评审制度保证了软件的质量，提高了软件的可维护性，从而大大提高了软件开发的生产率和成功率。

软件生存周期的各阶段有不同的划分，软件规模、种类、开发模式、开发环境和开发方法都影响软件生存周期的划分。在划分软件生存周期阶段时，应遵循以下规则，即各阶段的任务应尽可能相对独立，同一阶段各项任务的性质应尽可能相同，从而降低每个阶段任务的复杂程度，简化不同阶段之间的联系，有利于软件项目开发的组织和管理。

1.4 软件体系结构

软件体系结构的思想最早是由Dijsktra等人提出的，Shaw，Perry及Wolf等人在20世纪80年代末期做了进一步研究。虽然软件体系结构已经成为软件工程研究的重点，但是许多研究人员都是基于自己的经验从不同的角度、不同侧面对体系结构进行刻画的。

Perry及Wolf等人认为软件体系结构由一组具有特定形式的体系结构元素组成，包括处理元素、数据元素和连接元素等三种。

Garlan和Perry则指出，软件体系结构包括一个系统的构件结构、构件间的相互关系，以及控制构件设计与演化的原则及规范三个方面。

Shaw和Garlan认为，体系结构是对构成系统的元素、这些元素间的交互、它们的构成模式，以及这些模式之间的限制的描述。

目前一个比较统一的定义是：软件体系结构是一个系统的高层结构共性的抽象，是建立系统时的构造模型、构造风格、构造模式。

目前，在商业软件开发中常用的软件体系结构有：层次结构、C/S结构和B/S结构。

1.4.1 层次结构

所谓层次结构，就是将软件的实现分成多个层次，低层的模块实现相对单纯的功能，多个低层模块组合成一个较高的模块，实现相对多的功能，最后所有的模块组合起来完成整个软件的功能。

层次系统要求上层子系统调用下层子系统的功能，而下层子系统不能够调用上层子系统的功能。一般下层每个程序接口执行当前的一个简单的功能，而上层通过调用不同的下层子程序，并按不同的顺序来执行这些下层程序，层次结构就是以这种方式来完成多个复杂业务功能的。层次结构主要用于单机系统。

1.4.2 C/S结构

客户/服务器结构简称C/S结构或两层体系结构，由服务器提供应用（数据）服务，多台客户机进行连接，如图1-2所示。

图1-2 C/S结构

1.4.3 B/S结构

浏览器/服务器结构简称B/S结构，如图1–3所示。

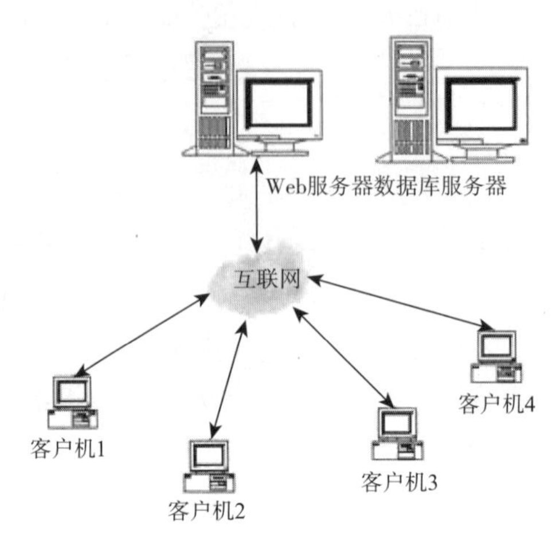

图 1–3 B/S 结构

在这种结构下，主要事务逻辑在服务器端（Server）实现，极少部分事务逻辑在前端浏览器（Browser）实现。客户机统一采用浏览器，用户工作界面是通过WWW浏览器来实现的。

1.4.4 B/S和C/S结构的比较

1. 响应速度

C/S结构的软件系统比B/S结构的软件系统在客户端响应方面速度快，能充分发挥客户端的处理能力，很多工作可以在客户端处理后再提交给服务器。由于C/S结构的软件系统在逻辑结构上比B/S结构的软件系统少一层，对于相同的任务，C/S完成的速度总比B/S的快，因此C/S更利于处理局域网内大量的数据。

2. 交互性

B/S结构的软件系统只需要在客户端安装一个浏览器即可，由于浏览器与HTML页面的交互性比较差，因此B/S结构的软件系统没有C/S结构软件系统的交互性好。

3. 处理打印和计算机I/O接口能力

C/S结构软件系统在软件处理打印和计算机接口方面比B/S结构的软件系统方便。例如，打印报表、RS–232异步通信口的控制等。

4. 维护费用

C/S结构软件系统在系统维护方面没有B/S结构的软件系统方便。客户端需要安装专用的客户端软件，属于“胖客户端”。系统软件升级时，每一个客户机需要重新安装，其维护和升级成本非常高。

5. 安全性

C/S结构提供了更加安全的存取模式。由于C/S是配对的点对点的结构模式，采用了局域网安全性比较好的网络协议，安全性可以得到比较好的保证。而B/S采用一点对多点、多点对多点这种开放的结构模式，并采用TCP/IP这一类运用于Internet的开放性协议，其安全性只能靠数据服务器上的管理密码的数据库来保证。

1.5 软件开发模型

前面章节介绍了软件生存周期的各个阶段的划分。实践中多数场合，不能一次就全部、精确地生成需求规格说明。软件开发各个阶段之间的关系不可能是顺序的、线性的，相反，应该是带有反馈的迭代过程，这种过程用软件开发模型表示。为了简化讨论，这里从可行性研究开始到运行与维护为止。

软件开发模型给出了软件开发活动各个阶段之间的关系。它是软件开发过程的概括，是软件工程的重要内容。它为软件工程管理提供里程碑和进度表；为软件开发过程提供原则和方法。软件开发模型大体上可分为三种类型：第一种是以软件需求完全确定为前提的瀑布模型；第二种是在软件开发初始阶段只能提供基本需求时采用的渐进式开发模型，如原型模型、螺旋模型等；第三种是以形式化开发方法为基础的变换模型。实践中经常将几种模型组合起来充分利用各种模型的优点。

1.5.1 瀑布模型

瀑布模型（Waterfall Model）也称软件生存周期模型，由W.Royce于1970年首先提出。根据软件生存周期各个阶段的任务，瀑布模型从可行性研究（或称系统分析）开始，逐步进行阶段性变换，直至通过确认测试并得到用户确认的软件产品为止。瀑布模型上一阶段的变换结果是下一阶段变换的输入，相邻两个阶段具有因果关系，紧密相连。一个阶段工作的失误将蔓延到以后的各个阶段。为了保障软件开发的正确性，每一个阶段任务完成以后，都必须对它的阶段性产品进行评审，确认之后再转入下一个阶段的工作。评审过程发现错误和疏漏后，应该反馈到前面的有关阶段修正错误、弥补疏漏，然后再重复前面的工作，直至某一阶段通过评审后再进入下一个阶段。这种形式的瀑布模型是带有反馈的瀑布模型，如图1–4所示。

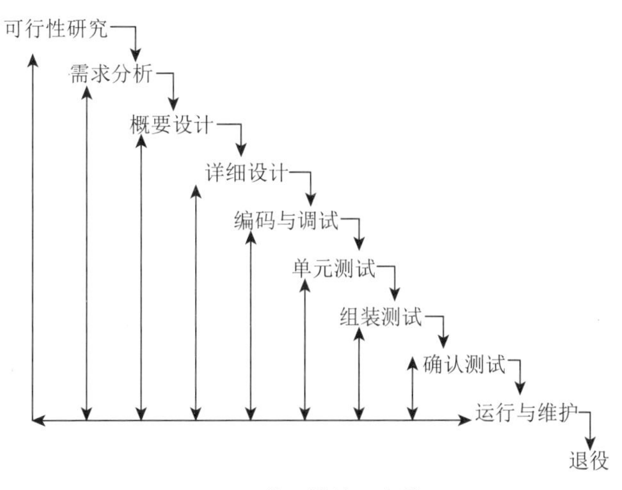

图1–4 带反馈的瀑布模型

瀑布模型在软件工程中占有重要的地位，它提供了软件开发的基本框架，这比依靠“个人技艺”开发软件好得多。它有利于大型软件开发过程中人员的组织、管理，有利于软件开发方法和工具的研究与使用，从而提高了大型软件项目开发的质量和效率。瀑布模型的主要缺点是：①在软件开发的初始阶段指明软件系统的全部需求是困难的，有时甚至是不现实的。而瀑布模型在需求分析阶段要求客户和系统分析人员必须做到这一点才能开展后续工作。②需求确定后，用户和软件项目负责人要等相当长的时间（经过设计、实现、测试、运行）才能得到一份软件的最初版本。如果用户对这个软件提出比较大的修改意见，那么整个软件项目将会蒙受巨大的人力、才力和时间方面的损失。瀑布模型的应用有一定的局限性。

1.5.2 原型模型

原型不是一个新概念。建筑师接到一个建筑项目后，要根据用户提出的基本要求和自己对用户需求的理解，按一定比例设计并建造一个原型。用户和建筑师以原型为基础做进一步研究。当用户和建筑师对建筑物的设计和构造取得一定的共识后，建筑师再组织对建筑物的设计和施工。针对软件设计初期在确定软件系统需求方面存在的困难，软件开发人员可以借鉴建筑师在设计和建造原型方面的经验。软件开发人员根据用户提出的软件定义，快速地开发一个原型，它向客户展示了待开发软件系统的全部或部分功能和性能，在征求客户对原型意见的过程中，进一步修改、完善、确认软件系统的需求并达到一致的理解。快速开发原型的途径有三种：

①利用个人计算机模拟软件系统的人机界面和人机交互方式。

②开发一个工作原型，实现软件系统的部分功能，而这部分功能是重要的，也可能是容易产生误解的。

③找来一个或几个正在运行的类似软件，利用这些软件向客户展示软件需求中的部分或全部功能。为了快速开发原型，要尽量采用软件重用技术，以便尽快向客户提供原型。原型应充分展示软件的可见部分，如数据的输入方式、人机界面、数据的输出格式等。由于原型是客户和软件开发人员对软件项目需求的理解，有助于需求的定义和确认。原型开发模型如图 1-5 所示。利用原型定义和确认软件需求之后，就可以对软件系统进行设计、编码、测试和维护。

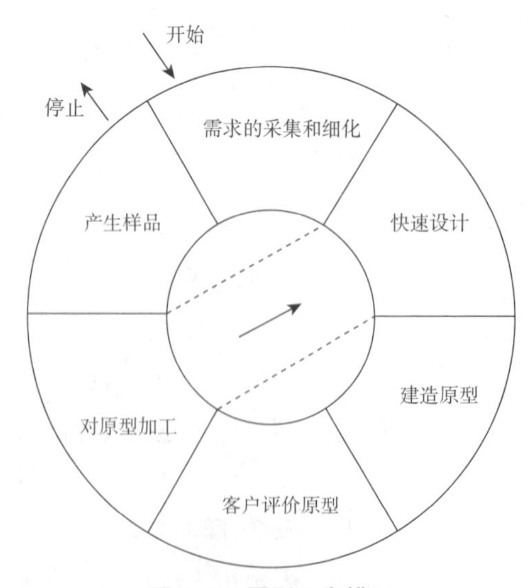

图 1-5 原型开发模型

1.5.3 螺旋模型

对于复杂的大型软件，开发一个原型往往达不到要求。螺旋模型将瀑布模型与原型模型结合起来，并且加入两种模型均忽略了的风险分析，弥补了两者的不足。在此先简要说明什么是风险分析。“软件风险”是普遍存在于任何软件开发项目中的实际问题。对于不同的项目，其差别只是风险有大有小而已。在制订软件开发计划时，系统分析员必须回答：项目的需求是什么，需要投入多少资源以及如何安排开发进度等一系列问题。然而，若要他们当即给出准确无误的回答是不容易的，甚至几乎是不可能的，但系统分析员又不可能回避这一问题。凭借经验的估计出发给出初步的设想便难免带来一定风险。实践表明，项目规模越大，问题越复杂，资源、成本、进度等因素的不确定性越大，承担项目所冒的风险也越大。总之，风险是软件开发不可忽视的潜在不利因素，它可能在不同程度上损害到软件开发过程或软件产品的质量。软件风险驾驭的目标是在造成危害之前，及时对风险进行识别、分析，采取对策，进而消除或减少风险的损害。

螺旋模型沿着螺线旋转，如图1-6所示，在笛卡儿坐标的四个象限上分别表达了四个方面的活动：

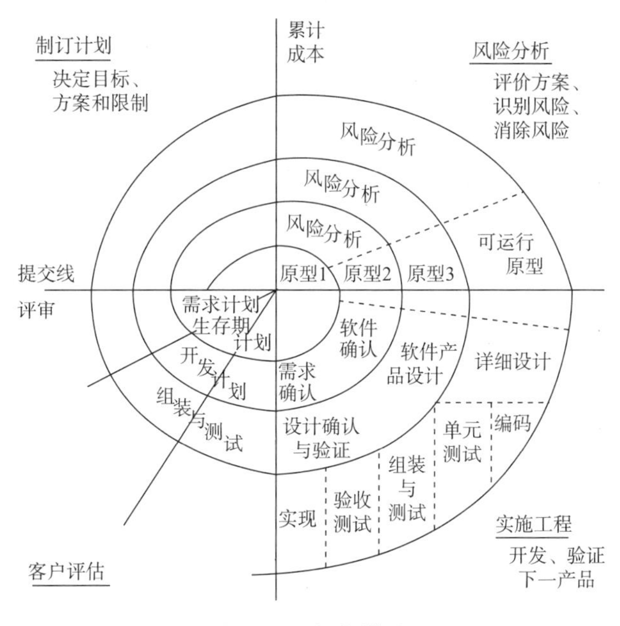

图 1-6 螺旋模型

①制订计划——确定软件目标，选定实施方案，弄清项目开发的限制条件。

②风险分析——分析所选方案，考虑如何识别和消除风险。

③实施工程——实施软件开发。

④客户评估——评价开发工作，提出修正建议。

沿螺线自内向外每旋转一圈便开发出更为完善的一个新的软件版本。例如，在第一圈，确定了初步的目标、方案和限制条件以后，转入右上象限，对风险进行识别和分析。如果风险分析表明，需求有不确定性，那么在右下的工程象限内，所建的原型会帮助开发人员和客户，考虑其他开发模型，并对需求做进一步修正。

客户对工程成果做出评价之后，给出修正建议。在此基础上需再次做计划，并进行风险分析。在每一圈螺线上，做出风险分析的终点是否继续下去的判断。假如风险过大，开发者和用户无法承受，项目有可能终止。多数情况下沿螺线的活动会继续下去，自内向外，逐步延伸，最终得到所期望的系统。

如果软件开发人员对所开发项目的需求已有了较好的理解或较大的把握，则无须开发原型，可采用普通的瀑布模型。这在螺旋模型中可认为是单圈螺线。与此相反，如果对所开发项目的需求理解较差，则需要开发原型，甚至需要不止一个原型的帮助，这就需要经历多圈螺线。在这种情况下，外圈的开发包含了更多的活动。也可能某些开发采用了不同的模型。

螺旋模型适合于大型软件的开发，应该说它是最为实际的方法，它吸收了软件工程“演化”的概念，使得开发人员和客户对每个演化层出现的风险有所了解，继而做出应有的反映。

螺旋模型的优越性比起其他模型来说是明显的，但并不是绝对的，要求许多客户接受和相信演化方法并不容易。这个模型的使用需要具有相当丰富的风险评估经验和专门知识。如果项目风险较大，又未能及时发现，势必造成重大损失。此外，螺旋模型是出现较晚的新模型，远不如瀑布模型普及，要让广大软件人员和用户充分肯定它，还有待于更多的实践。

1.5.4 基于四代技术的模型

四代语言（Fourth Generation Language，4GL）是R.Ross于1981年提出的。它是在大型数据库管理程序基础上发展起来的程序设计语言。4GL是面向结果的非过程式语言，它独立于具体的处理机，有丰富的软件工具支持，能统一利用和管理各种数据资源，因此能适应不同水平用户的需要。以4GL为核心的软件开发技术称为四代技术（4GT），采用四代技术开发软件的模型如图1–7所示。

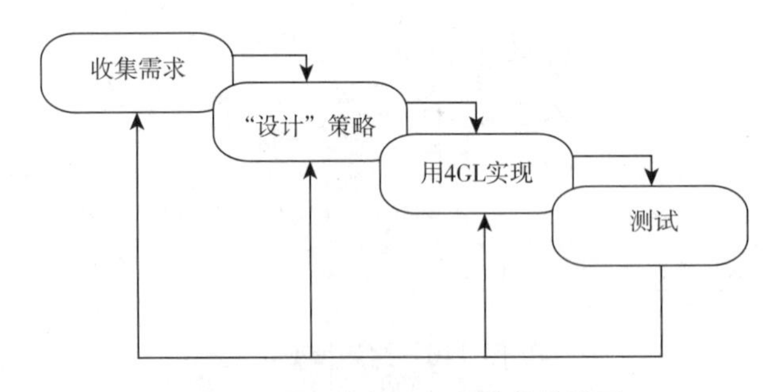

图1–7 用四代技术开发软件的模型

软件开发者在定义软件需求时给出软件规格说明之后，4GT工具能够将开发者编写的软件规格说明自动转换成程序代码，从而大大减少了分析、设计、编码与测试的时间。当前，支持4GT的软件开发工具有：数据库查询语言、报表生成器、图表生成器、人机交互的屏幕设计与代码生成系统，等等。支持4GT的环境基本上是专用的，开发一个通用的4GT环境还有不少困难。实践表明，大多数需求明确的小型应用系统，特别是信息领域、工程和实时嵌入式小型应用系统采用

4GT，在软件开发的时间、成本、质量等方面都会取得比较好的效果。

对于大型的软件开发项目，由于在系统分析、设计、测试、文档生成等方面要做大量的工作，采用4GT虽然可以节省部分代码生成的时间，但它在整个大型软件系统开发中所占的比例是有限的。

1.6 软件工程标准

遵循一定的软件工程标准是软件质量的重要保障之一。

1.6.1 软件工程国际标准

在软件开发过程中，需要许多不同分工的人员配合，需要项目各部分和不同阶段之间联系和衔接，需要阶段评审和验收测试，同时软件维护和开发工作有着密切的联系。所有这些都要求提供统一的行动规范和衡量准则，也就是常说的标准。本节简要地介绍ISO9000国际标准。

1.6.2 ISO9000系列标准基本思想

近年来，国际上影响最为深远的质量管理标准当属国际标准化组织于1987年公布的ISO9000系列标准。ISO9000系列标准适用领域广阔，最初是针对制造行业的，但现在已适用于任何行业，其中包括：

①硬件：具有特定形状的产品，如机械、电子产品，不只是计算机硬件。

②软件：通过支持媒体表达的信息所构成的智力产品，包括计算机软件。

③服务：为满足客户需求的更为广泛的活动。

ISO9000用一种适用于任何行业的通用术语描述了质量管理体系的要素，包括质量计划，质量保证和质量改进所需的组织结构、规程和方法、资源等，但是，ISO9000并没有描述一个组织具体应该怎样实现这些质量管理体系的要素，而如何设计和实现这些要素则是各公司和组织的事情。ISO9000标准客观地对供方提出了全面的质量管理要求、质量管理办法，并且还规定了需方的管理职责，使得双方普遍认可，从而在贸易活动中建立了相互信任关系的基础。

ISO9000系列标准为：

① ISO9000质量管理和质量保证标准——选择和使用导则。

② ISO9001质量体系——设计、开发、生产、安装和服务中的质量保证模式。

③ ISO9002质量体系——生产和安装中的质量保证模式。

④ ISO9003质量体系——最终检验和测试中的质量保证模式。

⑤ ISO9004质量管理和质量体系要素——导则。

ISO9000的基本思想主要体现在以下几个方面：

①强调质量并不是在产品检验中得到的，而是在生产的全过程中形成的。ISO9000-3阐述了供方和需方应该怎样进行有组织的质量管理活动，才能得到较为满意的软件产品；规定了从双方签订开发合同到设计、实现和维护的整个软件生命周期中应该实现的质量管理活动，但是，并没有规定具体的质量管理和质量检验的方法和步骤。

②为保证产品质量，ISO9000要求“必须在生产的全过程中，影响产品质量的所有因素都要始终处于受控状态”。为使软件产品达到质量要求，ISO9000-3要求软件开发机构建立质量管理体系。首先要求明确供需双方的职责，针对所有可能影响软件质量的因素都要采取有力措施，做出如何加强管理和控制的决定。

③可以用ISO9000标准证实“企业具有持续地提供符合要求的产品的能力”。如果产品质量能达到标准提出的要求，则可以由不依赖于供、需双方的第三方权威机构对生产厂商审查认证后，出具合格证明。

④可以用ISO9000标准来“持续地改进质量”。实施ISO9000标准使企业加强质量管理、提高产品质量的过程。通常，认证的有效期为半年，取得认证之后每年还需要接受1～2次定期检查，以保证该企业的质量管理体系持续地符合ISO9000标准，并促使企业不断地提高质量。

1.6.3 ISO9000-3标准

ISO9000系列标准原本是为制造硬件制定的标准，不能直接用于软件制作。后来，曾试图将ISO9001改写用于软件开发方面，但效果不佳。于是，以ISO9000系列标准的追加形式，另行制定了ISO9000-3标准，ISO9000-3就成了用于“使ISO9001适用于软件开发、供应及维护”的“指南”。

ISO9000-3标准的要点如下：

① ISO9000-3标准不适用于面向多用户销售的程序包软件，仅适用于依照合同进行的单独订货开发软件。同时，它也是用户企业的系统部门在建立质量保证体系时的指南。如果将使用部门看作需方，将系统部门看作供方，则可以将这两者的关系视为在企业内部以“双方合同”形式进行软件开发的事例。

②规定了供需双方的管理职责，并明确质量保证不单是供方一方的责任。需方设置代表与供方保持紧密联系，明确所要求的技术条件等。标准要求供方建立一个质量管理体系，对应一个贯穿于整个软件生命周期的综合过程，以便在软件开发过程中保证质量，而不是在开发过程结束后才发现质量问题，但规定中没有具体的质量管理和测试等的方法和程序。标准强调，应该防止发生质量问题，而不是在发生了问题之后依靠纠正措施来解决问题。标准中还包括内部质量审核步骤和纠正措施等内容。

③一个软件开发项目通常要按照某种生命周期进行组织，并根据所采用的生命周期模型的特点来计划和实施与质量保证有关的活动。

- 合同审查。规定了供方应该对每项合同进行审查，保证明确各项要求、供需方责任等，并把合同审查的结果形成文档。在标准中还描述了合同中常用的质量保证管理条款，如产品验收准则；处理需方在开发期间提出的需求变更；验收后出现的问题处理，需方提供的设施、工具和软件等。
- 需方的需求规格说明。为了进行软件开发，供方应该具有一套完整而且没有二义性的功能需求，这些要求包括需方需要的全部内容。规格说明应包括性能、安全性、可靠性、保密性等有关问题的叙述。有时，说明由需方提供，但大多数情况下是由供方与需方在一起整理成文，然后由需方认可。

- 开发计划管理。开发计划的主要内容有：项目的定义、项目资源的组织管理、组织机构、项目的各个开发阶段、验证、项目进度、标识开发计划与有关计划（如质量计划）的一致性。
- 质量计划管理。制订质量计划是开发计划的一部分。主要内容有：尽量以定量的形式描述质量目标；定义每个开发阶段的输入/输出标准；测试、验证和确认活动内容的标识和详细计划；对质量活动的具体职责。
- 设计和实现。设计和实现是将需求规格说明转变为软件产品的过程，由于软件产品的复杂性，所以设计和实现必须以严格的规定的方式进行。
- 测试。测试尽可能采取多种不同的测试和组装方法。而测试计划主要内容有：软件项测试计划、集成测试计划、系统测试计划、验收测试计划、测试用例、预期结果、测试环境以及测试判断准则等。
- 验收。软件产品准备交付时，需要供方和需方一起进行验收活动。验收应该按照合同规定的标准和方式进行，而验收测试计划的主要内容有：时间进度、软件硬件环境以及验收准则等。
- 维护。所有维护活动应该按照在合同中明确规定的进行和管理。同时要对维护活动进行记录并写成支持维护活动。

④其他支持活动：

- 配置管理：配置管理版本的变更和升级。
- 文档控制：确定、审批、发布和更改受文档控制规程制约的文档。
- 质量记录：供方应当制定质量记录的手册、索引、归档、存储和维护的规程。
- 测量：对软件产品的开发、生产过程进行测量。
- 采购：供方应该保证采购的产品和服务符合规定的要求，并归档。
- 培训：通过指导、训练和实习等方式，提高有关人员的素质和水平，并将适当的培训记录和实践经验形成文档。

1.6.4 ISO9000标准与CMM

CMM与ISO9000系列都是在国际上很有影响的质量评估体系，两者都涉及质量管理和过程管理存在相关和相异的地方。

① ISO9000标准系列使用范围很广，它适合除了电工、电子行业以外的各种生产和服务领域。后来增设了ISO9000-3，专门作为软件产品的评价。而CMM是专门针对软件组织设计的一种描述软件过程能力的模型。

② 由于ISO9000标准具有高度概括性，所以留给评审员很大的解释余地。评定软件过程能力按照ISO9000进行认证时，往往不确定性很大，同是通过ISO9000标准认证的组织，可能它们之间的软件过程能力有很大的差别。而CMM则尽量缩小评审员解释的回旋余地，不仅对每个关键过程方面给出了明确的目标和体现这些目标的各个关键实践，而且对各个关键实践都给出了明确的定义和详细的说明，这样保证了按CMM进行评估时能有较大的一致性和可靠性。

③ ISO9000标准与CMM具有很大的相关性。不论在管理职责、检验和测试，还是统计技术等方面，都具有很大的相关性。

④若ISO9001和CMM中的基本概念相比较，似乎可以得出结论：获得ISO9001认证的组织应该处于CMM的第三或第四级。但是，有资料表明，有的组织虽然尚处于第一级，也取得了ISO9001认证。原因之一是由于ISO9001的高度概括性而造成的对文档解释的多样性。同时与审核员对标准的理解及自身水平的高低有很大的关系。

⑤ISO9000只论述了用户可接受的产品质量的最低标准，论证只有通过和不通过两种结果。而CMM设计主要有两个目标：一是用于帮助事先确定软件承包商的软件能力；二是用于企业过程的改进。CMM不仅可以作为评价企业软件能力的工具，而且可以帮助企业进行自我诊断，帮助企业找出缺陷，从而帮助企业改进软件开发能力。

综上所述，ISO9000和CMM都是国际上具有高水准的质量评估体系。往往一个体系的好坏是由很多方面决定的。但是，对于一个软件开发企业来说，获得什么样的认证证书只是表面的，重要的是如何着眼于持续改进以更好地保证软件开发的质量、满足顾客的要求，从而获得竞争优势，这是每一个软件开发企业应该认真考虑的问题。

习　题

1. 什么是软件？软件分为哪几类？
2. 什么是软件危机？软件危机与软件工程有什么关系？
3. 软件工程发展经历了几个阶段？
4. 软件工程研究的内容是什么？
5. 什么是软件生命周期？如何划分阶段？
6. 什么是软件的体系结构？目前常用的体系结构有哪几种？
7. 比较瀑布模型和原型模型的区别，各适合什么类型软件开发？在具体软件开发过程中应如何应用和改进？
8. 有人说：软件开发时，一个错误发现得越晚，为改正它所付出的代价就越大。对否？请解释。

第2章 可行性分析

本章要点

- 问题定义
- 可行性分析
- 系统流程图
- 制订软件计划
- 本阶段的文档：系统规格说明书

在一个新的软件项目开发之前，需要先澄清问题的根本要求，对其进行可行性分析。经过仔细分析后，得出该项目是否值得开发的结论。若一个项目没有经过充分的可行性分析和论证，只是粗略地估计解决问题的花销和方法，就盲目进行软件开发，结果往往是不能在系统规模和时间期限内圆满完成，最终造成时间、人力、物力等资源的浪费。因此，对待开发的系统，在所具备的资源和相关条件的前提下，是否可以完成研发工作并获得收益，都必须认真论证其可行性，避免盲目开发。

2.1 问题定义

软件生命周期的计划阶段包括：问题定义、可行性分析、需求分析等3个阶段，其中的可行性分析是其重要的组成部分。软件计划作为软件生命周期的第一阶段，其任务就是进行问题求解定义，进行可行性分析及制订软件项目计划。然而，在进行可行性分析之前，首要的工作是理清问题的定义。

视频

问题定义

2.1.1 问题定义的内容

问题定义的内容包括明确问题的背景、开发系统的现状、开发的理由和条件、开发系统的问题要求、总体要求、问题的性质、类型范围、要实现的目标、功能规模、实现目标的方案、开发的条件、环境要求等，然后写出问题定义报告（或称系统定义报告），以供可行性分析阶段使用。

2.1.2 问题定义的步骤

在问题定义阶段，系统分析员要深入现场，阅读用户写的书面报告，听取用户对开发系统的要求，调查开发系统的背景理由。还要与用户负责人反复讨论，以澄清模糊的地方，改正不正确的地方。最后写出双方都满意的问题定义报告，并确定双方是否可进行深入系统可行性分析的意向。

问题定义阶段的任务有四项：

①制订软件项目规划。包括：描述软件的工作范围、进行风险分析、提出开发软件所需资源清单、估算软件项目的成本和进度，并以成本和进度估算为基础对软件项目进行可行性论证。最后，生成经过项目管理组织评审的软件项目规划。

②软件需求分析和定义。确定软件的功能和性能，详细定义软件系统要素。定义软件需求有两种方法：一种是采用形式化的信息分析方法，建立信息流和信息结构模型，然后将这些模型扩展为软件规格说明；另一种是为软件开发原型，软件工程师和用户一起对原型进行评审和修改，从而获得用户满意的需求定义信息。

③确定软件性能和资源约束，这对软件设计特性会产生直接的影响。

④为软件要素定义验收标准，这也是制订软件测试计划的基础。

下面是问题定义报告的例子。

某校教材科提出开发微机教材销售信息系统的要求，经过系统分析员的调查，写出如下的问题定义报告，说明微机教材销售信息系统的目标范围。

①项目：教材销售信息系统。

②背景：人工销售效率低，易出错。

③项目目标：建立一个高效率的、无差错的微机教材销售信息系统。

④项目范围：硬件利用现有微机，软件开发费不超过5 000元。

⑤初步设想：增加缺书统计与采购功能。

⑥可行性分析：建议进行一周，费用不超过500元。

在基于计算机的系统中，由于软件规模不断扩大，复杂性不断提高，软件开发和维护已经成为整个系统中技术最复杂、难度最大、风险最大的工作。因此，软件工程过程已成为一项极其复杂的活动，面临着许多困难的问题。为了摆脱困境，许多人呼吁将系统工程的观点和方法引入软件工程，用于指导软件开发。

2.2 可行性分析

2.2.1 可行性分析的任务

在开展项目可行性分析的过程中，首先要进行一个概要的分析工作，初步确定软件项目的规

模和目标，确定软件项目的约束和限制，并把它们清楚地列举出来。

可行分析的任务是以最小的代价在尽可能短的时间内确定问题是否能够解决。简单地说，可行性分析的最终结果是决定项目“做还是不做”而不是“如何做”。

开发任何一个基于计算机的系统，都会受到时间和资源上的限制。因此，在接受项目之前必须根据客户可能提供的时间和资源条件进行可行性分析。它可能避免人力、物力和财力上的浪费。可行性分析与风险分析在许多方面是相互关联的。项目风险越大、开发高质量软件的可行性越小。可行性分析的任务包括经济可行性、技术可行性、法律可行性和开发方案的选择性。

①经济可行性分析。进行成本效益分析，评估项目的开发成本，估算开发成本是否会超过项目预期的全部利润。分析系统中开发对其他产品或利润的影响。

②技术可行性分析。根据客户提出的系统功能、性能及实现系统的各项约束条件；从技术的角度研究实现系统的可行性。技术可行性分析往往是系统开发过程中难度最大的工作。由于系统分析和定义过程与系统技术可行性评估过程同时进行，这时系统目标、功能和性能的不确定性会给技术可行性论证带来许多困难。技术可行性分析包括：风险分析、资源分析和技术分析。风险分析的任务是，在给定的约束条件下，判断能否设计并实现系统所需功能和性能。资源分析的任务是：论证是否具备系统开发所需的各类人员（管理人员和各类专业技术人员）、软件、硬件资源和工作环境等。技术分析的任务是，当前的科学技术是否支持系统开发的全过程。

③法律可行性分析。研究在系统开发过程中可能涉及的各种合同侵权、责任以及各种与法律相抵触的问题。

④开发方案的选择性研究。提出并评价实现系统的各种开发方案，从中选出一种用软件项目开发。

技术可行性评估是系统可行性分析的关键。这一阶段决策的失误将会给开发工作带来灾难性的影响。可行性分析应能保证系统开发一定有明显的经济效益和较低的技术风险，一定没有各种法律问题以及其他更合理的系统开发方案。如果上述四个方面中的任何一个存在问题，都应该做进一步的研究。可行性分析的结果可作为系统规格说明书的一个附件。尽管可行性分析报告有多种形式，但是，表2-1提供的可行性分析报告目录具有一定的普遍性。最后应将可行性分析报告提交给项目管理部门，项目管理人员对可行性分析报告进行评审。

表2-1 可行性分析报告

1．引言
  A．目的
  B．产品定义
  C．项目背景
2．项目组织
  A．公司内部人员
  B．客户单位人员
3．有关参考资料
4．有关术语
5．可行性分析的前提
6．产品方案

续表

7. 对当前系统系统的分析
8. 技术可行性分析
9. 投资及效益分析
10. 社会及法律因素的分析
11. 结论
12. 其他

2.2.2 经济可行性

计算机技术发展异常迅速的根本原因在于计算机的应用促进了社会经济的发展，给社会带来巨大的经济效益。因此，基于计算机系统的成本-效益分析是可行性分析的重要内容，用于评估基于计算机系统的经济合理性。给出系统开发的成本论证，并将估算的成本与预期的利润进行对比。由于项目开发成本受项目的特性、规格等多种因素的制约，对软件设计的反复优化可以获得用户更为满意的质量，等等，所以系统分析员很难直接估算基于计算机系统的成本和利润，得到完全精确的成本-效益分析结果是十分困难的。

一般来说，基于计算机的软件系统的成本由四个部分组成：①购置并安装软硬件及有关设备的费用；②系统开发费用；③系统安装、运行和维护费用；④人员培训费用。在系统分析和设计阶段只能得到上述费用的预算，即估算成本。在系统开发完毕并交付用户运行后，上述费用的统计结果就是实际成本。

系统效益包括经济效益和社会效益两部分。经济效益指应用系统为用户增加的收入，它可以通过直接的或统计的方法估算。社会效益只能用定性的方法估算。

【例2-1】开发计算机辅助设计（CAD）系统取代当前的手工设计过程。系统分析员为当前的手工设计系统和CAD目标系统定义对应的可测试特征：

T：绘一幅图的平均时间，单位是小时（h）。

d：每小时绘图的平均成本，单位是元。

n：每年绘图的数目。

r：用CAD系统绘图减少的绘图时间比例。

p：用CAD系统绘图的百分比。

于是，可用下式计算利用CAD系统绘图每年可以节省的经费

$$B=r\times T\times n\times d\times p$$

当$r=1/4$，$T=4$ h，$n=8\ 000$/年，$d=20$元/h，$p=60\%$时，代入上式计算得$B=96\ 000$元/年，即用CAD绘图比用手工系统绘图平均每年约节省9 6000元。系统开发成本、节省的经费与时间的关系如图2-1所示。盈亏平衡点对应的时间坐标是3.1年，表示系统应用3.1年后可以收回系统成本。实际上，

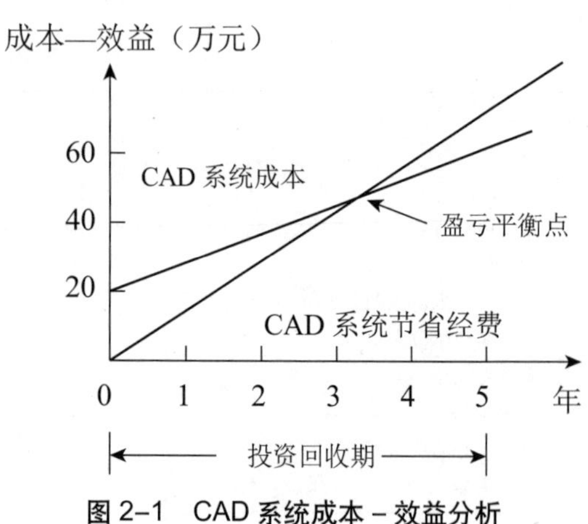

图 2-1　CAD 系统成本-效益分析

投资利润还应该考虑软硬件降价、税收的影响和其他潜在的因素。

成本－效益分析还应该研究附加效益与追加成本之间的关系，这里不再赘述。

2.2.3　技术可行性

在技术可行性分析过程中，系统分析员应采集系统性能、可靠性、可维护和可生产性方面的信息；分析实现系统功能和性能所需要的各种设备、技术、方法和过程；分析项目开发在技术方面可能担负的风险，以及技术问题对开发成本的影响，等等。若有可能，应充分研究现有类似系统的功能与性能，采用的技术、工具、设备和开发过程中成功和失败的经验、教训，以便为现行系统开发做参考。必要时，技术分析还包括某些研究和设计活动。

数学建模、原型建造和模拟是基于计算机系统技术分析活动的有效工具。图2-2描述了技术分析建模过程的信息流图。系统分析员通过对现实世界的观察和分析建立技术分析模型，评估模型的行为并将它们与现实世界对比，论证系统开发在技术上的可行性和优越性。基于计算机系统模型必须具备下列特性：

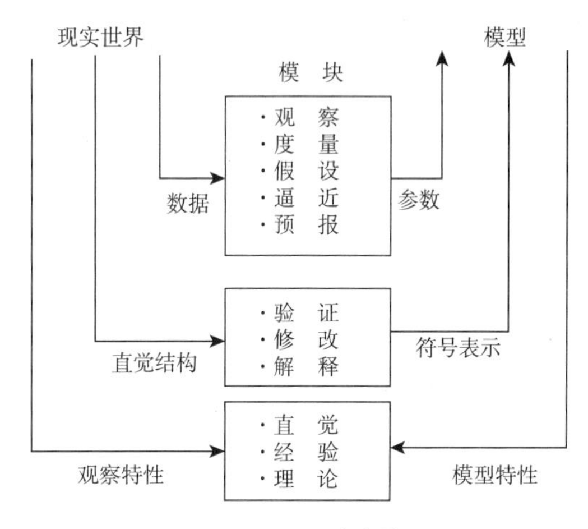

图2-2　系统建模

①能够反映系统配置的动态特性，容易理解和操作，能够提供系统真实的结果并有利于评审。

②能够综合与系统有关的全部因素，能够再现系统运行的结果。

③能够突出与系统有关的重要因素，能够忽略与系统无关的或次要的因素。

④结构简单、容易实现、容易修改。

如果模型很大很复杂，就需要对模型进行分解。将一个大模型分解为若干小模型，一个小模型的输出作为另一个小模型的输入。必要时，还可以借模型对系统中的某独立要素进行单独评审。开发一个成功的模型需要用户、系统开发人员和管理人员的共同努力，需要对模型进行一系列的试验、评审和修改。

根据技术分析的结果，项目管理人员必须做出是否进行系统开发的决定。如果系统开发技术风险很大，或模型演示表明当前采用的技术和方法不能实现系统预期的功能和性能，或系统的实现不支持各系统集成，等等，项目管理人员不得不做出“停止”系统开发的决定。

2.2.4　方案选择

系统分析任务完成后，系统工程师开始研究问题求解方案。通常系统工程师将一个大的复杂系统分解为若干个子系统；精确地定义子系统的界面、功能和性能；给出各子系统之间的关系。这样可以降低分解的复杂性，有利于人员的组织和分工，提高系统开发效率和工作质量。显然，系统分解和实现的方案都不是唯一的。每种方案对成本、时间、人员、技术、设备等都有一定的要求。

不同方案开发出来的系统功能和性能方面会有很大的差异。由于系统开发成本又可划分为研究成本、设计成本、设备成本、程序编码成本、测试和评审成本、系统运行和维护成本、系统退役成本等，因此在开发系统所用总成本不变的情况下，由于系统开发各阶段所用成本分配方案的不同也会对系统的功能和性能产生相当大的影响。另外，系统功能和性能也是由多种因素组成的，某些因素是彼此关联和制约的。例如，系统有效使用的范围与精度的关系、系统输出精度与系统执行时间的关系、系统安全性、低成本与高可靠性的关系，等等。

利用折中手段选择系统开发方案时应充分论证，反复比较各种方案的成本-效益。折中过程也是系统论证和选择、确定系统开发方案的过程。图2-3所示为图形显示系统的画面清晰度、响应时间和成本之间的关系。客户和系统工程师必须在三者之间选到折中方案。系统开发方案的选择过程如图2-4所示。这里重要的是对方案的评价和选择。方案评价的依据是待开发系统的功能、性能、成本，系统开发采用的技术、设备、风险及对开发人员的要求，等等。

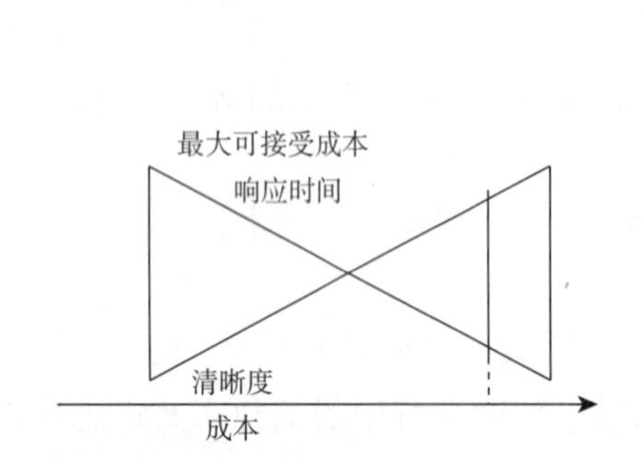

图2-3 成本、清晰度和响应时间的折中

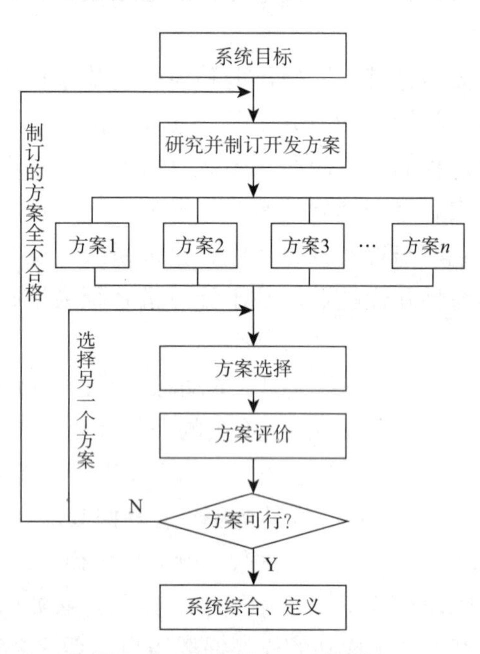

图2-4 方案制定、选择过程

值得注意的是，有些场合开发一个应用软件的费用比购买一个类似软件便宜；而另一些场合则相反。软件项目负责人常常面临开发还是购买软件的选择。其实，即使购买软件，也有各种各样的方式，如买现货；或在购买现货的基础上按照特定需求对软件进行维护；或购买部分软部件然后在此基础上进行开发和集成；或按照客户提出的需求规格说明向软件开发公司定做软件，等等。在选购软件或软件包时，必须附软件功能和性能的规格说明；应该对软件成本和交货日期有一个预测和估算；在可能的情况下选择几个相似的产品以备挑选；应该考虑软件公司的信誉、维护力量、软件质量、征求并听取软件产品用户的使用意见，等等。

项目管理人员在综合分析可行性分析报告的评审结果，比较、分析开发与选购软件产品利弊后做出是否开发软件项目的决策。

2.2.5 可行性分析的步骤

可行性分析一般有以下步骤：

1. 客户访谈

项目分析人员和项目的关键人员一起了解项目以下几个方面的内容：项目的规模有多大；项目目标是什么；当前系统的信息来源；当前系统的优点和缺点；当前系统与国内外同类产品的比较情况。

2. 设计多种物理解决方案

根据客户访谈结果设计出多种物理解决方案以供选择。

视频

可行性研究报告的内容及作用

3. 撰写《可行性分析报告》

结合前面提到的技术可行性、经济可行性、法律可行性等问题，撰写《可行性分析报告》，同时得出项目“可以做”还是“不能做”的结论。

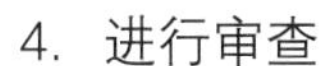

4. 进行审查

把可行性报告提交主管后，召开会议进行审查以决定是否通过《可行性分析报告》。

2.3 系统流程图

在进入设计阶段以后，应该将设想的新系统的逻辑模型转变成物理模型，描绘系统未来的物理概貌。

系统流程图是描述物理系统的传统工具，其基本思想是图形符号以黑盒子形式描绘系统里的各个部件的流动情况（如程序、文件、数据库、表格等），而不是加工处理信息的控制工程。因此，尽管系统流程图使用的某些符号和程序流程图中使用的符号相同，但是它表示的是物理流程图而不是程序流程图。

2.3.1 系统流程图的符号

画系统流程图时，首先要搞清楚业务处理过程以及处理中的各个元素，同时选择相应的符号来代表系统中的各个元素。所画的系统流程图要反映出系统的处理流程。

系统流程图的基本符号如表2–2所示。

表2–2 系统流程图的基本符号

符 号	名 称	说 明
	处理	可以改变数据值或其位置的加工或部件，如程序、处理机等
	输入/输出	表示输入或输出，是一个广义上的、不指明设备的符号
	判断或判定	问题判断或判定（审核/审批/评审）环节
	连接	指出转到图的另一部分或从图的另一部分转来，通常在同一页上

续表

符　号	名　称	说　明
	数据流	用来连接其他符号，指明数据流动方向
	换页连接	指出转到另一页图或由另一页转来
	穿孔卡片	表示用穿孔卡片输入/输出，也可表示一个穿孔卡片文件
	文档	通常表示打印输出，也可表示用打印终端输入数据
	磁盘	磁盘输入/输出，也可表示存储在磁盘上的文件或数据库
	人工操作	人工完成的处理
	人工输入	人工输入数据的脱机处理
	联机存储	表示任何种类的联机存储
	显示	CRT终端或类似的显示部件，可用于输入/输出

概括地描述一个实际系统时，用表中前5个符号就够了，但需要更具体地描绘一个物理系统时，还需要使用其他的系统符号。

系统流程图的作用主要表现在以下几个方面：

①制作流程图的过程是系统分析员全面了解系统业务处理概况的过程，它是系统分析员做进一步分析的依据。

②系统流程图是系统分析员、管理员、业务操作员相互交流的工具。

③系统分析员可直接在系统流程图上画出可由计算机处理的部分。

④可利用系统流程图来分析业务流程的合理性。

针对不同的事务，在处理系统流程图时的形式并不唯一，一般有两种形式来描述系统流程图：

①上下流程图。上下流程图是最常见的一种流程图，它仅表示上一步与下一步的顺序关系，描述上下步之间涉及的业务顺序和信息流向等各个处理工序的逻辑过程。

②矩阵流程图。矩阵流程图不仅表示上下关系，还可以看出某一过程的其他关联部分以及某一过程的责任部门及其业务职责、工作流程、管理范围等。

2.3.2　系统流程图举例

下面举例说明系统流程图的使用。

【例2-2】某图书馆借阅图书的流程：首先进行对借书人的信息认证，根据借阅书号和该人在信息库中的借阅情况认证，若该人所借阅的书籍不超过规定的本数以及没有未归还的书，信息认证通过，准许借书；若图书在库中且无人借阅方可借出，并更改图书在借的状态。流程图如

图2-5所示。

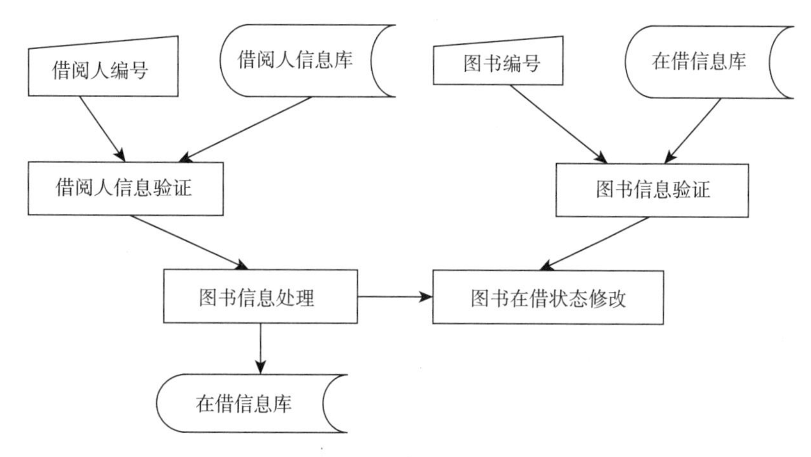

图2-5　图书借阅流程图

【例2-3】某零件公司对采购进货过程有严格的要求，在某一时间段接受某供货商提供的零售件。根据供货商提供的零件清单接受需要的零件时，首先由仓库质检部门要验收零件是否合格，若验收合格，则零件入库；否则由评审委员会评审是否可使用，若不影响使用可以入库，否则准备退货清单，由供货商接受退回的零件。其上下关系流程图如图2-6所示。

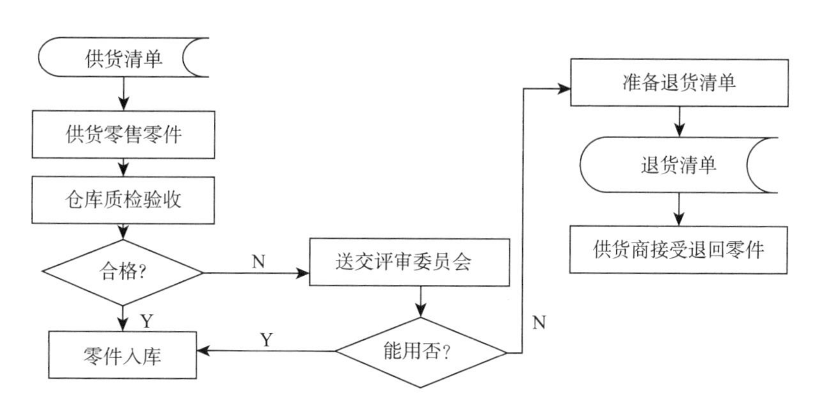

图2-6　采购进货过程上下关系流程图

2.4 制订软件项目开发计划

2.4.1　确定软件项目开发计划

项目开发计划

软件项目开发计划以可行性研究报告为基础，由软件人员和用户共同确定软件的功能和限制，提出软件计划任务书。

计划任务书是对软件开发总体思想的一份文档说明，通常使用自然语言进行描述，必要时也辅以图表说明。文档的内容通常不涉及特别的专业知识，简洁明了，一般管理

人员、技术人员或用户都能很好地理解软件需求描述。

一个典型的软件计划任务书内容一般包括如下三个方面：

1. 软件的工作范围

软件计划的第一个任务就是确定工作范围，主要是对软件功能、性能、可靠性和接口等方面的需求形成一个总体的任务说明，作为指导软件开发各个阶段工作的依据。

功能需求说明给出整个软件系统所提供的服务的简短描述，主要由用户提出需求，并与软件人员一起商量，确定具体软件功能的内容。在描述功能时，重点针对用户所关心的最终服务要求，描述尽量避免涉及与实现有关的概念和细节，必要时，可根据情况进行功能分解，并提供更多的子功能描述。

性能需求考虑系统提供的服务应遵循一些时间、空间上的要求，即对系统的执行效率和所需要的存储空间的要求。主要包括处理时间的约束、存储限制以及具体使用环境的特点，对功能和性能要同时考虑才能做出正确的估计。

由于软件将与计算机系统的其他部分交互作用，计划者必须考虑每一个接口界面的性质和复杂程度，以确定对开发资源、成本及进度的影响。

最后还要考虑软件可靠性的要求，不同性质的软件有不同的要求，特殊性质的软件可能要求特殊考虑以确保可靠性。

2. 软件开发中的资源计划

软件项目开发计划的另一项任务是分析软件开发所需要的资源情况，包括支持软件开发的人力、硬件和软件资源的分配和使用情况。每种资源都应该从资源描述、资源需求日程以及使用资源的持续时间三个方面来说明。

（1）人力资源

参与软件开发的人员主要包括：项目负责人、系统分析人员及其相关专业的程序员等。对这些人员的分配和使用需要考虑开发软件的实际情况。对于大型的软件项目，在整个软件的生存期，各类人员参与的情况是不一样的，人员组成的变动是不可避免的。在项目需求分析和总体设计阶段，主要是高级技术人员参加；进入系统详细设计和编码阶段，主要是程序员承担设计和编码任务；而测试阶段各层次技术人员和管理人员要求参加。因此，必须考虑对人力资源的有效利用，合理规划各开发阶段的人员配置。

（2）硬件资源

硬件资源也是软件开发过程必不可少的资源。软件计划中应该考虑开发环境和用户使用环境的硬件资源需求。

①开发环境。开发环境是软件开发阶段所使用的整个计算机系统，它应该能够支持系统开发要求的多种开发平台，满足用户信息存储与通信的不同要求，能够模拟用户运行的环境。

②实际运行环境。目标软件的实际运行环境是支持软件正常运行的基本配置，另外还包括支持系统运行的其他部件。

（3）软件资源

软件资源是指系统开发、运行需求的支持软件系统，这些软件资源在软件开发中起到辅助作用，如操作系统、程序涉及的开发环境、数据库系统或者重要的插件等。

3. 进度安排

项目的进度安排应该综合考虑各种情况，从各种开发资源得到最佳利用的角度，估计每个开发阶段的工作量和所需时间，从而得出交付日期，这其中必须充分考虑到软件系统的测试时间。通常情况下，在实际工程中最后的交付日期一般由用户确定。

如果进度得不到保证，很可能导致用户不满意，开发方不得不增加额外的成本，最终有可能导致项目失败。因此，准确估计开发各个阶段的工作量是非常必要的。

计划软件开发进度时应该考虑的问题如下：

（1）开发进度与开发人员数量的关系

为了保证开发进度，参与的人员既不要太多，也不要太少。人员太少不能保证进度的正常进行，人员太多只能说明每个人的任务明显减少，同时人员的增加导致了开发人员之间信息交流的复杂性，可能会影响进度，所以开发进度和人数之间不是简单的正比关系。

（2）开发进度与开发人员的合理分配

目前通常采用的原则是40—20—40规则，也就是说在软件开发中，软件开发各个阶段的人员的配备一般按照以下比例分配：编码前的工作量占40%，编码的工作占全部工作的20%，编码后的工作也占全部工作的40%，这仅仅是个参考数据。这种分配强调了软件需求分析、设计以及软件测试的重要性。实际工作中，软件测试的工作量常常不止40%，有时甚至占到50%。

（3）软件进度计划

软件进度计划中，必须明确各任务之间的人数、工作量和工作之间的衔接要求、每项任务的起止时间等。需要注意的是，每项任务的完成，应该以交付的文档和复审通过为标准。当估计出每个子阶段的工作量以及相应的时间要求以后，可以结合计划评审确定各任务的时间限制，编制开发进度时刻表，找出并确保最佳时间路径。

2.4.2 复审软件项目开发计划

在实施软件计划之前，应该对软件计划的主要内容，包括人员安排、进度安排、成本估计和开发资源保证进行复审。复审中涉及有关软件工作范围和软件、硬件资源问题时，应该邀请用户参与，用户也可以提出建议，与开发人员协商以确定最终内容。复审内容可以分为管理和技术两个方面。表2-3所示为这两个方面的问题列表。

表2-3 管理和技术方面的评审问题列表

管理方面	计划描述中的工作范围是否符合用户的需求； 计划中对资源的描述是否合法有效； 计划中开发成本与开发进度要求是否合理； 计划中人员的安排是否合理
技术方面	系统的功能复杂性是否与开发风险、成本、进度一致； 系统的任务划分是否合理； 系统规格说明中关于系统性能、可维护性等要求是否恰当； 系统规格说明是否为后续的开发提供了足够的依据

经过评审，如果软件计划需要修改，则分析员需要重新复查最初的用户要求文档，然后再评价修订，经过再次这样的工作，最后形成最终指导软件开发实施的计划文档。

习　题

1. 简述问题定义的内容和步骤。

2. 在软件开发的早期阶段，为什么要进行可行性分析？应该从哪几个方面研究目标系统的可行性？

3. 一个软件系统的成本包含哪几个部分？

4. 软件项目开发计划包括哪些内容？

第3章 需求分析基础

本章要点

- 需求分析的概念与内容
- 需求工程
- 需求分析的方法
- 需求规格说明与评审
- 原型化方法
- 本阶段文档：软件需求规格说明书

在可行性研究阶段，已经粗略地定义了待开发系统的目标，并且提出了一些可行性方案，但是，可行性方案仅仅是方案而已，要真正实现系统目标，必须准确和细致地了解用户的需求。可行性分析的任务是分析项目是否可行，如果不可行就终止项目，否则就继续按照软件工程的要求进入下一步——项目的需求分析。

3.1 需求分析的概念和内容

3.1.1 需求的问题

软件需求是指用户对目标软件系统在功能、行为、性能、设计约束等方面的期望。软件需求是软件项目关键的一个输入，与传统的生产企业相比，软件需求具有模糊性、不确定性、变化性和主观性等特点，它不像硬件需求，是有形的、客观的、可描述的、可检测的。软件需求是软件项目最难把握的，又是关系到项目成败的关键因素，因此对于需求分析和需求变更的处理十分重要。

视频

需求分析

软件需求的重要性是不言而喻的，如何获取真实的需求以及如何保证需求的相对稳定是每个项目组都必须面临的问题。尽管项目开发中的问题不一定都是由于需求问题导致的，但是需求通常是最主要的、最普遍的问题源。通过对问题及其环境的理解与分析，为问题涉及的信息、功能及系统行为建立模型，将用户需求精确化、完全化，最终形成需求规格说明，这一系列的活动构成需求分析阶段的任务。

3.1.2 需求的定义与分类

软件需求是指用户对软件功能和性能的要求，就是用户希望软件能做什么事情，完成什么样的功能，达到什么样的性能。软件人员要准确理解用户的要求，细致地进行调查分析，将用户非形式化的需求陈述转化为完整的需求定义，再由需求定义转化为相应形式的需求规格说明。

有时也可以将软件需求按照层次来说明，包括业务需求、用户需求、功能需求、软件需求规格说明等层次。业务需求反映了组织机构或客户对系统、产品高层次的目标要求，由管理人员或市场分析人员确定。用户需求描述了用户通过使用该软件产品必须要完成的任务，一般是用户协助提供。功能需求定义了开发人员必须实现的软件功能，使得用户通过使用此软件能完成他们的任务，从而满足业务需求。对一个复杂产品来说，功能需求可能只是系统需求的一个子集。

规格说明不只是软件开发人员的事，用户也起着至关重要的作用。用户必须对软件功能和性能提出初步要求，软件分析人员则要认真分析、了解用户的要求，细致地进行调查分析，把用户的要求最终转换成一个完全的、精细的软件逻辑模型并写出软件的规格说明，准确地表达用户的要求。

软件需求规格说明描述了软件系统应具有的外部行为，描述了系统展现给用户的行为和执行的操作等。它包括产品必须遵从的标准、规范和合约，外部界面的具体细节，非功能性需求，设计或实现的约束条件及质量属性。需求规格说明是系统开发方为满足用户的需求而提供的解决方案，规定了待开发系统的行为特征。软件需求规格说明在开发、测试、质量保证、项目管理以及相关项目功能中都起了重要的作用。

用户需求必须与业务需求一致。用户需求使需求分析者能从中总结出功能需求，以满足用户对产品的期望，从而完成其任务；而开发人员则根据软件需求规格说明设计软件以实现必要的功能。

3.2 需求工程

20世纪80年代中期，出现了软件工程的子领域——需求工程。需求工程是指应用已证实有效的技术、方法进行需求分析，确定客户需求，帮助分析人员理解问题并定义目标系统的所有外部特征的一门学科。它通过合适的工具和记号系统地描述待开发系统及其行为特征和相关约束，形成需求文档，并对用户不断变化的需求演进给予支持。需求工程又分为系统需求工程（针对由软硬件共同组成的系统）和软件需求工程（专门针对纯软件部分）。软件需求工程是一门分析并记录软件需求的学科，它把系统需求分解成一些主要的子系统和任务，把这些子任务或任务分配给软件，并通过一系列重复的分析、设计、比较研究、原型开发过程，把这些系统需求转换成软件的需求描述和一些性能参数。

需求工程是一个不断反复的需求定义、文档记录、需求演进的过程，并最终在验证的基础上冻结需求。需求工程管理可划分为以下5个独立的过程：需求获取、需求分析、需求规格说明、需求验证、需求变更。

3.2.1　需求获取

需求获取就是进行需求收集的活动，从人员、资料和环境中得到系统开发所需要的相关信息。在以往的软件开发过程中，需求获取常常被忽视，而且随着软件系统规模和应用领域的不断扩大，人们在需求获取中面临的问题越来越多，由于需求获取不充分导致项目失败的现象越来越突出。为此，需要研究需求获取的方法和技术。

开发软件系统最为困难的部分，就是准确地说出开发什么。这就需要在开发过程中不断地与用户进行交流与探讨，使系统更加详尽、准确到位。需求获取是通过与用户的交流、对现有系统的观察及对任务进行分析，从而开发、捕获和修订用户的需求。需求获取作为项目伊始的活动是非常重要的。

需求获取的过程就是将用户的要求变为项目需求的初始步骤，是在问题及其最终解决方案之间架设桥梁的第一步，是软件需求过程的主体。一个项目的目的就是致力于开发正确的系统，要做到这一点就要足够详细地描述需求，也就是系统必须达到的条件或能力，使用户和开发人员在系统应该做什么、不应该做什么方面达成共识。

获取需求就是为了解决问题，它必不可少的成果就是对项目中描述的用户需求的普遍理解，一旦理解了需求，分析者、开发者和用户就能探索出描述这些需求的多种解决方案。这一阶段的工作一旦做错，将会给系统带来极大损害。由于需求获取失误造成的对需求定义的任何改动，都将导致设计、实现和测试的大量返工，而这时花费的资源和时间将大大超过仔细精确获取需求的时间和资源。

需求获取的主要任务是和用户方的领导层、业务人员做访谈式的沟通，目的是把握用户的具体需求方向和趋势，了解现有的组织架构、业务流程、硬件环境、软件环境、现有的运行系统等具体情况和客观的信息。

需求获取需要执行的活动如下：

①需求获取阶段一般需要建立需求分析小组，与用户进行充分交流，同时要实地考察、访谈、收集相关资料，必要时可以采用图形、表格等工具。

②了解客户方的所有用户类型以及潜在的类型，然后根据他们的要求来确定系统的整体目标和系统的工作范围。

③对用户进行访谈和调研。交流的方式可以是会议、电话、电子邮件、小组讨论、模拟演示等不同形式。需要注意的是，每一次交流一定要有记录，对于交流的结果还可以进行分类，便于后续的分析活动。例如，可以将需求细分为功能需求、非功能需求、环境限制、设计约束等类型。

④需求分析人员对收集到的用户需求做进一步的分析和整理：

- 对于用户提出的每个需求都要知道“为什么”，并判断用户提出的需求是否有充足的理由。

- 将“如何实现”的表述方式转换为“实现什么”的表述方式，因为需求分析阶段关注的目标是“做什么”，而不是“怎么做”。
- 分析由用户需求衍生出的隐含需求，并识别用户没有明确提出来的隐含需求，这一点往往容易忽略，经常因为对隐含需求考虑得不够充分而引起需求变更。

⑤需求系统分析人员将调研的用户需求以适当的方式呈交给用户方和开发方的相关人员，大家共同确认需求分析人员所提交的结果是否真实地反映了用户的意图。需求分析人员在这个任务中需要执行下述活动：

- 明确标示那些未确定的需求项（在需求分析初期有很多这样的待定项）。
- 使需求符合系统的整体目标。
- 保证需求项之间的一致性，解决需求项之间可能存在的冲突。

输出成果包括调查报告、业务流程报告等。可以采用问卷调查法、会议讨论法等方式得到上述成果，“问卷调查法”是指开发方就用户需求中的一些个性化的、需要进一步明确的需求，通过向用户发问卷调查表的方式，达到彻底弄清楚项目需求的一种需求获取方法。“会议讨论法”是指开发方和用户方召开若干次需求讨论会议，达到彻底弄清楚项目需求的一种需求获取方法。

进行需求获取时应该注意如下问题：

①需求过程缺乏用户的参与，软件人员往往受技术驱动，习惯性地跳到模块的划分，导致需求本身验证困难。

②沟通失真也是主要问题，要通过即时的验证来减少沟通失真。

③识别真正的客户。识别真正的客户不是一件容易的事情，项目总要面对多方客户，不同类型客户的素质、背景和要求都不一样。

④正确理解客户的需求。客户有时并不十分明白自己的需要，可能提供一些混乱的信息，而且有时会夸大或者弱化真正的需求，所以需要我们既要懂一些心理知识，又要懂一些其他行业的知识，了解客户的业务和社会背景，有选择地过滤需求，理解和完善需求，确认客户真正需要的东西。

⑤变更频繁。为了响应变化，通过对变更分类来识别哪些变更可以通过复用和再配置解决。

⑥具备较强的忍耐力和清晰的思维。进行需求获取时，应该能够从客户凌乱的建议和观点中整理出真正的需求，不能对客户需求的不确定性和过分要求失去耐心，甚至造成不愉快，要具备好的协调能力。

⑦使用符合客户语言习惯的表达。与客户沟通最好的方式就是采用客户熟悉的术语进行交流，这样可以快速了解客户的需求，同时也可以在谈论的过程中为客户提供一些建议和有针对性的问题。可适当请客户提供一些需求的资料（例如表格、流程图、旧系统说明书等），这样可以更加方便双方的交流，也便于提出建设性的意见和避免需求存在的隐患。对于客户的需求要做到频繁沟通、不怕麻烦，只有经过多次交流才能更好地了解客户的目的。

⑧提供需求开发评估报告。无论需求开发的可行性是否存在，都需要给客户一些比较完整的需求开发评估报告。通过这种直观的表现，让客户了解到需求执行下去所需要花费的成本和代

价，这样也帮助客户对需求进行重新评估。

⑨尊重开发人员和客户的意见，妥善解决矛盾。如果用户和开发人员之间不能相互理解，则关于需求的讨论会有障碍。参与需求开发过程的客户和开发人员要相互尊重，就项目成功达成共识，否则会导致需求延缓或搁浅。如果没有有效的解决方案，会使得矛盾升级，最后导致双方都不满意。

⑩划分需求的优先级。绝大多数项目没有足够的时间或资源实现功能性的每个细节。决定哪些特性是必要的，哪些是重要的，是需求开发的主要成分，这只能由客户负责设定需求优先级。在必要的时候懂得取舍是很重要的，尽管没有人愿意看到自己所希望的需求在项目中未被实现，但毕竟要面对现实，业务决策有时不得不依据优先级来缩小项目范围，或延长工期，或增加资源，或在质量上寻找折中。

⑪说服和教育客户。需求分析人员同客户密切合作，帮助其找出真正的需求，这可通过说服、引导或培训等手段来实现。同时要告诉客户需求可能会不可避免地发生变更，这些变更会给持续的项目正常化增加很大的负担，使客户能够认真对待。

3.2.2 需求分析

需求工程的另一项工作是建立分析所需要的通信途径，以保证能顺利地对问题进行分析。分析所需的通信途径如图3-1所示。分析人员必须与用户、软件开发机构的管理部门、软件开发组的人员建立联系。项目负责人在此过程中起协调人的作用。分析员通过这种途径与各方商讨，以便能按照用户的要求去识别问题的基本内容。

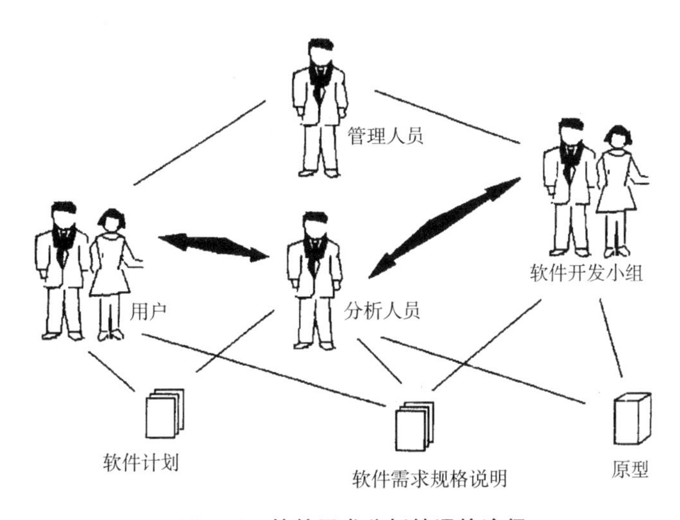

图3-1 软件需求分析的通信途径

1. 分析与综合

需求分析的第二步工作是问题分析和方案的综合。分析员需要从数据流和数据结构出发，逐步细化所有的软件功能，找出系统各元素之间的联系、接口特性和设计上的限制，分析它们是否满足功能要求，是否合理。依据功能需求、性能需求、运行环境需求等剔除其不合理的部分，增加其需要的部分。最终综合成系统的解决方案，给出目标系统的详细逻辑模型。

在这个步骤中，分析和综合工作反复地进行。在对现行问题和期望的信息（输入和输出）进行分析的基础上，分析员开始综合出一个或几个解决方案，然后检查它的工作是否符合软件计划中规定的范围等，再进行修改。总之，对问题进行分析和综合的过程将一直持续到分析员与用户双方都感到有把握正确地制定该软件的规格说明为止。

常用的分析方法有面向数据流的结构化分析方法（简称SA）、面向数据结构的Jackson方法（简称JSD）、面向对象的分析（简称OOA）等，以及用于建立动态模型的状态迁移图或PETRI网等。这些方法都采用图文结合的方式，可以直观地描述软件的逻辑模型。

2. 编制需求分析的文档

已经得到的需求应当得到清晰准确的描述。通常把描述需求的文档叫作软件需求规格说明书。同时，为了确切表达用户对软件的输入/输出要求，还需要制定数据要求说明书及编写初步的用户手册，着重反映被开发软件的用户界面和用户使用的具体要求。此外，依据在需求分析阶段对系统的进一步分析，从目标系统的精细模型出发，可以更准确地估计所开发项目的成本与进度，从而修改、完善与确定软件开发实施计划。

3. 需求分析评审

作为需求分析阶段工作的复查手段，在需求分析的最后一步，应该对功能的正确性、完整性和清晰性，以及其他需求给予评价。评审的主要内容如下：

①系统定义的目标是否与用户的要求一致。

②系统需求分析阶段提供的文档资料是否齐全。

③文档中的所有描述是否完整、清晰、准确反映用户要求。

④与所有其他系统成分的重要接口是否都已经描述。

⑤所开发项目的数据流与数据结构是否足够、确定。

⑥所有图表是否清楚，在不补充说明时能否理解。

⑦主要功能是否已包括在规定的软件的范围之内，是否都已充分说明。

⑧设计的约束条件或限制条件是否符合实际。

⑨开发的技术风险是什么。

⑩是否考虑过软件需求的其他方案。

⑪是否考虑过将来可能会提出的软件需求。

⑫是否详细制定了检验标准，它们能否对系统定义是否成功进行确认。

⑬有没有遗漏、重复或不一致的地方。

⑭用户是否审查了初步的用户手册。

⑮软件开发计划中的估算是否受到了影响。

为了保证软件需求定义的质量，评审应以专门指定的人员负责，并按规程严格进行。评审结束应有评审负责人的结论意见及签字。除分析人员之外，用户、开发部门的管理者，以及软件设计、实现、测试的人员都应当参加评审工作。通常，评审的结果都包括一些修改意见，待修改完成后再经评审通过，才可进入设计阶段。图3-2所示为软件需求分析工作的流程图。

图中的有效性准则，主要是指性能界限、测试种类、期望的软件响应及其他特殊考虑等。

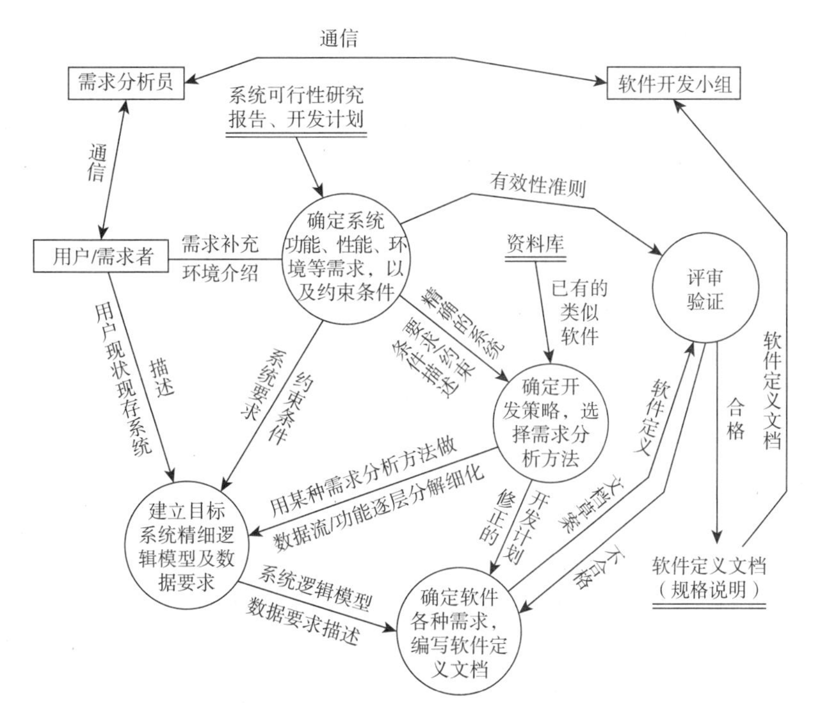

图 3-2　软件需求分析工作的流程图

3.3 软件需求分析方法

需求分析方法由对软件的数据域和功能域的系统分析过程及其表示方法组成。它定义了表示系统逻辑视图和物理视图的方式。大多数的需求分析方法是由数据驱动的，也就是说，这些方法提供了一种表示数据域的机制，分析员根据这种表示，确定软件功能及其他特性，最终建立一个待开发软件的抽象模型，即目标系统的逻辑模型。数据域具有三种属性：数据流、数据内容和数据结构。通常，一种需求分析方法总要利用其中的一种或几种属性。

目前已经出现了许多需求分析方法，每一种分析方法都引入了不同的记号和分析策略。但是它们仍具有以下的共性：

1. 支持数据域分析的机制

尽管每种方法进行数据域分析的方式不同，但它们仍有一些共同点。所有的方法都直接或间接地涉及数据流、数据内容或数据结构等数据域的属性。在多数情况下，数据流特征是用将输入转换成输出的变换（功能）过程来描述的，数据内容可以用数据字典机制明确表示，或者通过描述数据或数据对象的层次结构隐含地表示。

2. 功能表示的方法

功能一般用数据变换或加工来表示，每项功能可用规定的记号（圆圈或方框）标识。功能的说明可以用自然语言文本来表达，也可以用形式化的规格说明语言来表达，还可以用上述两种方式的混合方式——结构化语言来表达。

3. 接口的定义

接口的说明通常是数据表示和功能表示的直接产物。某个具体功能的流进和流出数据流应是其他相关功能的流出或流入数据流。因此，通过数据流分析可以确定功能间的接口。

4. 问题分解的机制以及对抽象的支持

问题分解和抽象主要依靠分析员在不同抽象层次上表示数据域和功能域，以逐层细化的手段建立分层结构来实现。

5. 逻辑视图和物理视图

大多数方法允许分析员在着手问题的逻辑解决方案之前先分析物理视图。通常，同一种表示法既可以用来表示逻辑视图，也可以用来表示物理视图。

6. 系统抽象模型

为了能够比较精确地定义软件需求，可以建立待开发软件的一个抽象的模型，用基于抽象模型的术语来描述软件系统的功能和性能，形成软件需求规格说明。这种抽象的模型是从外部现实世界的问题领域抽象而来，在高级层次上描述和定义系统的服务。

对于较简单的问题，不必建立抽象系统模型。或者可以认为，系统模型在分析人员头脑中形成，直接由分析员写成规格说明。但对于比较复杂的问题，问题领域中各种关系比较复杂，仅有在头脑中想象的模型是不够的，必须建立适当的比较形式化的抽象系统模型，才能准确全面地反映问题领域中各种复杂的要求。

不同类型的问题有不同的需要解决的中心问题，因而要建立不同类型的系统模型。对于数学软件，设计的中心问题是算法，软件人员的主要力量要花在数学模型算法的考虑上。对于数据通信软件，中心问题是数据传送和过程控制，实现算法简单，采用数据流模型比较合适。对于涉及大量数据的数据处理软件，中心问题是数据处理，包括数据的采集、数据的传送、存储、变换、输出等，一旦明确了数据结构，与它相关的算法就简单了，因此可以采用实体-联系模型。如果系统要求有数据库支持，通过数据库获取和存放信息，还需要考虑数据在数据库中的组织方式和存储方法，建立数据库模型。因此，在分析过程中数据模型是首先要集中精力考虑的问题。

系统模型的建立是对现实世界中存在问题的有关实体和活动的抽象和精化，其建立过程包括观察分析、模型表示和模型检查三个阶段，如图3-3所示。

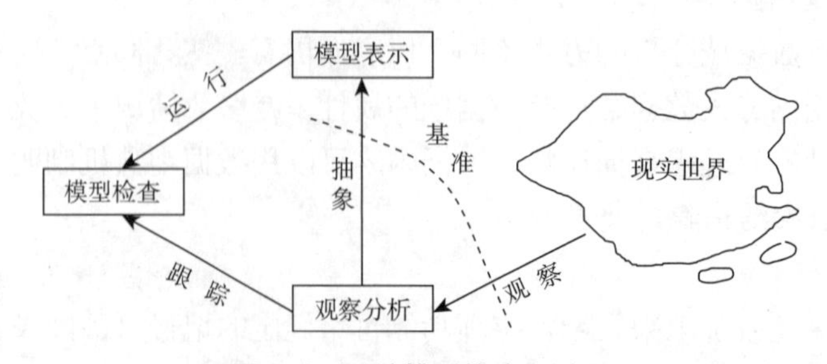

图3-3 系统模型的建立过程

首先，分析员和用户合作，从各方面观察现实世界中的有关实体和活动，建立理解的共同基准，分清哪些概念与系统相关，必须纳入系统模型。哪些是系统模型不必关心的。分析员和用户在共同理解的基础上，建立系统模型，包括系统提供的各种系统服务，模型表示的细节应有系统输入、系统输出、系统数据处理、系统控制等。

建立系统模型后，还要进行检查。除了静态检查之外，系统描述可以部分地模拟执行，将执行情况与对外部现实世界系统观察得到的系统跟踪信息进行对照，检查模型是否符合要求。

这种建立系统模型并模拟执行和检查的方法叫作系统原型开发。

3.4 需求规格说明与评审

在结束需求分析阶段之前，必须形成需求规格说明书，下面详细介绍其主要内容和需求评审标准。这些标准应该成为分析人员在需求规格说明书的开发过程中必须遵循的指导原则。

3.4.1 需求规格说明书的内容

在软件项目开始启动的初期，用户会向开发方提交需求描述，内容包括目标产品的工作环境描述及用户对目标产品的初步期望，其目的仅在于向开发人员解释其需求。这里讨论的需求规格说明与之完全不同，它是由开发人员经需求分析后形成的软件文档，其内容将更加系统、精确和全面，因为它必须服务于以下目标：

①便于用户、分析人员和软件设计人员进行理解和交流。用户通过需求规格说明书在分析阶段即可初步判定目标软件能否满足其原来的期望，设计人员则将需求规格说明书作为软件设计的基本出发点。

②支持目标软件系统的确认。软件开发目标是否完成不应由系统测试阶段的人为因素决定，而应根据需求规格说明书中确立的可测试标准决定。因此，需求规格说明书中的各项需求都应该是可测试的。

③控制系统进化过程。在需求分析完成之后，如果用户追加需求，那么需求规格说明书将用于确定追加需求是否为新需求。如果是，开发人员必须针对新需求进行需求分析，扩充需求规格说明书，再进行软件设计，等等。

需求规格说明书的主体包括功能与行为需求描述及非行为需求描述两部分。功能与行为需求描述说明系统的输入、输出及其相互关系，它们的分析技术和描述方法将在后面有关需求建模的章节中给出。非行为需求是指软件系统在工作时应具备的各种属性，包括效率、可靠性、安全性、可维护性、可移植性等。为使需求规格说明书更加单纯、简洁，其他内容不应写入需求规格说明书，例如人员需求、成本预算、进度编排、软件设计方案、质量控制方案等，这些内容可单独形成其他文档。

下面给出一种国际上较为流行的需求规格说明书标准。从中可进一步了解需求规格说明书的内涵，并在软件开发实践中据此制定自己的格式。

【例3-1】需求规格说明书。它由一个基本构架和一系列针对每类软件问题的特定需求描述格式构成。具体如下：

1. 引言
    1.1 需求规格说明书的目的
    1.2 软件产品的作用范围
    1.3 定义、同义词与缩写
    1.4 参考文献
    1.5 需求规格说明书概览
2. 一般性描述
    2.1 产品与其环境之间的关系
    2.2 产品功能
    2.3 用户特征
    2.4 限制与约束
    2.5 假设与前提条件
3. 特殊需求

附录

索引

特殊需求的描述格式可为

3.1 功能或行为需求
    3.1.1 功能或行为需求1
        3.1.1.1 引言
        3.1.1.2 输入
        3.1.1.3 处理过程描述
        3.1.1.4 输出
    3.1.2 功能或行为需求2
    ……
    3.1.n 功能或行为需求n

3.2 外部界面需求
    3.2.1 用户界面
    3.2.2 硬件界面
    3.2.3 软件界面

3.3 性能需求

3.4 设计约束
    3.4.1 标准化约束
    3.4.2 硬件约束
    ……

3.5 属性

3.5.1 可用性

3.5.2 安全性

3.5.3 可维护性

3.5.4 可移植性

……

3.6 其他需求

3.6.1 数据库需求

3.6.2 用户操作需求

3.6.3 工作场地需求

3.4.2 需求评审

在将需求规格说明书提交给设计阶段之前，必须进行需求评审。如果在评审过程中发现说明书存在错误或缺陷，应及时进行更改或弥补，重新进行相应部分的初步需求分析、需求建模，修改需求规格说明书，并再进行评审。

衡量需求规格说明书好坏的标准按重要性次序排列为正确性、无歧义性、完全性、可验证性、一致性、可理解性、可修改性、可追踪性，下面依次介绍这些评审标准的主要内涵。

①正确性。需求规格说明书中的功能、行为、性能描述必须与用户对目标软件产品的期望相吻合。

②无歧义性。对于用户、分析人员、设计人员和测试人员而言，需求规格说明书中的任何语法单位只能有唯一的语义解释。确保无歧义性的一种有效措施是在需求规格说明书中使用标准化术语，并对术语的语义进行显式的、统一的解释。

③完全性。需求规格说明书不能遗漏任何用户需求。具体他说，目标软件产品的所有功能、行为、性能约束以及它在所有可能情况下的预期行为，均应完整地包含在需求规格说明中。

④可验证性。对于规格说明书中的任意需求，均应存在技术和经济上可行的手段进行验证和确认。

⑤一致性。需求规格说明书的各部分之间不能相互矛盾。这些矛盾可以表现为术语使用方面的冲突、功能和行为特征方面的冲突，以及时序方面的前后不一致。

⑥可理解性。追求上述目标不应妨碍需求规格说明书对于用户、设计人员和测试人员的易理解性。特别是对于非计算机专业的用户而言，不宜在说明书中使用太多的专业化词汇。

⑦可修改性。需求规格说明书的格式和组织方式应保证能够比较容易地接纳后续的增、删和修改，并使修改后的说明书能够较好地保持其他各项属性。

⑧可追踪性。需求规格说明书必须将分析后获得的每项需求与用户的原始需求项清晰地联系起来，并为后续开发和其他文档引用这些需求项提供便利。

一般而言，需求评审以用户、分析人员和系统设计人员共同参与的会议形式进行。首先，分析人员要说明软件产品的总体目标，包括产品的主要功能、与环境的交互行为，以及其他性能指标。然后，需求评审会议对说明书的核心部分——需求模型进行评估，讨论需求模型及说明书的其他部分是否在上述关键属性方面具备良好的品质，进而决定该说明书能否构成良好的软件设计基础。然后，需求评审会议还要针对原始软件问题讨论除当前需求模型之外的其他解决途径，并对各种影响软件设计和软件质量的因素进行折中，决定说明书中采用的取舍是否合理。最后，需求评审会议应对软件的质量确认方法进行讨论，最终形成用户和开发人员均能接受的各项测试指标。

3.4.3 需求变更管理

软件的需求发生变更是不可避免的，一个软件系统不但在设计、编码及测试完成后可能变更，而且变更的时间可能发生在项目开发过程中的任何时候。

如何以可控的方式管理软件的需求变更，对于软件项目的顺利推进有着重要的意义。如果匆匆忙忙地完成用户调研与分析，则往往意味着不稳定的需求。所以，需求管理要保证需求分析各个活动都得到充分的执行。对于需求变更的管理，则主要使用需求变更流程和需求跟踪矩阵的管理方式。

①变更发起。如图3-4所示，首先进行变更理由的收集，然后是提交理由，并对变更的理由进行评价和审核。变更的发起者可以是用户，也可以是开发商。用户在开发过程中感到某些地方不满意时，就可以发起需求变更要求。

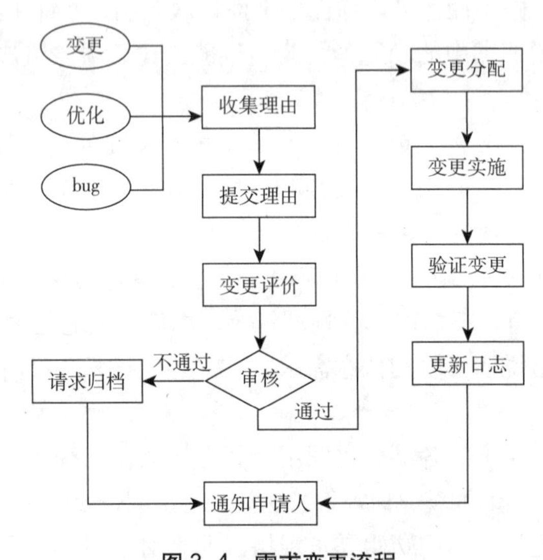

图3-4　需求变更流程

如果是用户发起的变更，建议开发商使用以下对策：

- 不要轻易答应用户进行修改。
- 即使可能修改，也要用户方写出书面《变更申请书》，在项目组讨论确定之后进行变更。

②影响分析。在用户向项目组递交书面《变更申请书》后，项目组要进行变更所产生的影响进行评价和审核，审核的结果可能是“通过”，也可能是“不通过”，不通过，则《变更申请书》直接归档并通知申请人。

③变更分配。如果批准变更，有可能对项目的计划进度或人员等进行相应变更，所以要进行

变更分配。

④变更实施。下面的步骤就是执行变更计划。

3.5 原型化方法

传统软件生存周期模型的典型代表是“瀑布模型”。这种模型将软件生存周期划分为若干阶段，根据不同阶段工作的特点，运用不同的方法、技术和工具来完成该阶段的任务。软件人员遵循严格的规范，在每一个阶段工作结束时都要进行严格的阶段评审和确认，以得到该阶段的一致、完整和无多义的文档，把这些文档作为阶段结束的标志“冻结”起来，并以它们作为下一阶段工作的基础，从而保证软件的质量。

传统思想之所以强调每一阶段的严格性，尤其是开发初期要有良好的软件规格说明，主要是源于过去软件开发的经验教训，即在开发的后期或运行维护期间，修改不完善的规格说明要付出巨大的代价。因此，人们投入极大的努力来加强各阶段活动的严格性，特别是前期的需求分析阶段，希望得到完善的规格说明以减少后期难以估计的经济损失。

但是，很难得到一个完整准确的规格说明。特别是对于一些大型的软件项目，在开发的早期用户往往对系统只有一个模糊的想法，很难完全准确地表达对系统的全面要求，软件人员对于所要解决的应用问题认识更是模糊不清。经过详细的讨论和分析，也许能得到一份较好的规格说明，但却很难期望该规格说明能将系统的各个方面都描述得完整、准确、一致，并与实际环境相符。很难通过它在逻辑上推断出系统运行的效果，以此达到各方对系统的共同理解。随着开发工作向前推进，用户可能会产生新的要求，或因环境变化，要求系统也能随之变化；开发者又可能在设计与实现的过程中遇到一些没有预料到的实际困难，需要以改变需求来解脱困境。因此，规格说明难以完善、需求的变更，以及通信中的模糊和误解，都会成为软件开发顺利推进的障碍。尽管在传统软件生成期管理中通过加强评审和确认、全面测试来缓解上述问题，但不能从根本上解决这些问题。

为了解决这些问题，逐渐形成了软件系统的快速原型的概念。

3.5.1 软件原型化方法概述

通常，原型是指模拟某种产品的原始模型。在软件开发过程中，原型是软件的一个早期可运行的版本，它反映最终系统的部分重要特性。在获得一组基本需求说明后，可通过快速分析构造出一个小型的软件系统，满足用户的基本要求，使得用户可在试用原型系统的过程中得到亲身感受和受到启发，做出反应和评价。然后，开发者根据用户的意见对原型加以改进。随着不断试验、纠错、使用、评价和修改，获得新的原型版本，如此周而复始，逐步减少分析和通信中的误解，弥补不足之处，进一步确定各种需求细节，适应需求的变更，从而提高了最终产品的质量。

软件原型化方法是在研究分析阶段的方法和技术中产生的，但它也可面向软件开发的其他阶段。由于软件项目的特点和运行原型的目的不同，原型主要有三种不同的作用类型：

①探索型：这种原型的目的是要弄清对目标系统的要求，确定所希望的特性，并探讨多种方

案的可行性。它主要针对开发目标模糊、用户和开发者对项目都缺乏经验的情况。

②实验型：这种原型用于大规模开发和实现之前，考核方案是否适合、规格说明是否可靠。

③进化型：这种原型的目的不在于改进规格说明，而是将系统建造得易于变化，在改进原型的过程中，逐步将原型进化成最终系统。它将原型方法的思想扩展到软件开发的全过程，适于满足需求的变动。

由于运用原型的目的和方式不同，在使用原型时可采取以下两种不同的策略：

①废弃策略：先构造一个功能简单而且质量要求不高的模型系统，针对这个模型系统反复进行分析修改，形成比较好的设计思想，据此设计出较完整、准确、一致、可靠的最终系统。系统构造完成后，原来的模型系统就被废弃不用。探索型和实验型原型属于这种策略。

②追加策略：先构造一个功能简单而且质量要求不高的模型系统，作为最终系统的核心，然后通过不断地扩充修改，逐步追加新要求，最后发展成为最终系统。它对应于进化型。

采用什么形式、什么策略主要取决于软件项目的特点和开发者的素质，以及支持原型开发的工具和技术，要根据实际情况的特点加以决策。

原型系统不同于最终系统，它需要快速实现，投入运行。因此，必须注意功能和性能上的取舍。可以忽略一切暂时不必关心的部分，力求原型的快速实现。但要能充分地体现原型的作用，满足评价原型的需求。要根据构造原型的目的，明确规定对原型进行考核和评价的内容，如界面形式、系统结构、功能或模拟性能等。构造出来的原型可能是一个忽略了某些细节或功能的整体系统结构，也可以仅仅是一个局部，如用户界面、部分功能算法程序或数据库模式等。总之，在使用原型化方法进行软件开发之前，必须明确使用原型的目的，从而决定分析与构造内容的取舍。

建立快速原型进行系统的分析和构造，有以下的优点：

①增进软件人员和用户对系统服务需求的理解，使比较含糊的具有不确定性的软件需求（主要是功能）明确化。对于系统用户来说，要他们想象最终系统是什么样的，或者描述当前有什么要求，都是很困难的。但是对他们来说，评价一个系统的原型要比写出规格说明容易得多。当用户看到原型的执行不是他们原来所想象的那样时，原型化方法允许并鼓励他们改变原来的要求。由于这种方法能在早期就明确用户的要求，因此可防止以后由于不能满足用户要求而造成的返工，从而避免了不必要的经济损失，缩短了开发周期。

②原型化方法提供了一种有力的学习手段。通过原型演示，用户可以亲身体验早期的开发过程，获得关于计算机和所开发系统的专门知识，对用户培训有积极作用。软件开发者也可以获得用户对系统的确切要求，学习到应用范围的专业知识，使开发工作做得更好。

用原型化方法，可以容易地确定系统的性能，确认各项主要系统服务的可应用性，确认系统设计的可行性，确认系统作为产品的结果。因此，它可以作为理解和确认软件需求规格说明的工具。

软件原型的最终版本，有的可以原封不动地成为产品，有的略加修改就可以成为最终系统的一个组成部分，这样有利于建成最终系统。

目前，原型化方法受到软件工具和开发环境的限制，还缺少好的开发方法，例如在原型化中忽略了多数对异常情况的处理，这在进化型原型演变成最终系统时要格外当心，否则会后患无穷。

3.5.2　快速原型开发模型（原型生存期）

由于原型开发的形式与策略直接影响软件开发，因此，首先讨论原型的开发和使用过程。这个过程叫作原型生存期。图3–5（a）所示为原型生存期的模型，图3–5（b）所示为模型的细化。

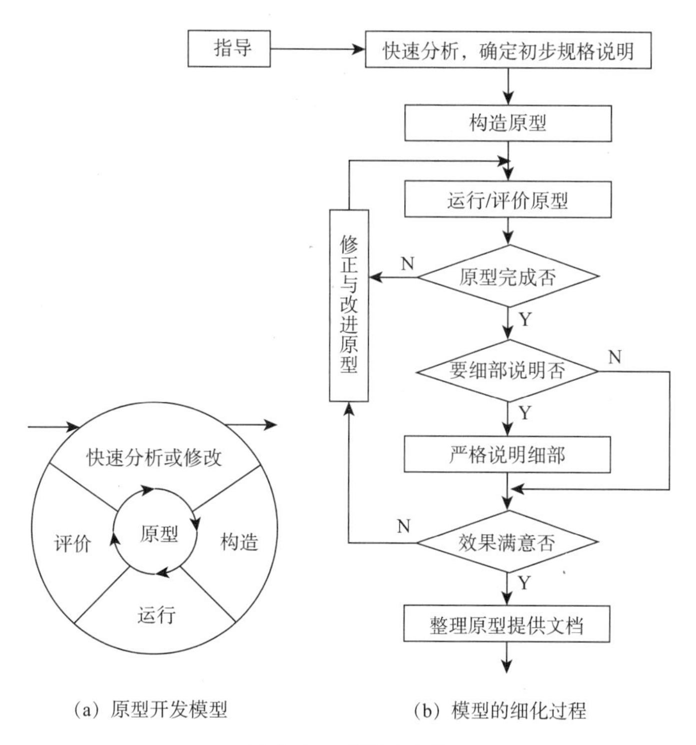

（a）原型开发模型　　（b）模型的细化过程

图3–5　原型生存期

1．快速分析

在分析员和用户的紧密配合下，快速确定软件系统的基本要求。根据原型所要体现的特性（或界面形式、或处理功能、或总体结构、或模拟性能等）描述基本规格说明，以满足开发原型的需要。特别在分析阶段使用原型化方法时，必须从系统结构、逻辑结构、用户特征、应用约束、项目管理和项目环境等多方面来考虑，以决定是否采用原型化方法。

①系统结构：联机事物处理系统、相互关联的应用系统适合于用原型化方法，而批结构（如批处理、批修改等结构）不适宜用原型化方法。

②逻辑结构：有结构的系统，如操作系统、管理信息系统等适合于用原型化方法，而基于大量算法的系统不适宜用原型化方法。

③用户特征：不满足于预先做系统定义说明，愿意为定义和修改原型投资，不易肯定详细需求；愿意承担决策的责任，准备积极参与的用户是适合于使用原型的用户。

④应用约束：对已经运行系统的补充，不能用原型化方法。

⑤项目环境：需求说明技术应当根据每个项目的实际环境来选择。

当系统规模很大、要求复杂、系统服务不清晰时，在需求分析阶段先开发一个系统原型是很值得的。特别是当性能要求比较高时，在系统原型上先做一些试验也是很必要的。

2．构造原型

在快速分析的基础上，根据基本规格说明，尽快实现一个可运行的系统。为此需要软件工具的支持，例如采用非常高级的语言实现原型，引入以数据库为核心的开发工具等。可忽略最终系统在某些细节上的要求，例如安全性、健壮性、异常处理等。主要考虑原型系统应充分反映待评价的特性，暂时忽略一切次要的内容。例如，如果构造原型的目的是确定系统输入界面的形式，可以利用输入界面自动生成工具，由界面描述和数据域的定义立即生成简单的输入模块，而暂时不考虑参数检查、值域检查和后处理工作，从而尽快地把原型提供给用户使用。如果要利用原型确定系统的总体结构，可借助菜单生成器迅速实现系统的程序控制结构，而忽略转储、恢复等维护功能，使用户能够通过运行菜单来了解系统的总体结构。

3．运行和评价原型

这是频繁通信、发现问题、消除误解的重要阶段。其目的是验证原型的正确程度，进而开发新的并修改原有的需求。它必须通过所有相关人员的检查、评价和测试。

由于原型忽略了许多内容，它集中反映了要评价的特性，外观看起来可能会有些残缺不全。用户要在开发者的指导下试用原型，在试用的过程中考核评价原型的特性，分析其运行结果是否满足规格说明的要求，以及规格说明的描述是否满足用户的愿望。纠正过去交互中的误解和分析中的错误，增补新的要求，并为满足因环境变化或用户的新设想而引起系统需求的变动而提出全面的修改意见。

4．修正和改进

根据修改意见进行修改。若原型运行的结果未能满足规格说明中的需求，则反映出对规格说明存在着不一致的理解或实现方案不够合理。若因为严重的理解错误而使正常操作的原型与用户要求相违背，则应当立即放弃。大多数原型不合适的部分可以修正，以成为新模型的基础。如果是由于规格说明不准确、不完整、不一致，或者需求有所变动或增加，则首先要修改并确定规格说明，然后再重新构造或修改原型，这就形成了原型开发的迭代过程。开发者和用户在一次次的迭代过程中不断完善原型，以接近系统的最终要求。

在修改原型的过程中会产生各种各样的积极的或消极的影响，为了控制这些影响，应当有一个词典，用以定义应用的数据流，以及各个系统成分之间的关系。另外，在用户积极参与的情况下，保留改进前后的两个原型，一旦用户需要时可以退回，而且贯穿地演示两个可供选择的对象，有助于决策。

5．判定原型完成

经过修改或改进的原型，达到参与者一致认可，则原型开发的迭代过程可以结束。为此，应判断有关应用的实质是否已经掌握，迭代周期是否可以结束等。

判断的结果有两个不同的转向：一是继续迭代验证；二是进行详细说明。

6．判断原型细部是否说明

判断组成原型的细部是否需要严格地加以说明。原型化方法允许对系统必要成分进行严格的详细说明。例如，将需求转化为报表，给出统计数字等。这些不能通过模型进行说明的成分，如果必要话，需要提供说明，并利用屏幕进行讨论和确定。

7．原型细部的说明

对于那些不能通过原型说明的所有项目，仍需要通过文件加以说明。例如，系统的输入、系统的输出、系统的转化、系统的逻辑功能、数据库组织、系统的可靠性、用户地位等。原型对完成严格的规格说明有帮助，如输入、输出记录都可以通过屏幕进行统计和讨论。

严格说明的成分要作为原型化方法的模型编入词典，以得到一个统一的连贯的规格说明提供给开发过程。

8. 判定原型效果

考察用户新加入的需求信息和细部说明信息，看其对模型效果有什么影响，是否会影响模块的有效性。如果模型效果受到影响，甚至导致模型失效，则要进行修正和改进。

9. 整理原型和提供文档

整理原型的目的是为进一步开发提供依据。原型的初期需求模型就是一个自动的文档。

总之，利用原型化技术，可为软件开发提供一种完整、灵活、近似动态的规格说明。

3.5.3 软件开发过程

快速原型方法的提出使得传统的软件生存期在思想方法上受到了影响。如果只是在局部运用原型化方法，将原形化开发过程用于软件生存期的某一个阶段内，那么传统的软件生存期依然不变，只是阶段内部的软件定义或开发活动采用了新的方法。但若原型开发过程代替了传统生存期中的多个阶段，则软件开发过程就成为一种新的形式。

图3-6（a）所示为使用原型方法的软件开发模型。在图中，原型开发过程处于核心，表示可在生存期的任何阶段引入原型开发过程，也可合并若干阶段，用原型开发过程代替。图3-6（b）详细描述了在各个阶段可能引入原型开发过程的软件开发过程。

1. 辅助或代替分析阶段

在分析阶段利用快速原型方法可以得到良好的需求规格说明。在整体上仍然采用传统的模式，从可行性分析结果出发，使用原型化方法来补充和完善需求说明，必要时可以细化需求说明，以达到一致、准确、完整、无多义性地反映用户要求，从而代替了传统的仅由复审和确认来提高需求规格说明质量的方法。尽管在整体上仍然采用传统思想，但是在阶段内却体现了原型化的思想，给用户提供了一个可运行的系统，通过试用来发现问题，从而确定用户的需求。

2. 辅助设计阶段

在设计阶段引入原型，可根据需求分析得到的规格说明进行快速分析，得到实现方案后立即构造原型，通过运行，考察设计方案的可行性与合理性。在这个阶段引入原型，可以迅速得到完善的设计规格说明。原型可能成为设计的总体框架，也可能成为最终设计的一部分或补充的设计文档。

3. 代替分析与设计阶段

这时不再遵循传统的严格按阶段进行软件开发的要求，而是把原型方法直接应用到软件开发的整体过程。在实施原型开发的过程中，不再考虑完善的需求说明，把分析、定义和设计交织在一起，通过原型的构造、评价与改进的迭代过程，逐步向最终系统的全面要求靠近。分析的同时也考虑了设计与实现的要求，能更有效地确定系统的需求和设计规格说明。在原型完成后，可同时得到良好的需求规格说明和设计规格说明。原型系统可以成为目标系统的总体结构，也可以作为最终系统的雏形，供进一步开发实现使用。

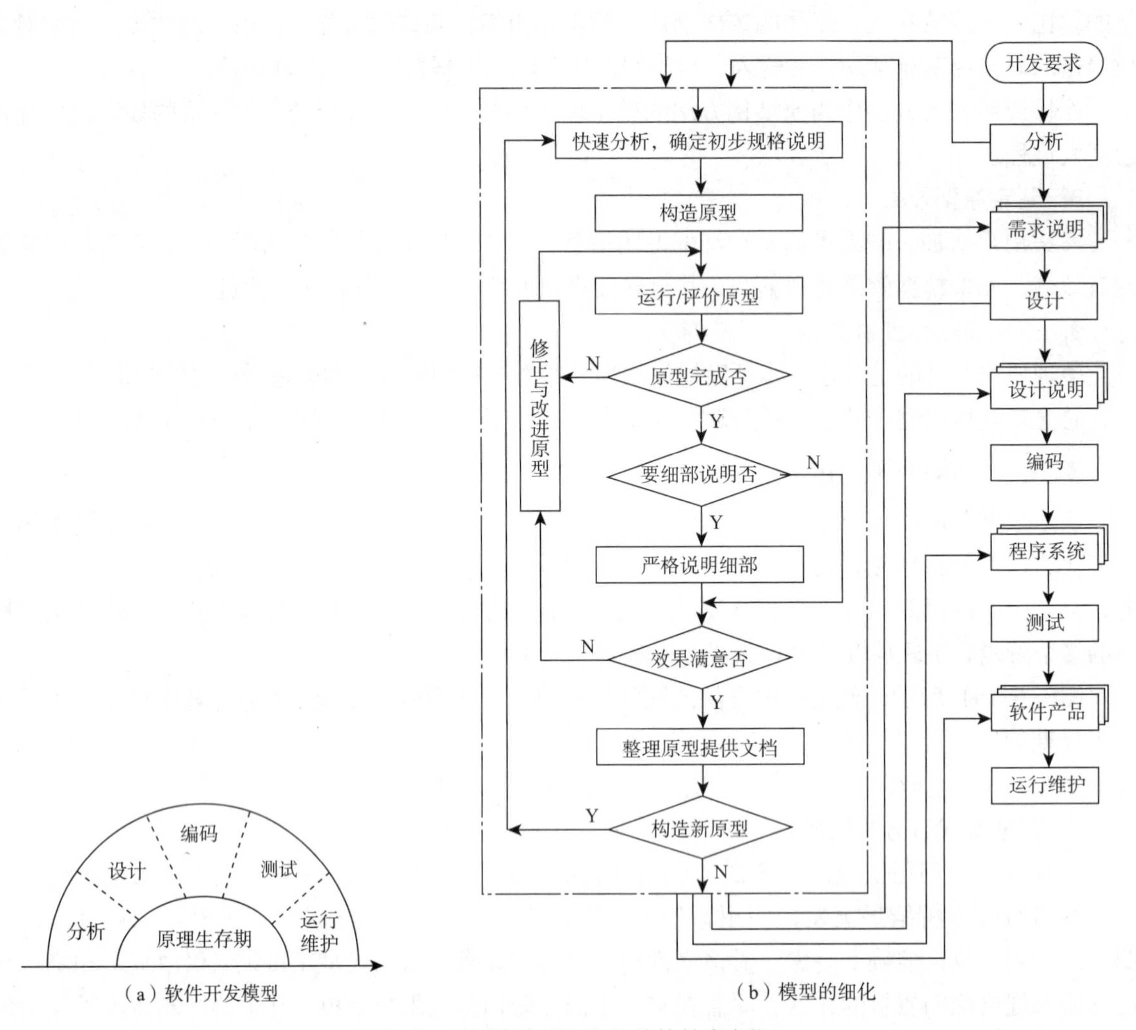

（a）软件开发模型　（b）模型的细化

图 3–6　采用快速原型方法的软件生存期

4. 代替分析、设计和实现阶段

这种方式是在强有力的软件开发环境的支持下，通过原型生存期的反复迭代，直接得到软件的程序系统，交付系统测试。这已属于进化型的原型开发，由初始的基本需求得到最初的原始模型开始，一直进化到软件的整体系统，并满足用户一切可能的要求。

5. 代替全部定义与开发阶段

这是典型的进化型原型开发方法，它完全摆脱了传统的软件生存期模式，通过反复的原型迭代过程，直接得到最终的软件产品。系统测试作为原型评价工作的一部分，融入原型的开发过程。它不再强调严格的开发阶段和高质量的阶段文档，而是在反复的原型迭代过程中，加强用户与开发者的通信，更有效地发现问题和解决问题。

3.6 案例分析——“尚品购书网站”系统需求分析与需求规格说明

3.6.1 “尚品购书网站”系统需求分析

1. “尚品购书网站”项目开发背景

在传统的营销方式下，书店等企业需要租用固定的店面，雇用许多经营管理人员。而使用互联网通过电子商务方式所进行的图书买卖，是在一种“虚拟市场”的网络环境下进行的。电子商务企业实行无店面销售，可以免交店面租金，节约水电费与人工成本，大大减少印刷与邮递成本，是企业具有低成本的竞争优势。在传统营销方式下，书店为了降低进书成本，一般都是比较大批量地进货，不仅占用经营企业的流动资金，而且会增加企业的经营风险。而在网上购书营销方式下，书店经营者可以在接到顾客订单后，再向出版社订货，可以实现“零库存”，降低了库存的压力。

2. “尚品购书网站”系统业务需求

利用文字、图像等多种手段将图书信息全方位地展现给顾客，顾客可以方便通过互联网查看、选购书籍，理性的消费者在对书籍的各个方面的信息全面了解、比较以后，再做出购买的决策。购书网站企业可以通过在自己的网站上提供电子邮箱、自由讨论区等了解顾客需求信息和具体要求，并对常见问题进行网上咨询和解答，从而更好地为顾客提供服务。

“尚品购书网站”项目设计包括前台和后台两部分。前台用户可以在“尚品购书网站”按图书类别浏览图书信息，也可以按书名搜索自己所需要的书籍信息，放入购物车以便购买、下订单；也可以修改自己的注册信息，查看自己的订单；也可以注册并编辑个人信息。后台包括用户管理、书籍管理及用户权限管理等。

3. “尚品购书网站”系统环境需求

①硬件环境。要求使用的服务器内存不少于2 GB，CPU（Intel 2.8 GHz以上），硬盘（RAID，150 GB及以上）。

②软件环境。服务器操作系统为MS Windows Server 2003及以版本，数据库为MySQL，配置IIS服务，开发工具采用Visual Studio 2005及以上版本；客户端机器，操作系统为MS Windows XP/7/8/10，文档撰写工具为Office 2003及以上版本。

③开发平台。Visual Studio 2005及以上版本，Windows XP/7/8/10，MS SQL Server 2005级以上版本。

4. “尚品购书网站”系统维护需求

“尚品购书网站”系统应以方便用户为原则，在统一的用户界面下提供各种使用帮助，尽可能降低使用的维护投入。不仅应适用于当前实际的运行环境，而且还具有应变能力，以适应未来变化的环境和需求。

5. “尚品购书网站”系统安全性需求

网站系统的安全无疑是确保系统正常运行的首要保障，系统的设计将从访问控制、数据安全方面进行考虑。

①权限管理：通过设置角色和用户权限可以对用户进行访问控制。

②运行维护管理：进行系统数据库的备份，使系统数据不会因意外事故（如突然停电）而造成破坏，从而确保数据库内容的安全可靠性。

6. “尚品购书网站”系统性能需求

①实践特性：普通操作在3 s内得到响应，计算量最大的任务在1 min内完成。

②易用性：系统适用于各种浏览器，大量的图形元素直观地反映了系统性能。

③稳定性：系统的稳定性非常重要，它将直接影响到各类用户的使用质量，所以系统必须保持稳定地运行。

④数据精确度：所遇有关金额的数据域要求精确到小数点后2位。

⑤数据库容量的要求：数据库容量要求能支持多企业、多用户的访问。

7. “尚品购书网站”系统接口需求

①内部接口：包括系统内部各功能模块之间的接口。

②外部接口：包括数据库外部访问接口和系统与外界通信接口。

3.6.2 “尚品购书网站”系统软件需求规格说明

1. 引言

本规格说明详细阐述了“尚品购书网站系统”的总体设计说明、产品功能、用户界面、系统特性、非功能性需求及其他需求。文档具体结构如表3-1所示。

表3-1 文档结构

		1	2	3	4	5
A	引言	编写目的	预期的读者	产品的范围		
B	综合描述	产品背景及前景	产品功能概述	用户类和特征	运行环境	
C	外部接口需求	用户界面	软件接口			
D	系统特性	激励/响应序列	功能需求			
E	其他非功能需求	性能需求	安全性需求	软件质量属性	业务规则	用户文档
F	其他需求					

（1）编写目的

编写该文档的目的是对产品进行定义，详尽说明该产品的软件需求。

（2）预期的读者和阅读建议

本软件需求规格说明的读者，可以是软件开发人员、用户、测试人员或文档的编写人员。

（3）产品的范围

制作本软件的目的是，借助Internet/Intranet向其他企业和消费者提供产品和信息服务，实现产品和服务向消费者方向的转移，把软件与企业目标或业务策略相联系。

2. 综合描述

这一部分概述了产品“尚品购书网站系统”的背景情况、主要功能、运行产品的环境，以及使用产品的用户等。

（1）产品背景及目前存在的问题

因特网的迅猛发展正以前所未有的深度和广度影响和改变着人类生活的各个方面，越来越多的人开始意识到因特网所蕴含的巨大经济价值和无穷商机，并积极投身于电子商务活动。实际上，电子商务是一些商业行为的电子化，例如网上商店、网上贸易等。就网上商店来说，网上书店是目前应用最广、最成功的典范之一。网上书店的崛起对传统的图书流通体系产生了强烈的冲击，有效地缩短了图书流通发行环节，将广大读者、图书、出版者、发行者紧密地结合在一起，大大提高了图书流通率。

世界上第一家网上书店是1991年美国联机公司在网络上建立的“阅读美国书店”。目前，最负盛名的是美国西雅图亚马逊图书公司的亚马逊网上书店。它创建于1995年，供书品种达1 000余万种，年顾客达1亿人次，其价格优惠20%～50%。金融结算制度完善，配送服务高效，实现了零库存运转。英国网上书店较著名的有因特网书店。德国的网上书店主要有图书在线网上书店、网上书店。

我国第一家网上书店是1995年建立的中国书店网上书店。1997年杭州新华书店建立了新华书店系统的第一个网上书店。截至2019年6月，国内比较知名的网上书店有当当网上书店、蔚蓝网络书店、北京图书大厦、全国购书网等。

网上书店虽然拥有比传统书店更广阔的市场，但在整体上也出现了不少问题：

①面对如此庞大的市场范围，大部分网上书店并没有进行认真的市场细分与选择，而是沿袭了大多数传统书店的市场定位，想走“大而全”的路子，可又常常“大而不全”，完全不具备网络时代的个性化色彩。书店里的书目乍一看种类繁多，但各专业细分之后，每个专业的图书品种就不多了，不能满足专业读者的深层次需求。

②网站信息量不足。亚马逊网上书店能提供有关书的基本情况以及读者、专家、作者与媒体等各方面的评价，并给每本书设立一个评分等级；而有些网上书店却还没有详细的图书介绍。如果只简单列出书名、作者、出版社与定价，却没有相应的介绍资料和图片展示，又如何能吸引读者呢？

③售价偏高。据调查，有些网上书店要么打折较少，要么要求订购者支付邮费或手续费。网上书店比传统书店节约了成本，那么在售价方面就必须体现出来。

事实上，网上购书并不像宣传的那样轻松自如。

（2）产品功能概述

将库存的图书目录按照不同分类存放在后台数据库中，用户通过Web方式调阅和查询，对销售的图书感兴趣的用户可以通过注册用户信息后下订单购书。主要功能如下：

①系统设置：数据库设置、图书类别设置、管理员设置、用户级别设置。

②图书库管理：实现对图书进行编目、修改、删除、查询功能。

③图书订购：实现用户在线订购图书。

④查询功能：查询方式提供模糊查询和分类查询方式。

⑤统计功能：提供各种统计功能，如图书销售排行、用户购买统计等。

⑥其他：公告、用户投诉等。

(3) 用户类和特征

因我们设计的服务方式为送货上门，故该网上书店只面向本地附近用户。用户每次买书都有购买记录，根据用户以往购买书籍的总金额，可对其实行不同程度的优惠。

(4) 运行环境

该网上书店的运行环境要求如下：

①操作系统：Microsoft Windows 系统。

②所需组件：Internet Explorer 等。

3. 外部接口需求

(1) 用户界面

这是“尚品购书网站系统”与用户进行交流的一个中间体，有着十分重要的作用。所以，要求该用户界面友好、清楚明了、突出重点、容易使用；另外，该界面还必须能够提供尽量多的功能，以给顾客便捷的服务。

用户界面由注册界面、登录界面、浏览书籍界面、查询界面、购书界面等构成，每一个界面都有着各自的作用。

(2) 软件接口

该系统与数据库相连（其中数据库中包括我们所提供的书籍信息、各书籍的价格等数据），同时数据库也用来保存各用户的信息（如所购买的书籍、会员的等级等）。

4. 系统特性

(1) 激励/响应序列

下面以用户方的激励/响应序列为例进行说明：

①用户注册：把新用户信息保存到数据中（如用户名、密码等）。

②用户登录：判断用户名和密码的正确性，如果判断通过则让用户进入欢迎界面，让其可以进行各种操作。

③用户修改密码：把用户新密码输入到数据库中，替换原密码。

④用户浏览：从数据库中调出书籍信息显示。

⑤用户查询：从数据库中查找相关书籍，如果找到则显示出来，否则显示查找失败。

⑥用户购书：保存用户所填写订单（包含有所购书籍、数量、价格等信息）。

⑦用户退出：显示已经退出系统信息。

(2) 功能需求

这些是必须提交给用户的软件功能，使用户可以使用所提供的特性执行服务或者使用所指定的使用实例执行任务。描述产品如何响应可预知的出错条件或者非法输入或动作。

5. 其他非功能需求

(1) 性能需求

①时间上：相互合作的用户数（注意：这里的用户是指使用该软件的人，而不是登录系统购买书籍的人）或者所支持的操作、响应时间，以及与实时系统的时间关系，必须满足互斥性，即不能同时有几个用户对相同的数据进行操作、修改（同时读除外）。

②空间上：对存储器和磁盘空间的需求；对存储在数据库中表的最大行数有一定的需要。

(2) 安全性需求

①只有特定的管理人员才能对系统进行管理，才能对数据库进行维护和修改。

②登录系统购书的客户资料，对其他客户都是透明的。

③客户的密码只能由客户自己进行修改，对管理员也是透明的；管理员唯一能对客户的操作是删除其客户名和密码。

④客户下订单后不能更改订单的内容。

(3) 软件质量属性

①对使用者：首先要保证有效性，最好易于扩展，有较好的可移植性。

②对客户：操作简单，界面友好，帮助文档充分。

(4) 业务规则

①只有拿到客户的付款或向供应厂商付款后，才可以修改账目。

②只有客户提交了正确的订单后，才可以修改库存信息。如果客户最终没有按照订单来购书，则重新修改库存信息。

③只有从供应厂商那里采购到书籍，才可以修改库存信息。

(5) 用户文档

①用户手册：提供给用户的、指导用户使用该软件的手册。

②在线帮助和教程：在网上提供的帮助教程，应该清晰易懂，简明易学。

6. 其他需求

(1) 用户管理/统计查询

用户管理系统管理员拥有最高权限，可添加/删除用户、添加/删除管理员。一般管理员除不能进行用户管理外可进行其他操作。系统管理员可查看一般管理员登录情况的历史记录，反之则不可以。

用户查询可根据会员ID、住址、级别、总购物金额等条件对用户数据进行综合查询与统计，在多条查询结果中可浏览单个用户的明细资料。

(2) 书籍分类管理

可添加书籍分类，修改书籍分类名称。

(3) 书籍管理/查询

书籍管理可修改书籍信息。

书籍查询可根据书籍名、书籍类别、价格范围（市场价、销售价）、库存数量等条件对书籍数据进行综合查询，在多条查询结果中可浏览单个书籍的明细数据。

(4) 订单管理/查询

订单管理可根据订单处理的各个不同阶段修改订单状态，如“已发货”。

订单查询可按用户名、订单号、订单状态对所有订单进行综合查询，在多条查询结果中可浏览某订单的明细状况。

(5) 销售统计

可按年、月或指定期限对书籍进行销售统计，结果显示各书籍的销售数量、销售金额等。

(6) 页面维护

可对各页面内容进行维护/修改，可更改页面广告条的链接等。

习　题

1. 需求分析的任务是什么？怎样理解分析阶段的任务是决定“做什么”，而不是“怎样做”？

2. 在软件需求分析时，首先建立当前系统的物理模型，再根据物理模型建立当前系统的逻辑模型。请问什么是当前系统？当前系统的物理模型与逻辑模型有什么差别？

3. 软件需求分析是软件工程中交换意见最频繁的步骤，为什么交换意见的途径会经常阻塞？

4. 怎样建立目标系统的逻辑模型？要经过哪些步骤？

5. 软件需求规格说明书由哪些部分组成？各部分之间的关系是什么？

6. 在需求分析阶段开发模型系统的意义何在？原型化方法的开发过程是什么？

7. 传统的软件开发模型的缺陷是什么？原型化方法的类型有哪些？原型开发模型的主要优点是什么？

第4章 结构化分析方法

本章要点

- 数据流图
- 数据字典
- 实体–联系图
- 基于数据流的分析方法
- 本阶段文档：数据流图（DFD）、数据字典（DD）

4.1 结构化分析方法概述

结构化方法是最早、最传统的软件开发方法，结构化方法的基本思想可以概括为：自顶向下、逐步求精；采用模块化技术、分而治之的方法，将待开发的系统按功能分解成若干模块；模块内部由顺序、分支、循环等基本控制结构组成；应用子程序实现模块化。结构化方法强调功能抽象和模块性，将问题求解看作是一个处理过程。结构化方法由于采用了模块分解和功能抽象，自顶向下、分而治之的手段，从而可以有效将一个复杂的系统分解成若干易于控制和处理的子系统，子系统又可以分解成更小的子任务，最后的子任务都可以独立编写成子程序模块。这些模块功能相对独立、接口简明、界面清晰，使用和维护起来非常方便。所以，结构化方法是一种非常有用的软件开发方法，也是其他软件开发方法的基础。

结构化分析方法适合于数据处理类型软件的需求分析。由于利用图形来表达需求，显得清晰、简明，易于学习和掌握。具体来说，结构化分析方法就是用抽象模型的概念，按照软件内部数据传递、变换的关系，自顶向下逐层分解，直到找到满足功能要求的所有可实现的软件为止。根据DEMARCO的论述，结构化分析方法使用了以下几个工具：数据流图、数据字典、结构化英语、判定表和判定树等。

4.2 数据流图

数据流图（Data Flow Diagram，DFD）是结构化分析的最基本的工具，也是描述数据处理过程的工具。数据流图描述的是系统的逻辑模型。数据流图从数据传递和加工的角度，以图形的方式刻画数据流从输入到输出的移动变换过程。数据流图主要有四种基本元素：数据流、加工（数据处理）、数据存储（数据文件）和外部实体。

4.2.1 数据流图中的主要图形元素

以大家熟悉的事务处理——去银行取款为例，说明数据流图描述数据处理的过程。图4–1所示为储户到银行用存折取款的流程。他把存折和取款单一并交给银行出纳员检验，出纳员核对账目，一旦发现存折有效性问题、取款单填写问题或者存折、账卡与取款单不符等问题时均应报告储户。在检验通过后，出纳员将取款信息登记在存折和账卡上，并通知付款。根据付款通知给储户付款，从而完成这一简单的数据处理活动。

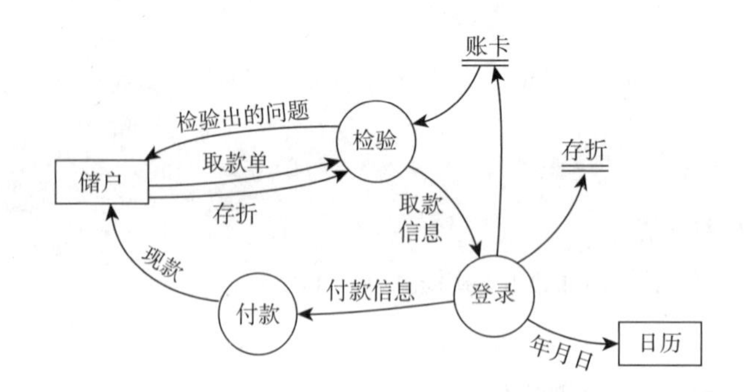

图 4–1 储户到银行用存折取款的流程

从数据流图中可知，数据流图的基本图形元素有四种，如图4–2所示。

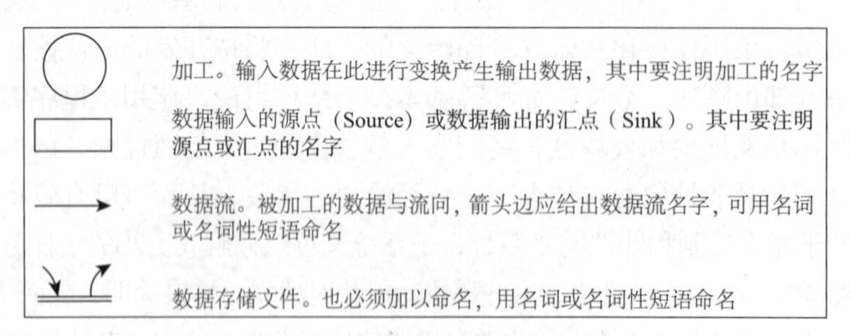

图 4–2 DFD 的基本图形符号

1. 数据流

数据流由一个或一组确定的数据组成。用箭头表示数据流，箭头方向表示数据流向，数据流名称标注在数据流线上面，数据流名应能直观地反映数据流的含义。在两个符号（加工、外部项、数据存储）之间可以有多个数据流存在，同一数据流图上不能有同名的数据流。多个数据流可以指向同一个加工，也可以从一个加工散发出许多数据流。

2. 加工

加工也称为数据处理，它表示对数据流的操作。加工的符号分成上、下两个部分，上面是标示部分，下面是功能描述部分。标示部分用于标注加工变化，加工编号应具有唯一性，以标识加工，以“P”开头。功能描述部分用来写加工名。为使DFD清晰易读，加工名应简单，能概括地说明对数据的加工行为，其详细描述在数据字典中定义。加工要逐层分解，以求得分解后的加工功能简单、易于理解。

3. 数据存储

数据存储也称数据文件，在数据流图中起保存数据的作用。它可以是数据文件或任何形式的数据组织。指向文件的数据流可理解为写入文件或查询文件，从文件中引出的数据流可理解为从文件读出数据或得到查询结果。在分层的DFD图中，数据存储一般仅仅属于某一层或某几层，为便于说明和管理，数据存储也应编号，编号以“D”开头。在DFD图上为避免出现交叉线，数据存储可以在多处画出。

4. 数据源点或汇点

数据的源点和汇点也称为外部项，它表示图中要处理数据的输入来源或处理结果要送往何处。由于它在图中的出现仅仅是一个符号，并不需要以软件的形式进行设计和实现，因而，它只是数据流图的外围环境中的实体，故称外部实体。在实际问题中它可能是人员、计算机外围设备或者传感装置。

4.2.2 数据流与加工之间的关系

在数据流图中，如果有两个以上数据流指向一个加工，或者从一个加工中引出两个以上的数据流，这些数据流之间往往存在一定的关系。图4-3中给出所用符号及其含义。其中星号“*”表示相邻的一对数据流同时出现；“⊕”则表示相邻的两数据流只取其一。

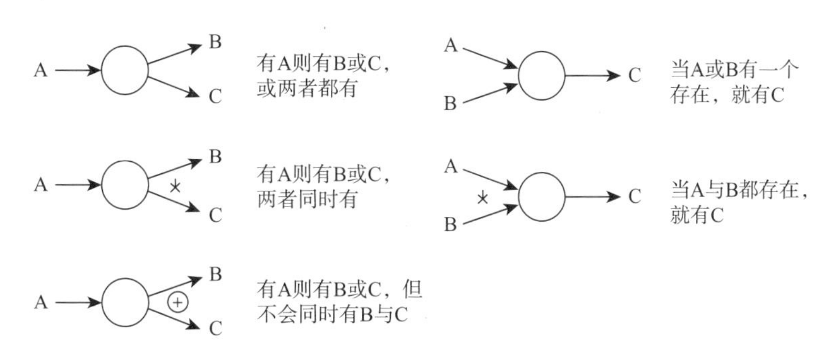

图4-3　表明多个数据流与加工之间关系的符号

4.2.3 数据流图的分层

为了表达数据处理过程的加工情况，用一个数据流图是不够的。为表达稍为复杂的实际问题，需要按照问题的层次结构进行逐步分解，并以分层的数据流图反映这种结构关系。

先把整个数据处理构成暂且看成一个加工，它的输入数据和输出数据实际上能够反映系统与外界环境的接口。这就是分层数据流图的顶层，如图4-4中的DFD/L0所示。但仅此一图并未表明数据的加工要求，需要进一步细化。如果这个数据处理包括3个子系统，就可以画出表示这3个子系统1、2、3的加工及其相关的数据流，如图4-4所示。这是顶层下面的第一层数据流图，记为DFD/L1。继续分解这3个子系统，可得到第二层数据流图DFD/L2.1、DFD/L2.2及DFD/L2.3，它们分别是子系统1、2和3的细化。仅以DFD/L2.2为例，其中的4个加工的编号均可联系到其上层图中的子系统2。这样得到的多层数据流图可十分清晰地表达整个数据加工系统的真实情况。对任何一层数据流图来说，称它的上层图为父图，在其下一层的图则称为子图。

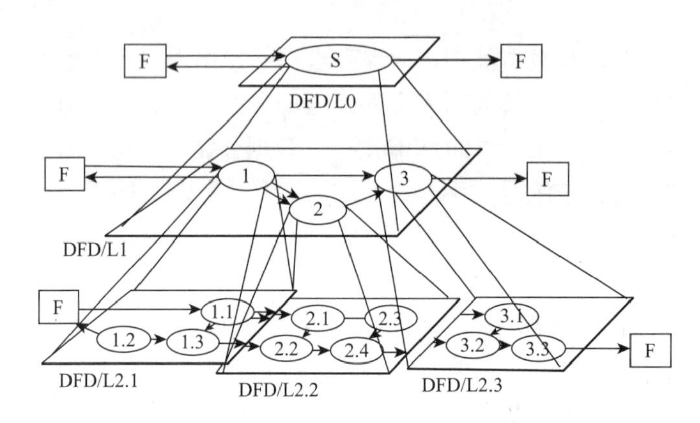

图 4-4　分层数据流图（图中 F 代表示外部实体）

在多层数据流图中，可以把顶层流图、底层流图和中间层流图区分开。顶层流图仅包含一个加工，它代表被开发系统。它的输入流是该系统的输入数据，输出流是系统的输出数据。顶层流图的作用在于表明被开发系统的范围，以及它和周围环境的数据交换关系。底层流图是指其加工不须再做分解的数据流图，其加工称为“原子加工”。中间层流图则表示对其上层父图的细化。它的每一加工可以继续细化，形成子图。中间层次的多少视系统的复杂程度而定。

4.2.4　数据流图的画法

1. 画DFD的步骤

画数据流图的基本步骤概括地说，就是自外向内，自顶向下，逐层细化，完善求精。具体步骤如下：

①确定系统的数据源点和汇点，它们是外部实体，即系统数据的来源和去处。

②确定整个系统的输出数据流与输入数据流。

③在图的边上画出系统的外部实体。

④确定系统的主要信息处理功能，按此将整个系统分解成几个加工环节（子系统），确定每个加工的输出与输入数据流及与这些加工有关的数据存储。

⑤根据自顶向下、逐层分解的原则，对上层图中的全部或部分加工环节进行分解。

⑥按照上述步骤，再从各加工出发，画出所需的子图。

⑦按照下面所给的原则进行检查和修改。

⑧和用户进行交流，在用户完全理解图的内容的基础上，征求用户的意见。

2. 进行检查和修改的原则

①数据流图上所有图形符号只限于前述四种基本图形元素。

②数据流图的主图必须包括前述四种基本元素，缺一不可。

③数据流图的主图上的数据流必须封闭在外部实体之间，外部实体可以不只一个。

④每个加工至少有一个输入数据流和一个输出数据流。

⑤在数据流图中，需按层给加工框编号。编号表明该加工处在哪一层，以及上下层的父图和子图的对应关系。

⑥任何一个数据流子图必须与它上一层的加工对应，两者的输入数据流和输出数据流必须一致，此即父图与子图的平衡。它表明了在细化过程中输入与输出不能有丢失和添加。

⑦图上每个元素都必须有名字。表明数据流和数据文件是什么数据，加工做什么事情。

⑧数据流图中不可夹带控制流。因为数据流图是实际业务流程的客观映象，说明系统“做什么”而不是要表明系统“如何做”，因此不是系统的执行顺序，不是程序流程图。

⑨初画时可以忽略琐碎的细节，以集中精力于主要数据流。

为了使数据流图便于在计算机上输入和输出，免去画曲线、斜线和圆的困难，常常使用如图4–5所示的另一套符号，这套符号与图4–2给出的符号完全等价。

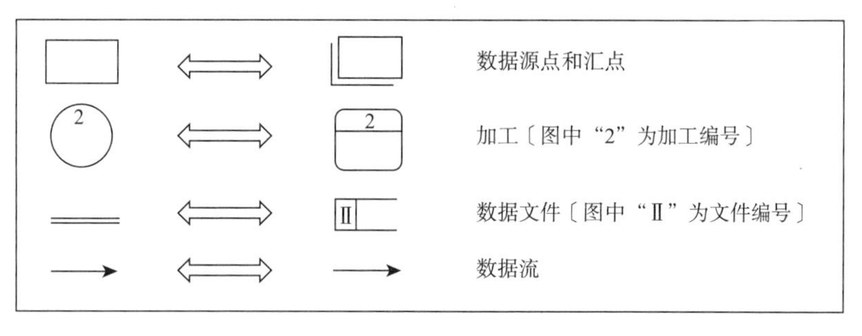

图4–5 符号对照

4.3 数据字典

数据流图抽象地反映了系统的全貌，它将各种信息流之间错综复杂的联系有机地统一在一张图上。但是为了更准确地反映数据流图上元素的具体含义，还应对数据流图中的三个基本元素：数据流、数据文件和数据加工进一步描述。数据字典（Data Dictionary，DD）就是用来对数据流图中出现的所有名字（数据流、数据文件、数据加工）进行定义，是对数据流图的必要补充。数据流图和数据字典是需求规格说明书的主要组成部分。只有同时有数据流图和数据字典才算完整地描述一个系统。

4.3.1 数据流的描述

1. 数据字典的定义

对在数据流图中每一个命名的图形元素均给予定义，其内容有图形元素的名字、别名或编号、分类、描述、定义、位置等。以下是不同词条应给出的内容：

（1）数据流词条描述

数据流是数据结构在系统内传播的路径。一个数据流词条应有以下几项内容：

编号：

数据流名：

说明：简要介绍作用即它产生的原因和结果。

数据流来源：来自何方。

数据流去向：去向何处。

数据流组成：数据结构。

（2）数据元素词条描述

图中的每一个数据结构都是由数据元素构成的，数据元素是数据处理中最小的，不可再分的单位，它直接反映事物的某一特征。对于这些数据元素也必须在数据词典中给出描述。其描述需要以下信息：

编号：

数据元素名：

类型：数字（离散值，连续值）、文字（编码类型）。

长度：

取值范围：

相关的数据元素及数据结构。

数据元素的取值可分为数字型与文字型。数字型又有离散值与连续值之分。离散值或者是枚举的，或者是介于上下界的一组数；连续值一般是取值范围的实数集。对于文字型，需要给予编码类型，文字值需要加以定义。

（3）数据文件词条描述

数据文件是数据结构保存的地方。一个数据文件词条应有以下几项内容：

编号：

数据文件名：

简述：存放的是什么数据。

输入数据：

输出数据：

数据文件组成：数据结构。

存储方式：顺序、直接、关键码。

---

(4) 加工逻辑词条描述

加工比较复杂，它到后来就是一段程序。加工的表达方式有判定表、判定树和结构化英语等，它们要全部写在一个词条中是有困难的，主要描述有：

加工编号：反映该加工的层次。
加工名：
简要描述：加工逻辑及功能简述。
输入数据流：
输出数据流：
加工逻辑：简述加工程序、加工顺序。

---

(5) 源点及汇（终）点词条描述

对于一个数据处理系统来说，源点和汇（终）点应当比较少。如果过多就缺少独立性，人机界面太复杂，这时就要考虑减少，提高系统独立性。定义源点和汇（终）点时，应包括：

编号：
名称：外部实体名。
简要描述：什么外部实体。
有关数据流：
数目：

---

2. 数据词典的使用

在结构化分析的过程中，可以通过编号或名字，方便地查阅数据的定义；同时可按各种要求，随时列出各种表，以满足分析员的需要。还可以按描述内容（或）定义来查询数据的名字。通过检查各个加工的逻辑功能，可以实现和检查在数据与程序之间的一致性和完整性。在以后的设计与实现阶段，以至于到维护阶段，都需要参考数据词典进行设计、修改和查询。

3. 定义数据的方法

通常定义复杂事物的方法，都是用被定义事物的某种组合来表示这个事物，这些组成成分又由更低层次成分的组合来定义。从这个意义上说，定义就是自顶向下的分解，所以数据字典中的定义就是对数据自顶向下的分解。对于数据要分解到什么程度，一般来说，当分解到不需要进一步定义，对每个和项目有关的人都能清楚地理解这些数据元素的含义时为止。也就是说，如果有的数据元素意义还不明确，就再定义这个数据元素，直至数据元素的意义明确为止。

在数据流图中，数据流和数据文件都具有一定的数据结构。因此，必须以一种清晰、准确、无二义性的方式来描述数据结构。表4-1给出的定义方式是一种严格的描述方式。

表 4-1　在数据字典的定义式中出现的符号

符　号	含　义	解　释
=	等价于（或被定义为）	
+	和（即连接两个分量）	例如，x=a+b，表示x由a和b组成
[···,···.]	或	例如，x=[a，b]，x=[a|b]，表示x由a或由b组成
{·········}	重复	例如，x={a}，表示x由0个或多个a组成
M {······.}N	重复	例如，x=3{a}8，表示x中至少出现3次a，至多出现8次a
(·········)	可选	例如，x=（a），表示a可在x中出现，也可不出现
"······."	基本数据元素	例如，x="a"，表示x为取值为a的数据元素
M..N	连接符	例如，x=1..9，表示x可取1~9之中的任一值

在图4-1所示的取款数据流图中，数据文件“存折”的格式如图4-6所示。

户名　所号　账号

开户日　性质　印密

日期 年月日	摘要	支出	存入	余额	操作	复核

图 4-6　存折格式

它在数据词典中的定义格式为：

```
存折=户名+所号+账号+开户日+性质+(印密)+1{存取行}50
户名=2{字母}24
所号="001".."999"                    注：储蓄所编码，规定三位数字
账号="00000001".."99999999"           注：账号规定由八位数字组成
开户日=年+月+日
性质="1".."6"                         注："1"表示普通户，"6"表示工资户等
印密="0"                              注：印密在存折上不显示
存取行=日期+(摘要)+支出+存入+余额+操作+复核
日期=年+月+日
年="00".."99"
月="01".."12"
日="01".."31"
摘要=1{字母}4                          注：表明该存取是存？是取？还是换？
支出=金额                              注：金额规定不超过9999999.99元
金额="0000000.01".."9999999.99"
操作="00001".."99999"
……
```

这表明存折是由七部分组成、其中的“存取行”要重复出现多次。如果重复次数是个常数，

例如为50，则可表示为：{存取行}50。如果重复次数是变量，那么要估计其变动范围。例如，存取行从1到50，则可记为1{存取行}50。在存取行中，“摘要”加了圆括号，表明它是可有可无的。“日期”由年+月+日组成，例如1999年3月23日表示成990323。“支出”和“存入”表明该存取行存取的金额，“余额”是经过存取之后存折上剩余的钱。“操作”“复核”是银行职员的代码，用五位整数表示。

4.3.2　加工的描述

在数据流图中，每一个加工框中除了编号外，只简单地写上了一个加工名，这显然不能表达加工的全部内容。随着自顶向下逐层细化，功能越来越具体，加工逻辑也越来越精细。到最底一层，加工逻辑详细到可以实现的程度，因此称为“原子加工”或“基本加工”。如果能够写出每一个基本加工的全部详细逻辑功能，再自底向上综合，就能完成全部逻辑加工。

在写基本加工逻辑的说明时，应满足如下要求：

①对数据流图的每一个基本加工，必须有一个加工逻辑说明。

②加工逻辑说明必须描述基本加工如何把输入数据流变换为输出数据流的加工规则。

③加工逻辑说明必须描述实现加工的策略而不是实现加工的细节。

目前用于写加工逻辑说明的工具有结构化英语（PDL）、判定表和判定树。下面分别进行介绍。

1. 结构化英语

结构化英语（Procedure Design Language，PDL）是一种介于自然语言和形式化语言之间的半形式化语言。它是在自然语言的基础上加了一些限制而得到的语言，是使用有限的词汇和有限的语句来描述加工逻辑。结构化英语的词汇表由英语命令动词、数据词典中定义的名字、有限的自定义词和控制结构关键词IF_THEN_ELSE、WHILE_DO、REPEAT_UNTIL、CASE_0F等组成。其动词的含义要具体，尽可能少用或不用形容词和副词。

语言的正文用基本控制结构进行分割，加工中的操作用自然语言短语来表示。其基本控制结构有简单陈述句结构、判定结构和重复结构。在书写时，必须按层次横向向右移行，续行也同样向右移行，对齐。

下面是商店业务处理系统中“检查发货单”的例子。

```
IF the invoice exceeds $500 THEN(发货单金额超过$500)
  IF the account has any invoice more then 60 days overdue THEN (欠款超过60天)
    The confirmation pending resolution of the debt(在偿还欠款前不予批准)
ELSE(account is in good standing)(欠款未超期)
    issue confirmation and invoice(发批准书及发货单)
  ENDIF
ELSE(Invoice $500 or less)(发货单金额未超过$500)
  IF the account has any invoice more then 60 days overdue THEN(欠款超过60天)
    issue confirmation, invoice and write message on credit action report
(发批准书，发货单及赊欠报告)
  ELSE(account is in good standing)(欠款未超期)
    issue confirmation and invoice(发批准书及发货单)
ENDIF
```

为了对基本加工逻辑的来龙去脉、在数据流图中的位置、加工的使用情况等有更清楚的了解，一般对结构化英语的描述加一些外层说明：

加工逻辑名　检查发货单
编　　号　1．3．1．1
激发条件　收到发货单
加工逻辑　IF the invoice exceeds $500
　　　　　……
执行频率　50次／日

---

2. 判定表

在某些数据处理问题中，某数据流图的加工需要依赖于多个逻辑条件的取值，就是说完成这一加工的一组动作是由于某一组条件取值的组合而引发的。这时使用判定表（Decision Table）来描述比较合适。下面以“检查发货单”为例，说明判定表的构成，如表4–2所示。

表4–2　“检查发货单”的判定表

条件和操作		1	2	3	4
条件	发货单金额	>$500	>$500	≤$500	≤$500
	赊欠情况	>60天	≤60天	>60天	≤60天
操作	不发出批准书	✓			
	发出批准书		✓	✓	✓
	发出发货单		✓	✓	✓
	发出赊欠报告			✓	

判定表由四个部分组成，双线分割开的四部分是：

①条件茬——左上部分：列出了各种可能的条件。除去某些问题中对各个条件的先后次序有特定的要求以外，通常不要求判定表中各条件的先后次序。

②条件项——右上部分：给出各个条件的条件取值的组合。

③动作茬——左下部分：列出了可能采取的动作。这些动作的排列顺序没有限制，但为便于阅读也可令其按适当的顺序排列。

④动作项——右下部分：是和条件项紧密相关的，它指出了在条件项的各种取值的组合情况下应采取什么动作。这里将任一条件取值组合及其相应要执行动作称为规则，它在判定表中是纵贯条件项和动作项的一列。显然，判定表中列出了多少个条件取值的组合，也就有多少条规则，即条件项与动作项有多少列。

判定表能够把在什么条件下，系统应完成哪些操作表达得十分清楚、准确、一目了然。这是用语言说明难以准确、清楚表达的，但是用判定表描述循环比较困难。有时，判定表可以和结构化英语结合起来使用。

3. 判定树

判定树（Decision Tree）也是用来表达加工逻辑的一种工具，有时侯它比判定表更直观。用它来描述加工，很容易为用户接受。下面把前面的“检查发货单”的例子用判定树表示，如图4-7所示。

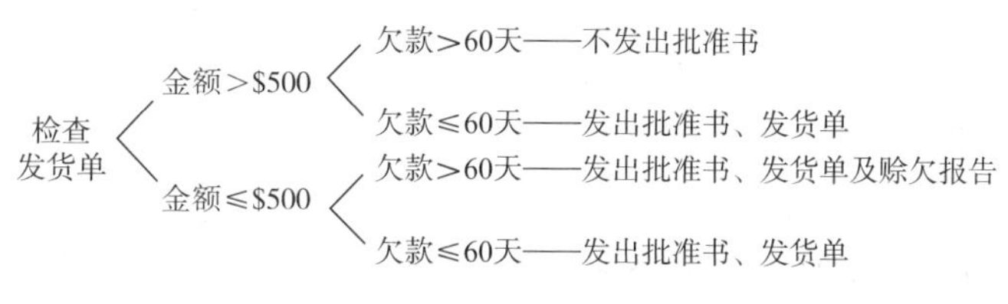

图4-7 用判定树表示检查发货单

没有一种统一的方法来构造判定树，也不可能有统一的方法，因为它是用结构化英语，甚至是用自然语言写成的叙述文作为构造树的原始依据的，但可以从中找些规律。首先，应从文字资料中分清哪些是判定条件，哪些是判定做出的结论。例如上面的例子中，判定条件是“金额＞ ＄500，欠款<=60天的发货单”，要判定的结论是“发给批准书和发货单”。然后，从资料叙述中的一些连接词（如除非、然而、但、并且、和、或……）中，找出判定条件的从属关系、并列关系、选择关系等。

在表达一个基本加工逻辑时，结构化英语、判定表和判定树常常交叉使用，互相补充，因为这三种手段各有优缺点。

总之，加工逻辑说明是结构化分析方法的一个组成部分，对每一个加工都要加以说明。使用的手段，应当以结构化英语为主，对存在判断问题的加工逻辑，可辅之以判定表和判定树。

4.4 实体－联系图

在数据密集型应用问题中，对复杂数据及数据之间复杂关系的分析和建模将成为需求分析的重要任务。显然，这项任务是简单的数据字典机制无法胜任的。所以，有必要在数据流分析方法中引进适合于复杂数据建模的实体－联系图。

4.4.1 数据对象、属性与联系

数据对象是现实世界中实体的数据侧面；或者说，数据对象是现实世界中省略了功能和行为的实体。在数据流分析方法中，数据对象包括数据源、外部实体的数据以及数据流的内容。

数据对象由其属性刻画。通常，属性包括：

①命名性属性：对数据对象的实例命名，其中必含有一个或一组关键属性，以便唯一地标识数据对象的实例。

②描述性属性：对数据对象实例的性质进行刻画。

③引用性属性：将自身与其他数据对象的实例关联起来。

一般而言，现实世界中任何给定实体都具有许许多多属性，分析人员只能考虑与应用有关的属性。例如，在汽车销售管理问题中，汽车的属性可能有制造商、型号、标识码、车体类型、颜色、买主。

数据对象可以用一张表描述，如表4-3所示。

表 4-3 数据对象描述表

标识码	型号	制造商	车体类型	颜色	买主

应用问题中的任何数据对象都不是孤立的，它们与其他数据对象一定存在各种形式的关联。例如，在汽车销售管理问题中，“制造商”与“汽车”之间存在“生产”关系，“购车者”与“汽车”之间存在“购买”关系。当然，关系的命名及内涵因具体问题而异。分析人员必须善于剔除与应用问题无关的关系。

基于数据对象、属性与关系，分析人员可以为应用问题建立数据模型。为确保模型的一致性并消除数据冗余，分析人员要掌握以下规范化规则：

①数据对象的任何实例对每个属性必须有且仅有一个属性值。

②属性是原子数据项，不能包含内部数据结构。

③如果数据对象的关键属性多于一个，那么其他的非关键属性必须表示整个数据对象而不是部分关键属性的特征。

例如，如果在“汽车”数据对象中增加“经销商”属性并将其与标识码一起作为关键属性，那么，再添加“经销商地址”属性就违背了上述规则，因“经销商地址”仅仅是“经销商”的特征，它与汽车的“标识码”无关。

④所有的非关键属性必须表示整个对象而不是部分属性的特征。

例如，在“汽车”数据对象中增加“油漆名称”属性，就违背了上述规则，因为它仅仅与“颜色”有关，而不是整个“汽车”的特征。

4.4.2 实体-联系的表达方法

实体-联系图是表示数据对象及其关系的图形语言机制。数据对象用长方形、关系用菱形表示。数据对象之间数量对应关系的表示如图4-8所示。

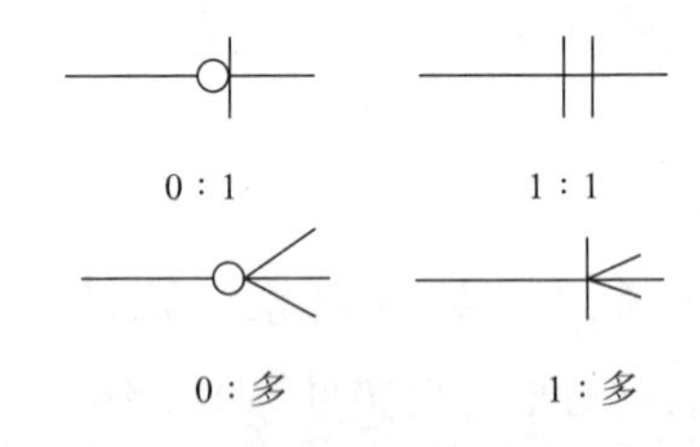

图 4-8 实体-联系图中数量对应关系的表示

例如，在图4-9中，一个制造商生产一辆或多辆汽车，它可与零个或多个运输商签定运货合同。

除上述基本机制外，扩充的实体-联系图还可表示数据对象的部分-整体关系以及分类层次结构，分别如图4-10和图4-11所示。

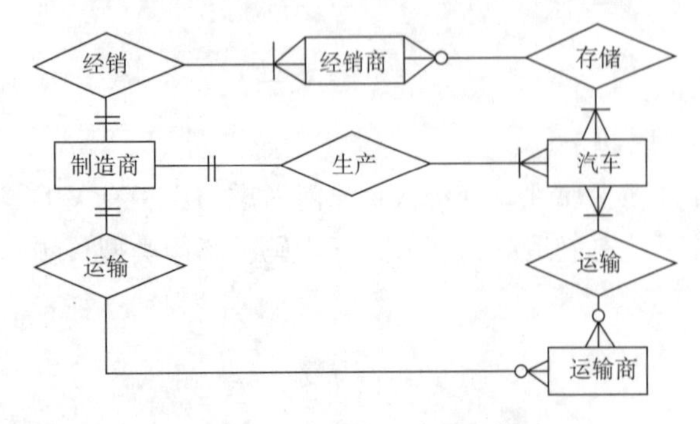

图 4-9 实体-联系图实例

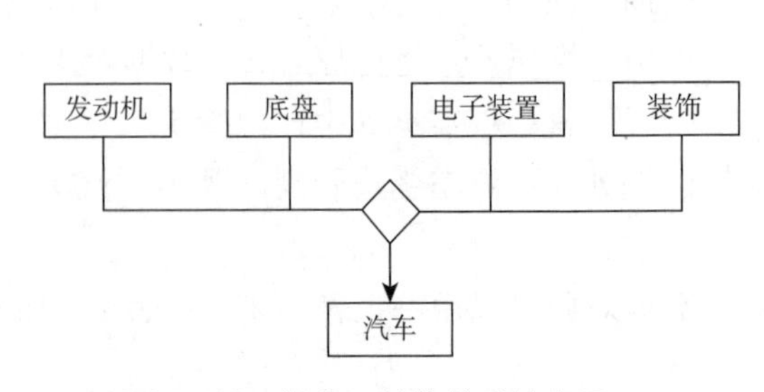

图 4-10 部分-整体关系的表示

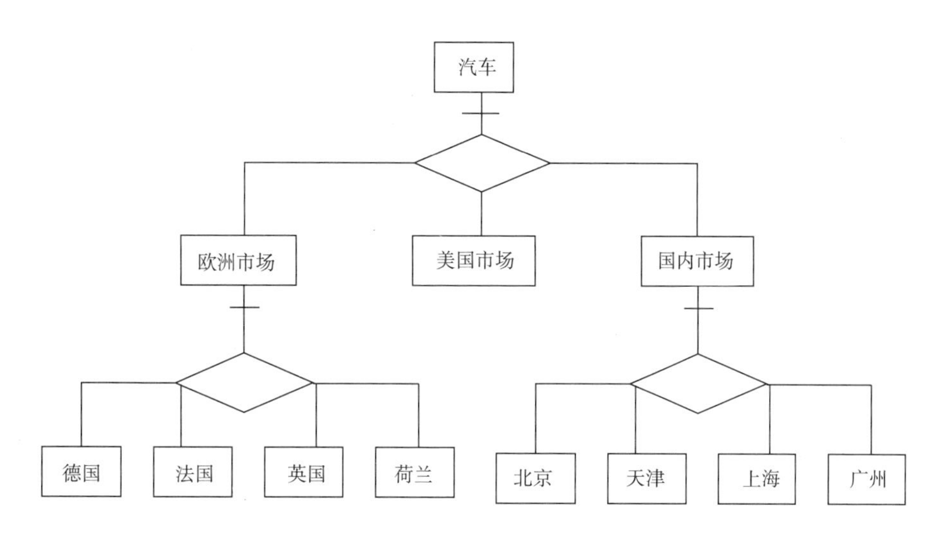

图4-11 汽车销售管理问题中“汽车”的层次表示

4.5 结构化分析方法

本节结合“家庭保安系统”讨论一些启发式经验知识和规则，从而为分析人员建造用户需求的数据流模型提供方法学指导。

4.5.1 创建数据流模型

数据流图是目标软件系统中各个处理子功能以及它们之间的数据流动的图形表示。数据流图的精化过程实际上是处理子功能和数据流的细化过程。随着这一进程的进行，用户需要逐步精确化、一致化、完全化。

在创建用户需求的数据流模型的过程中，分析人员应遵循以下规则：

①建立顶级数据流图，其中只含有一个代表目标软件系统整体处理功能的转换。

根据软件系统与外部环境的关系确定顶级数据流图中的外部实体以及它们与软件系统之间的数据流。

“家庭保安系统”的顶级数据流图如图4-12所示。

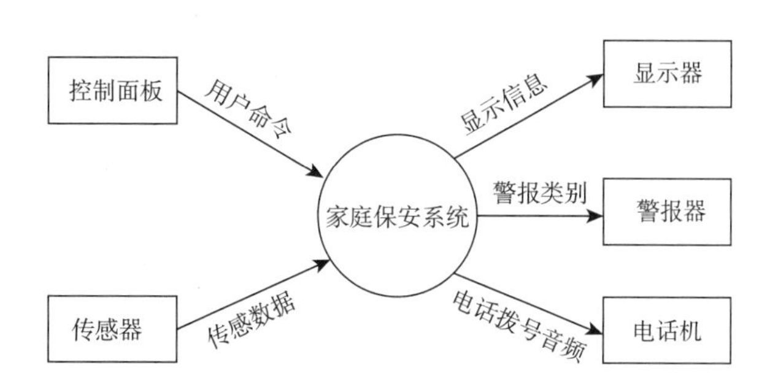

图4-12 “家庭保安系统”顶级数据流图

②对用户需求的文字描述进行语法分析，其中的名词和名词短语构成潜在的外部实体、数据源或数据流，动词构成潜在的处理功能。

结合分析人员对问题域和用户需求的理解，确定软件系统的主要功能以及它们之间的数据流，如图4–13所示。

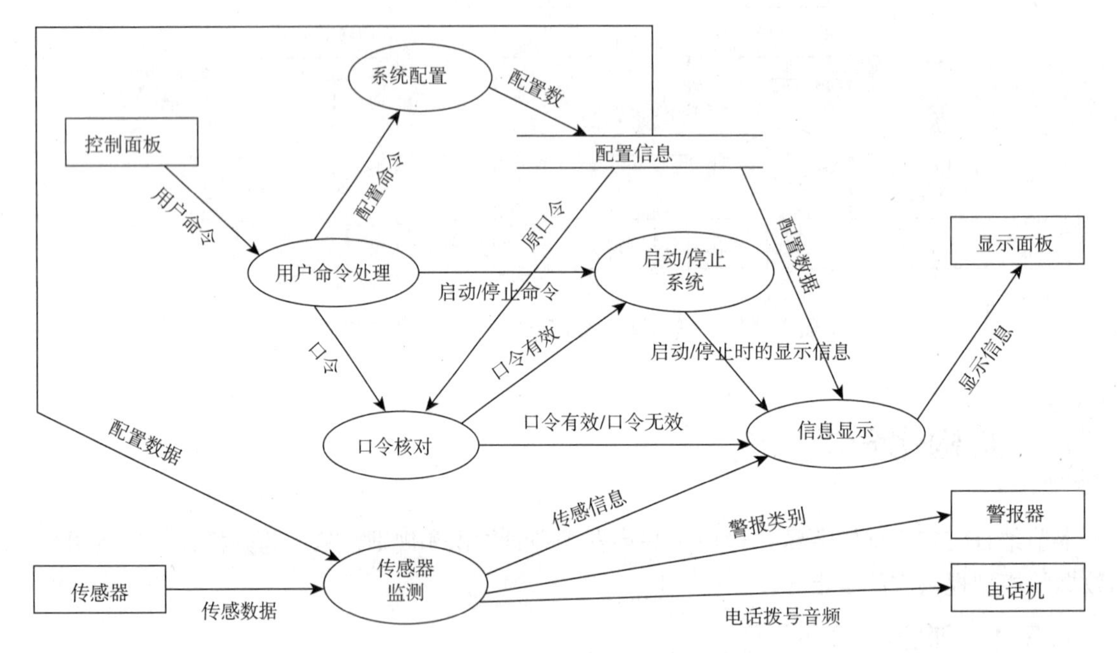

图4–13 家庭保安系统”1级数据流图

③采用通常的功能分解方法，按照“强内聚、松耦合”原则逐个对处理功能进行精化；与此同时，逐步完成对数据流的精化，并针对被精化的处理功能生成下一级数据流图。

“强内聚、松耦合”原则是指被分解出来的各子功能之间的联系相对松散、简单，子功能内部各部分的联系相对紧密、复杂。这一原则对于目标软件系统的可修改性、可扩充性大有益处，因为开发人员可以缩小软件修改或扩充的影响传播范围。

对数据流的精化包含两方面的意义：首先，伴随着功能分解的进行，数据流的内容及各项特征将逐步表现出来，所以要将其作为数据字典的一个条目，并不断精化、调整内容。其次，在父数据流图中的复合数据项可被分解为子数据项，这种数据流分解并不违背平衡准则。例如，将图4–13中的“启动／停止系统”功能分解为“启动系统”和“停止系统”，那么“启动／停止命令”应相应地精化为“启动命令”和“停止命令”。

“家庭保安系统”中“传感器监测”子功能的数据流子图如图4–14所示。

④在精化过程中必须维持各级数据流图的平衡。

⑤精化过程应适可而止，避免涉及软件设计细节。一般来说，如果某子功能可以用一般、精确的文字描述清楚，就无须进一步分解。

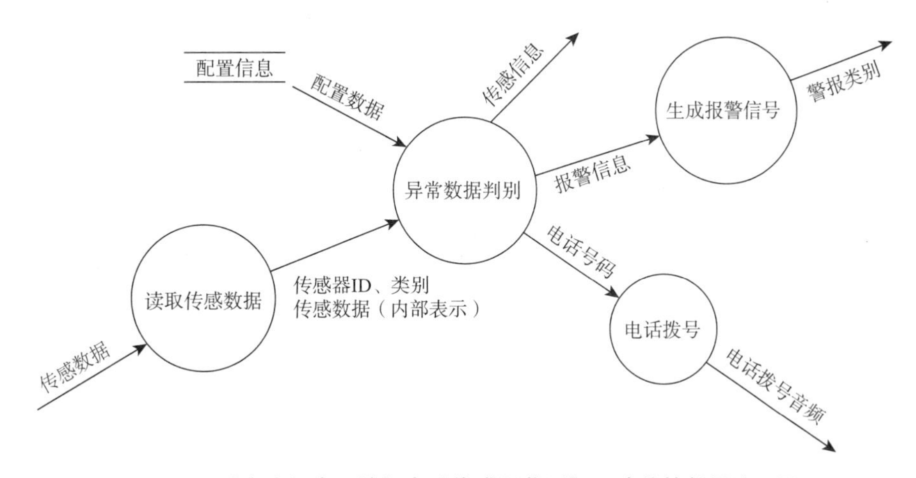

图4-14 “家庭保安系统”中“传感器监测”子功能的数据流子图

4.5.2 过程规格说明

对于数据流图中不再分解的处理功能，分析人员要借助结构化的自然语言对其功能进行精确、简洁的描述。

图4-12中“口令核对”子功能分解出来的“设置口令”子功能可描述如下：

①参数：口令；类别：字符串。

②处理步骤：

- 检查系统是否已有口令。若有，则验证用户输入口令的有效性。如果有效，则显示提示信息要求输入新口令；否则，显示失败信息并退出。
- 检查口令长度是否合法。如果非法，则显示提示信息要求重新输入。
- 要求用户再次输入合法口令，以便用户确认和记忆。如果两次输入的口令不符，则返回。
- 将确认后的口令按某种加密方法转换为另一字符串存放于系统配置文件中，显示成功信息并退出。

③约束条件：在上述处理步骤的前三步中，用户重试的机会不超过3次。

4.6 案例——“尚品购书网站”系统结构化分析

根据“尚品购书网站”系统需求分析报告以及需求规格说明书的描述，结合实际的电子商务购书网站运营情况，现采用结构化分析的方法，从面向数据流的角度对“尚品购书网站”系统进行分析，构建“尚品购书网站”系统的逻辑模型。

4.6.1 数据流图（第一层）

“尚品购书网站”系统数据流图（第一层）如图4-15所示。

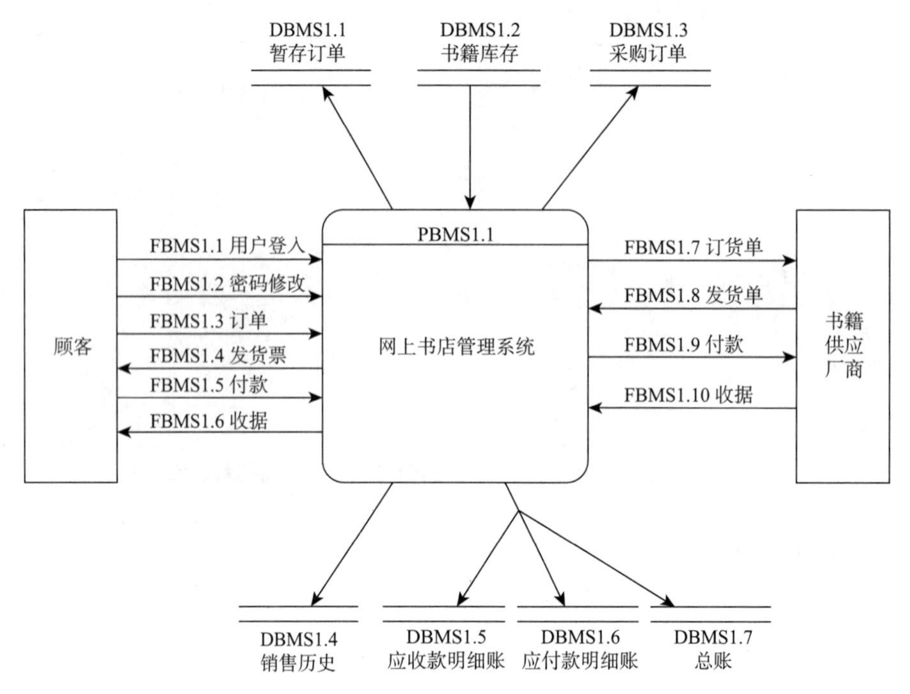

图 4–15 “尚品购书网站”系统数据流图（第一层）

1. 数据流图说明

（1）外部项（E）（见表4–4）

表 4–4 外部项

编 号	名称	有关数据流	属 性 描 述
EBMS1.1	顾客	FBMS1.1 FBMS1.2 FBMS1.3 FBMS1.4 FBMS1.5 FBMS1.6	用户注册、登录、提交订单、付款； 送货给顾客、给顾客收据等
EBMS1.2	书籍供应厂商	FBMS1.7 FBMS1.8 FBMS1.9 FBMS1.10	向厂商购书、付款； 厂商发货、给收据等

（2）处理逻辑（P）（见表4–5）

表 4–5 处理逻辑

编 号	名 称	功 能 描 述	处 理 频 度
PMRS1.1	网上售书管理系统（BMS）	用asp.net及C#管理整个网上书店	每笔交易或批量处理

(3) 数据流(F)

共有FBMS1.1~FBMS1.10这10个数据流，相关描述如表4-6~表4-15所示。

①数据流名称：FBMS1.1。

数据流说明：用户登入。

表4-6 数据流FBMS1.1

数 据 项	数据类型	长 度	备 注
Username	字符型	10	用户名
Password	字符型	15	密码

②数据流名称：FBMS1.2。

数据流说明：密码修改。

表4-7 数据流FBMS1.2

数 据 项	数据类型	长 度	备 注
Username	字符型	10	用户名
Password_old	字符型	15	旧密码
Password_new	字符型	15	新密码
Password_new2	字符型	15	新密码确认

③数据流名称：FBMS1.3。

数据流说明：顾客的订单。

表4-8 数据流FBMS1.3

数 据 项	数据类型	长 度	备 注
ID_Order	数字型	整型	顾客的订单编号
Username	字符型	10	用户名
ID_Book	数字型	整型	书号
Count_Order	数字型	整型	订书数量
Date_order	日期/时间		顾客订书日期

④数据流名称：FBMS1.4。

数据流说明：送货人给顾客的发货票。

表4-9 数据流FBMS1.4

数 据 项	数据类型	长 度	备 注
Username	字符型	10	用户名
ID_Book	数字型	整型	书号
Count	数字型	整型	数量
Price	货币		出版价格
Cost	货币		出售价
TotalCost	货币		总价格
Date_send	日期/时间		向顾客发货日期

⑤数据流名称：FBMS1.5。

数据流说明：付款（顾客付款给送货人）。

表 4–10　FBMS1.5

数　据　项	数据类型	长　　度	备　　注
Username	字符型	10	用户名
TotalCost	货币		总金额
Date_pay	日期/时间		顾客付款日期

⑥数据流名称：FBMS1.6。

数据流说明：送货人给顾客的收据（发货票）。

表 4–11　FBMS1.6

数　据　项	数据类型	长　　度	备　　注
ID_Receipt	数字型	整型	收据编号
Username	字符型	10	用户名
Bookname	字符型	100	书名
ID_Book	数字型	整型	书号
Count_Total	数字型	整型	库存数量
Price	货币		出版价格
Cost	货币		出售价
TotalCost	货币		总价格
Date_receive	日期/时间		从顾客方收款日期

⑦数据流名称：FBMS1.7。

数据流说明：发给书籍供应厂商的订货单。

表 4–12　FBMS1.7

数　据　项	数据类型	长　　度	备　　注
ID_OrderToFact	数字型	整型	给厂商的订单编号
Bookname	字符型	100	图书名称
Author	字符型	100	图书作者
Publisher	字符型	100	出版社
FactoryName	字符型	20	厂商名称
Count_Order	数字型	整型	订货数量

⑧数据流名称：FBMS1.8。

数据流说明：书籍供应厂商的发货单。

表 4–13 FBMS1.8

数 据 项	数据类型	长 度	备 注
ID_Book	数字型	整型	书号
Count_Order	数字型	整型	发货数量
Date_FaSend	日期/时间		厂商发货日期

⑨数据流名称：FBMS1.9。

数据流说明：付款（给书籍供应厂商）。

表 4–14 FBMS1.9

数 据 项	数据类型	长 度	备 注
Money_toFa	货币		总金额
Date_payToFa	日期/时间		向厂商付款日期

⑩数据流名称：FBMS1.10。

数据流说明：书籍供应厂商的收据。

表 4–15 FBMS1.10

数 据 项	数据类型	长 度	备 注
Money_toFa	货币		总金额
Date_FaGetMoney	日期/时间		厂商收款日期

4.6.2 数据存储

数据存储的描述如表4–16所示。

表 4–16 数据存储的描述

编 号	名 称	数据内容	存储方式	存储时间	存储位置
DBMS1.1	暂存订单	用户名、书号、数量、顾客订书日期	文件	每笔	数据库
DBMS1.2	商品库存	书号、书名、作者、出版社、库存数量、单价等	文件	每笔	数据库
DBMS1.3	采购订单	书号、书名、作者、数量等	文件	每笔	数据库
DBMS1.4	销售历史	书号、销售数量、推荐程度等	文件	每笔	数据库
DBMS1.5	应收款明细账	记录销售收入	文件	每笔	数据库
DBMS1.6	应付款明细账	记录采购支出	文件	每笔	数据库
DBMS1.7	总账	记录总账目	文件	每笔	数据库

数据存储的具体描述如表4–17~表4–21所示。

（1）数据存储代号：DBMS1.1

数据存储名称：暂存订单。

表 4-17　DBMS1.1

数　据　项	数 据 类 型	长　　度	备　　注
Username	字符型	10	用户名
ID_Book	数字型	整型	书号
OrderCount	数字型	整型	订书数量
Date_order	日期/时间		顾客订书日期

（2）数据存储代号：DBMS1.2

数据存储名称：商品库存。

表 4-18　DBMS1.2

数　据　项	数 据 类 型	长　　度	备　　注
ID_Book	字符型	20	书号
Classify	数字型	整型	分类（0-computer，1-Novel，2-English，3-Ecnomics，4-Cartoon）
BookName	字符型	100	书名
Author	字符型	100	图书作者
Publisher	字符型	100	出版商
Date_Publish	日期/时间		出版日期
PicturePath	字符型	200	图片路径
Count_Page	数字型	整型	页数
Version	字符型	20	版本
Comment	备注		内容简介
Count_Total	数字	整型	库存数量
Count_Buy	数字	整型	已购买数量
Count_Browse	数字	整型	浏览次数
RecomLevel	数字	整型	推荐程度：0～5星级
Cost	货币		价格
Price	货币		出版价格
Date_Add	日期/时间		上架日期

（3）数据存储代号：DBMS1.3

数据存储名称：向厂商采购订单。

表 4-19　DBMS1.3

数　据　项	数 据 类 型	长　　度	备　　注
BookName	字符型	100	书名
Author	字符型	100	图书作者
Publisher	字符型	100	出版社
Count_Order	数字	整型	数量

（4）数据存储代号：DBMS1.4

数据存储名称：销售历史。

表 4-20 DBMS1.4

数 据 项	数据类型	长 度	备 注
ID_Book	数字型	整型	书号
Count_Buy	数字型	整型	销售数量
RecomLevel	数字	整型	推荐程度： 0：强烈推荐 1：一般推荐 2：普通

（5）数据存储代号：DBMS1.5

数据存储名称：账目。

表 4-21 DBMS1.5

数 据 项	数据类型	长 度	备 注
Finance_received	货币		销售收入
Finance_payed	货币		采购支出
Finance_total	货币		总收入

4.6.3 数据流图（第二层）

“尚品购书网站”系统数据流图（第二层）如图4-16所示。

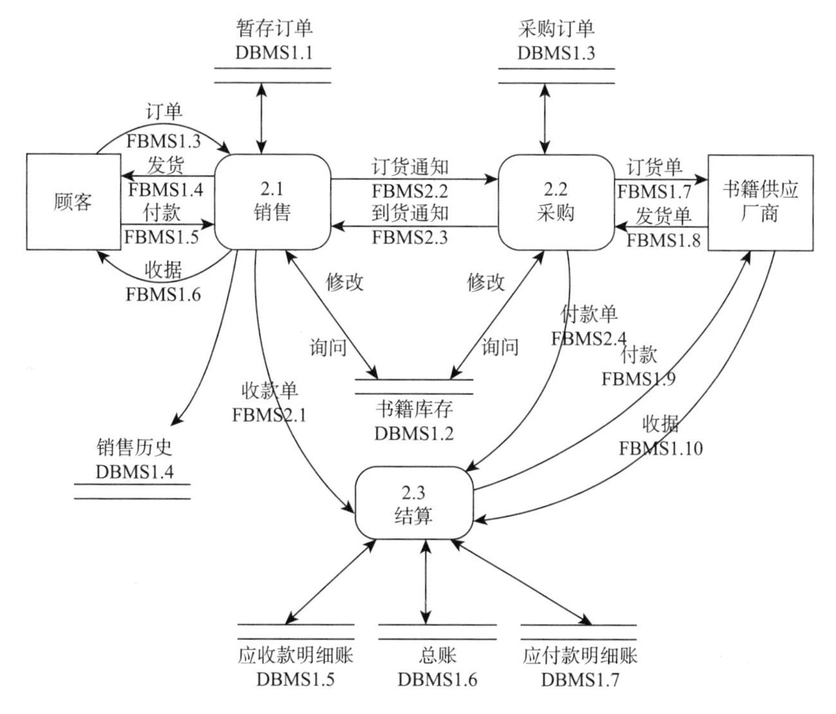

图 4-16 “尚品购书网站”系统数据流图（第二层）

1. 数据流图说明

(1) 外部项(E)

无。

(2) 处理逻辑(P)(见表4-22)

表4-22 处理逻辑

编号	名称	功能描述	处理频度
PBMS2.1	销售子系统	接受和处理用户的购书订单	每笔交易
PBMS2.2	采购子系统	库存不足时,向厂商购书	每笔交易
PBMS2.3	结算子系统	负责系统内所有的账务管理	每笔交易

2. 数据存储(D)

同第一层。

3. 数据流(F)

第二层的数据流共有FBMS2.1～FBMS2.4这4个数据流,具体描述如表4-23~表4-26所示。

(1) 数据流名称:FBMS2.1

数据流说明:收款单。

表4-23 FBMS2.1

数据项	数据类型	长度	备注
ReceiptID	字符型	20	收款单编号
Money_received	货币		应收款金额
Date_receive	日期/时间		收款日期

(2) 数据流名称:FBMS2.2

数据流说明:订货通知。

表4-24 FBMS2.2

数据项	数据类型	长度	备注
BookID	字符型	20	书号
Count_Order	数字型	整型	订货数量
FactoryName	字符型	20	厂商名称
Date_orderToFactory	日期/时间		向厂商订货日期

(3) 数据流名称:FBMS2.3

数据流说明:到货通知。

表 4-25 FBMS2.3

数 据 项	数据类型	长 度	备 注
BookID	字符型	20	书号
ReceiveCount	数字型	整型	订货数量

（4）数据流名称：FBMS2.4

数据流说明：付款单。

表 4-26 FBMS2.4

数 据 项	数据类型	长 度	备 注
PaymentID	字符型	20	付款单编号
Money_payed	货币		应付款金额
Date_pay	货币		付款日期

4.6.4 “尚品购书网站”系统数据流图（第三层）

1. 销售细化

销售细化流图如图4-17所示。

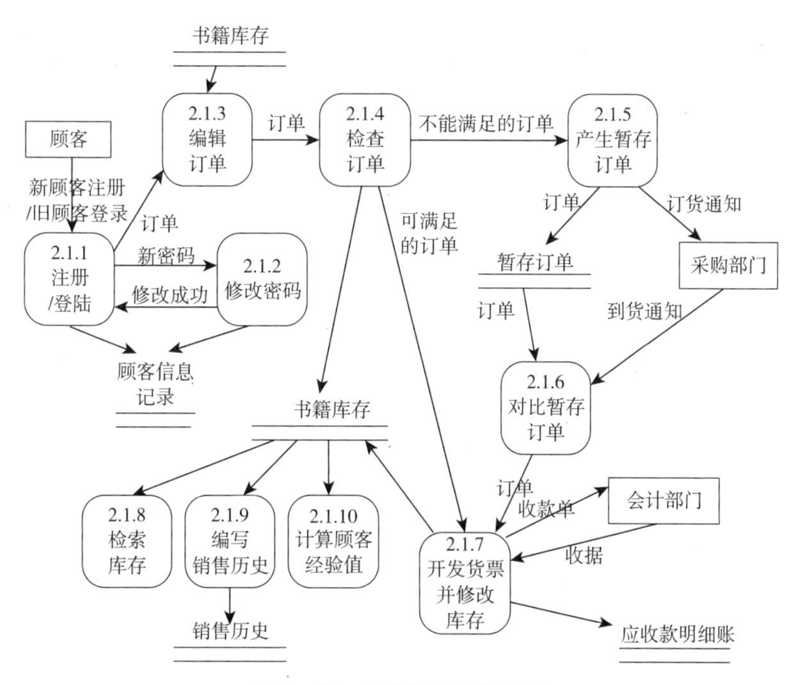

图 4-17 销售细化数据流图

2. 采购细化

采购细化数据流图如图4-18所示。

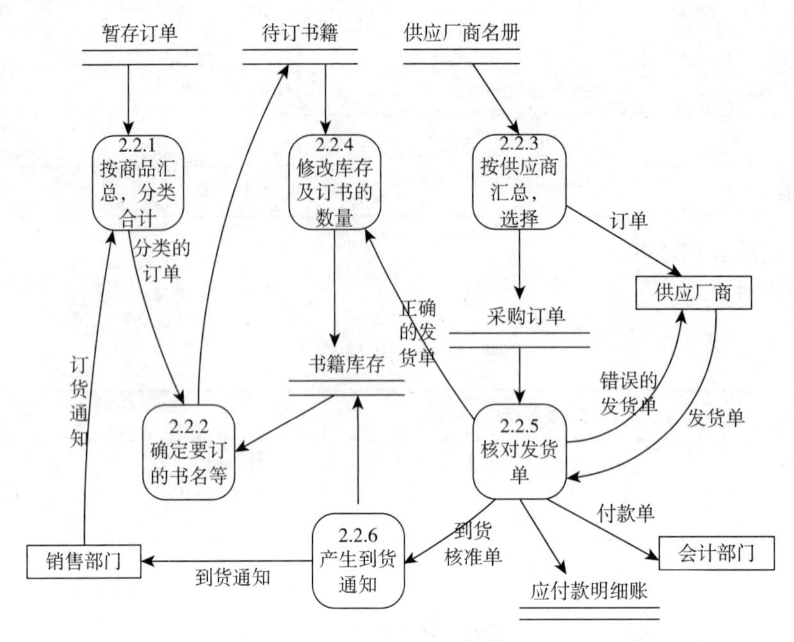

图 4-18　采购细化数据流图

3. 财务细化

财务细化数据流图如图4-19所示。

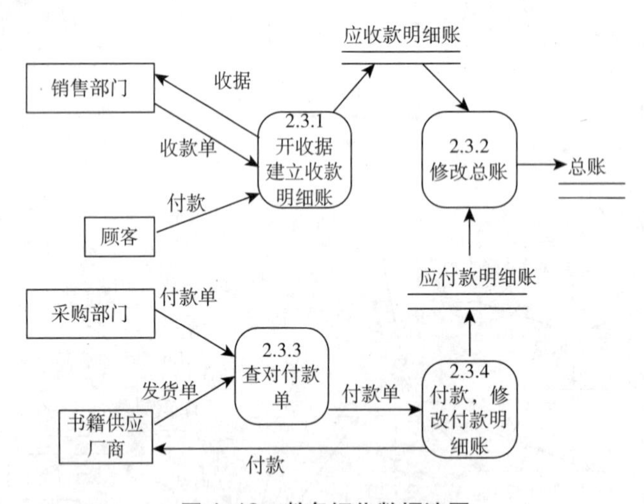

图 4-19　教务细化数据流图

4.6.5　实体-联系模型（E-R图）

实体-联系模型如图4-20所示。

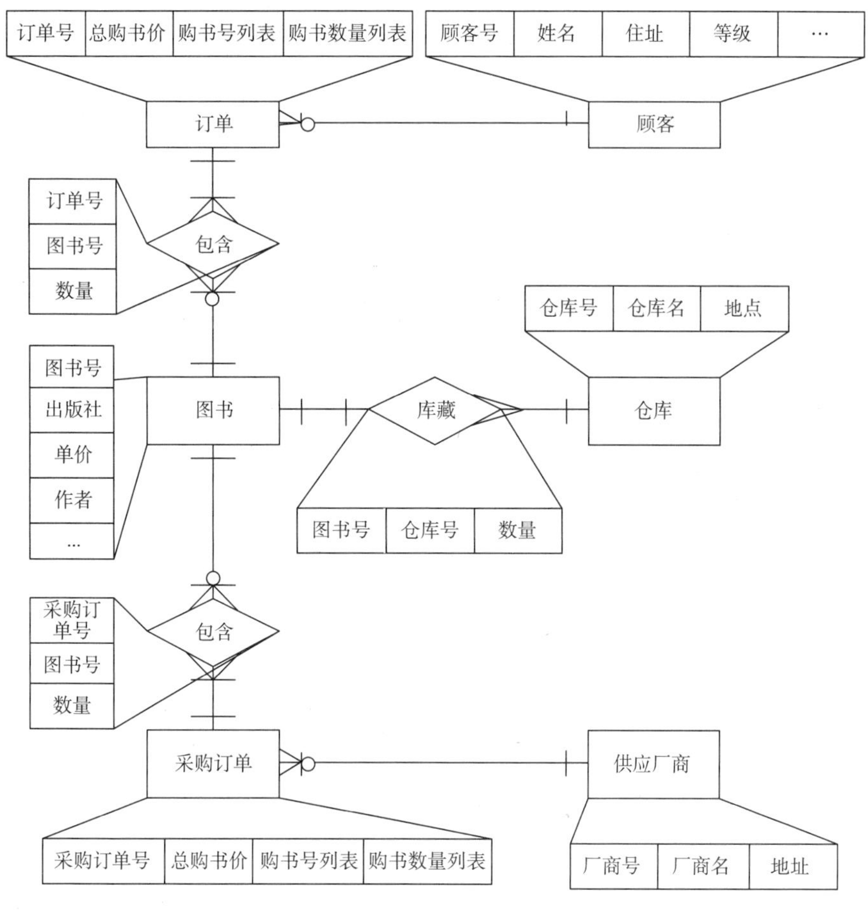

图 4-20 实体 - 联系模型

习　题

1. 结构化方法中DFD、DD的含义是什么？DFD基本元素包括哪些？DD包括哪几类？
2. 数据流图与数据字典有什么关系？
3. 比较结构化语言、判断树和判定表的优缺点。
4. 结构化分析的目标是什么？
5. 实体-联系图所适用的应用领域的主要特征有哪些？
6. 选取一个比较熟悉的中小型软件，采用结构化的分析方法进行分析，要求：至少给出第0~2级数据流图；给出相应的数据字典。
7. 对上述问题采用实体关系图进行描述。

第5章

结构化设计方法

本章要点

- 软件设计过程
- 软件设计基本概念
- 过程设计技术和工具
- 设计规格说明与评审
- 结构化的设计方法
- 变换分析
- 事务分析
- 本阶段文档：软件设计规格说明书、软件模块结构图（或程序结构图）

完成了系统分析阶段的工作后（即经过了问题定义、可行性研究和需求分析），系统必须“做什么”已经清楚了，下一步应该确定“怎样做”的问题。软件设计阶段的主要目的就是回答“系统应该如何实现”这个问题。

软件设计是软件工程的很重要阶段。软件设计过程是对程序结构、数据结构和过程细节逐步求精、复审并编制文档的过程。

视频

结构化的设计方法

5.1 结构化设计的基本概念

5.1.1 模块化设计

把大型软件按照规定的原则划分为一个个较小的、相对独立但又相关的模块的设计方法，称为模块化设计。模块是数据说明和可执行语句等程序对象的集合，每个模块单独命名并且可以通过名字对模块进行访问。例如，过程、函数、子程序、宏等都可作为模块。模块化就是把程序划分成若干个模块，每个模块完成一个子功能，并把这些模块集合起来组成一个整体，以完成指定的功能来满足问题的要求。

实现模块化设计的重要指导思想是分解、信息隐藏和模块独立性。下面就这三个方面进行详细阐述。

1. 分解

分解是人们处理复杂问题时常用的方法。有一种说法，模块化是为了使一个复杂的大型程序能够被人的智力所管理，是软件所应该具备的唯一属性。如果一个大型程序仅由一个模块组成，它将很难被人所理解。下面根据人们解决问题的一般规律，论证上述结论。

设函数$C(x)$定义问题x的复杂程度，函数$E(x)$确定解决问题所需要的工作量（时间）。对于两个问题p_1和p_2，如果

$$C(p_1) > C(p_2)$$

显然

$$E(p_1) > E(p_2)$$

根据人类解决一般问题的经验，如果一个问题由p_1和p_2两个问题组合而成，那么它的复杂程度大于分别考虑每个问题时的复杂程度之和，即

$$C(p_1 + p_2) > C(p_1) + C(p_2)$$

综上所述，可得到下面的不等式

$$E(p_1 + p_2) > E(p_1) + E(p_2)$$

这个不等式导致“各个击破”的结论——把复杂的问题分解成许多容易解决的小问题，原来的问题也就容易解决了，这就是模块化提出的根据。

如果继续进行分解，问题的总复杂度和工作量将继续减小；但如果无限地分下去，是否会使总工作量越来越小，最终变成可以忽略的问题呢？结论是不会。这是因为在一个软件系统的内部，各组成模块之间是相互关联的。模块划分的数量越多，各模块之间的联系也就越多。模块本身的复杂度和工作量虽然随模块的变小而减小，但模块的接口工作量却随着模块数的增加而增大。由图5-1可见，每个软件都存在一个最小成本区，把模块数控制在这一范围内，就可以使总的开发工作量最小。

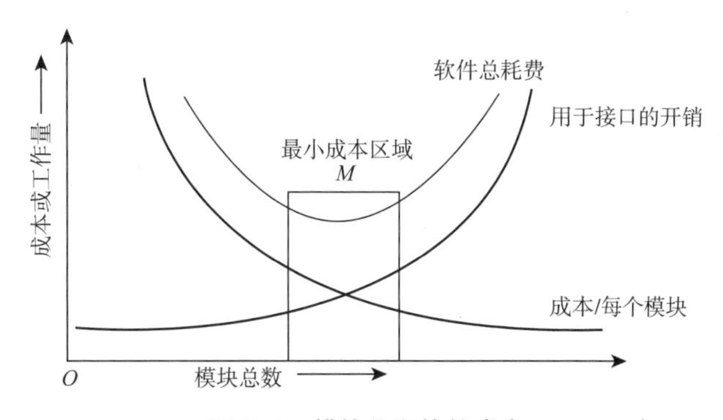

图5-1 模块化和软件成本

虽然目前还没有办法精确地确定M的大小，但是在考虑模块化时总成本曲线确实是一个有用的指南。根据程序复杂程度的定量度量和启发式规则，可以在一定程度上帮助人们决定合适的模块数目。

2. 信息隐蔽

1972年，D.L.Parnas提出了把系统分解为模块时应该遵守的指导思想，称为信息隐蔽。他认为，模块内部的数据与过程，应该对不需要了解这些数据与过程的模块隐蔽起来。只有那些为了完成软件的总体功能而必须在模块间交换的信息，才允许在模块间进行传递。

“隐蔽”意味着有效的模块化可以通过定义一组独立的模块而实现，这些独立的模块彼此间仅仅交换那些为了完成系统功能而必须交换的信息。这一指导思想的目的是为了提高模块的独立性，即当修改或维护模块时减少把一个模块的错误扩散到其他模块中去的机会。

3. 模块独立性

模块独立性概括了把软件划分为模块时要遵守的准则，也是判断模块构造是否合理的标准。一般来说，坚持模块的独立性是获得良好设计的关键。

模块的独立性可以由两个定性标准度量，这两个标准分别称为内聚和耦合。耦合用于衡量不同模块彼此间互相依赖（连接）的紧密程度；内聚用于衡量一个模块内部各个元素间彼此结合的紧密程度。以下分别对耦合和内聚进行详细阐述。

（1）耦合

耦合是对一个软件结构内不同模块之间互联程度的度量。耦合强弱取决于模块间接口的复杂程度、进入或访问一个模块的点以及通过接口的数据。

在软件设计中应该追求模块间尽可能松散耦合的系统。在这样的系统中可以测试或维护任何一个模块，而不需要对系统中的其他模块有很多的了解。此外，由于模块间联系简单，发生在一处的错误传播到整个系统的可能性就很小。因此，模块间的耦合程度对系统的可理解性、可测试性、可靠性和可维护性有非常大的影响。耦合的七种类型如图5–2所示。

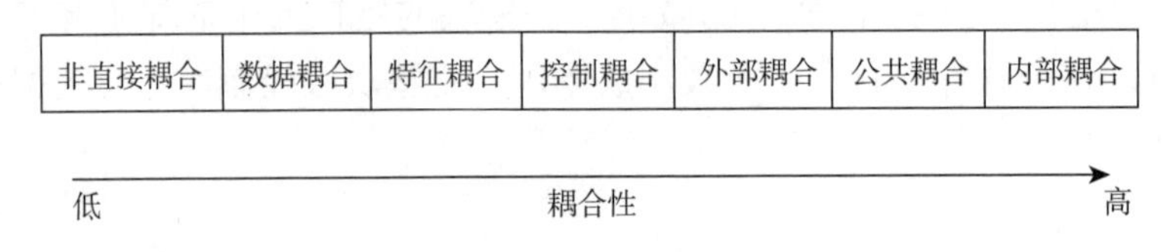

图5–2 耦合的七种类型

怎样具体区分模块间耦合的类型?

如果两个模块中的每一个都能独立地工作而不需要另一个模块的存在，那么它们彼此完全独立，这就意味着模块间无任何连接，此时的耦合程度最低。但是，在一个软件系统中不可能所有模块之间都没有任何连接。如果两个模块彼此间通过参数交换信息，而且交换的信息仅仅是数据，那么这种耦合称为数据耦合。如果传递的信息中有控制信息，则这种耦合称为控制耦合。

数据耦合是低耦合。数据耦合是指一般系统中至少必须存在一种耦合，因为只有当某些模块的输出数据作为另一些模块的输入数据时，系统才能完成有价值的功能。一般来说，一个系统内可以只包含数据耦合。控制耦合是中等程度的耦合，它增加了系统的复杂程度。控制耦合往往是多余的，可以把模块进行适当分解之后，用数据耦合来代替。

当两个或多个模块通过一个公共数据环境相互作用时，它们之间的耦合称为公共环境耦合。公共环境可以是全程变量、共享的通信区、内存的公共覆盖区、存储介质上的文件、物理设备等。

公共耦合的复杂程度随耦合的模块个数的变化而变化，当耦合的模块个数增加时其复杂程度显著增加。如果只有两个模块有公共环境，那么这种耦合有下面两种可能：一个模块向公共环境送数据，另一个模块从公共环境取数据，这是数据耦合的一种形式，是比较松散的耦合；两个模块都既向公共环境送数据又从里面取数据，这种耦合比较紧密，介于数据耦合和控制耦合之间。如果两个模块共享的数据很多，都通过参数传递可能很不方便，这时可以利用公共环境耦合。

最高程度的耦合是内容耦合。如果出现下列情况之一，两个模块间就发生了内容耦合：

①一个模块访问另一个模块的内部数据。

②一个模块不通过正常入口而转到另一个模块的内部。

③两个模块有一部分程序代码重叠（只可能出现在汇编程序中）。

④一个模块有多个入口（这意味着一个模块有几种功能）。

内容耦合是应该坚决避免的耦合。事实上，许多高级程序设计语言已经设计成不允许在程序中出现任何形式的内容耦合。

总之，耦合是影响软件复杂程度的一个重要因素。应该采取下述设计原则：尽量使用数据耦合，少用控制耦合，限制公共环境耦合的范围，完全不用内容耦合。

（2）内聚

内聚标志着一个模块内部各个元素间彼此结合的紧密程度。

简单地说，理想内聚的模块只做一件事情。设计时应该力求做到高内聚，通常中等程度的内聚也是可以采用的，而且效果和高内聚相差不多。但是，坚决不要使用低内聚。

内聚和耦合是密切相关的，模块内的高内聚往往意味着模块间的低耦合。内聚和耦合都是进行模块化设计的有力工具。实践表明，内聚更重要，应该把更多注意力集中到提高模块的内聚程度上。内聚的七种类型如图5-3所示。

图5-3 内聚的七种类型

低内聚有如下几类：如果一个模块完成一组任务，并且这些任务彼此间即使有关系，关系也是很松散的，称为偶然内聚。有时在写完一个程序之后发现一组语句在两处或多处出现，于是把这些语句作为一个模块以节省内存，这样就出现了偶然内聚的模块。如果一个模块完成的任务在逻辑上属于相同或相似的一类（例如，一个模块产生各种类型的全部输出），则称为逻辑内聚。如果一个模块包含的任务必须在同一段时间内执行（例如，模块完成各种初始化工作），就称为时间内聚。

在偶然内聚的模块中，各种元素之间没有实质性的联系，很可能在一种应用场合需要改这个模块，在另一种应用场合又不允许这种修改，从而使程序设计陷入困境。事实上，偶然内聚的模块出现错误的概率比其他类型的模块高得多。

在逻辑内聚的模块中，不同功能混在一起，合用部分程序代码。在这种内聚模块中，有时虽然只是对局部功能进行了修改，但这些修改也可能会影响全局。因此，对这类模块的修改也比较困难。

时间关系在一定程度上反映了程序的某些实质，所以时间内聚比逻辑内聚要好一些。

中内聚主要有两类：如果一个模块内的处理元素是相关的，而且必须以特定次序执行，则称为过程内聚，使用程序流程图作为工具设计软件时常常通过研究流程图确定模块的划分，这样得到的往往是过程内聚的模块；如果模块中所有元素都使用同一个输入数据或产生同一个输出数据，则称为通信内聚。

高内聚也有两类：如果一个模块内的处理元素和同一个功能密切相关，而且这些处理必须顺序执行（通常一个处理元素的输出数据作为下一个处理元素的输入数据），则称为顺序内聚。根据数据流图划分模块时通常得到顺序内聚的模块，这种模块彼此间的连接往往比较简单；如果模块内所有处理元素属于一个整体，处理元素共同完成一个单一的功能，则称为功能内聚。功能内聚是最高程度的内聚。

事实上，没有必要精确确定内聚的级别。重要的是设计时应力争做到高内聚，且能够辨认出低内聚的模块并采取措施进行修改，以提高模块的内聚程度，降低模块间的耦合程度，从而获得较高的模块独立性。

5.1.2 自顶向下逐层分解

1. 自顶向下设计

按自顶向下的方法设计时，设计师首先对所设计的系统要有全面的理解，然后从顶层开始，连续地逐层分解，直至系统的所有模块都小到便于掌握为止。不言而喻，在分解时应该遵守模块独立性等有关的指导原则。

2. 逐层分解

无论是设计软件的整体结构还是设计模块的内部过程，都不可能一蹴而就。1971年，N.wirth发表了“用逐层分解的方法开发程序”的文章，强调程序设计是一个“渐进”的过程，“对于一个给定的程序，每一步都把其中的一条或数条指令分解为较多的更详细的指令”。有些软件工程专家就认为自顶向下逐层分解是“结构化程序设计的心脏”。

在逐层分解过程中，特别强调这种分解的“逐步”性质，即每一步分解仅较其前一步增加“少量”的细节。这样，在相临两步之间就只有微小的变化，不难验证它们的内容是否等效。事实上，如今分解不仅是一种非常有用的设计策略，而且已成为问题求解的通用技术。

由于逐层分解总是和自顶向下结合在一起使用，所以常把两者连在一起称呼（即自顶向下逐层分解），并且把逐层分解当作自顶向下设计的具体体现。

5.1.3 启发式规则

人们在开发计算机软件的长期实践中积累了丰富的经验，通过总结这些经验得出了一些启发式规则。这些规则在许多场合能给设计人员以有益的启示，遵循这些规则有助于改善软件结构，得到高质量的软件。下面就介绍几条启发式规则。

1. 改进软件结构，提高模块独立性

设计出软件的初步结构之后，应该审查分析这个结构，通过模块分解或合并，力求降低模块耦合和提高模块内聚。例如，对于多个模块所公有的子功能，就可以将这一子功能独立成一个模块，供多个模块调用；有时可以通过分解或合并模块，以减少控制信息的传递以及对全程数据的引用，并且降低接口的复杂程度。

2. 模块规模应该适中

经验表明，一个模块的规模不应过大，最好能写在一页纸内。有人从心理学角度研究得知，当一个模块包含的语句数超过30以后，模块的可理解程度将迅速下降。

过大模块往往是由于分解不充分造成的，在进一步分解时必须符合问题结构。一般来说，分解后不应该降低模块的独立性。

过小模块开销往往大于有效的操作，而且模块数目过多将使系统接口复杂。因此，过小的模块有时不应单独存在，特别是如果只有一个模块调用它时，通常可以把它合并到上级模块中。

3. 深度、宽度、扇出和扇入应适中

深度是指软件结构中控制的层数，它往往能粗略地标志一个系统的大小和复杂程度。深度和程序长度之间应该有粗略的对应关系，当然这个对应关系是在一定范围内变化的。如果层数过多，则应该考虑是否存在许多过分简单的管理模块，对这些模块应进行适当的合并。

宽度表示软件结构中同一个层次上的模块总数的最大值。一般来说，宽度越大，系统越复杂。对宽度影响最大的因素是模块的扇出。

扇出是一个模块直接控制（调用）的模块数目，扇出过大意味着模块过分复杂，需要控制和协调过多的下级模块。扇出过小（例如总是1）也不好，经验表明，一个设计得好的典型系统的平均扇出通常是3或4（扇出的上限通常是5~9）。

一个模块的扇入表明有多少个上级模块直接调用它，扇入越大则共享该模块的上级模块数目越多，这是有好处的，但是，不能违背模块独立原理而单纯地追求高扇入。观察大量软件系统后发现，设计得很好的软件结构通常顶层扇出比较高，中层扇出比较少，底层扇入到公共的实用模块中（底层模块有高扇入），即系统的模块结构呈现为“葫芦”形状。

4. 模块的作用域应该在控制域之内

模块的作用域是受该模块内一个判定影响的所有模块的集合。模块的控制域是这个模块本身以及所有直接或间接从属于它的模块的集合。例如，在图5-4中，模块A的控制域是A、B、C、D、E、F等模块组成的集合。

在一个设计得很好的系统中，所有受判定影响的模块应该都从属于做出判定的那个模块，最好局限于做出判定的那个模块本身及它的直属下级模块。例如，如果图5-4中模块A做出的判定只影响模块B，那么是符合这条规则的。但是，如果模块A做出的判定同时还影响模块G中的处理过程，首先这样的结构使得软件难于理解；其次，为了使得A中的判定能影响G中的处理过程，通常需要在A中给一个标记设置状态以指示判定的结果，并且应该把这个标记传递给A和G的公共上级模块M，再由M把它传给G。这个标记是控制信息而不是数据，因此将使模块间出现控制耦合。

怎样修改软件结构才能使模块的作用域是控制域的子集呢？一个方法是把做判定的点往上移，例如，在图5-4中，把判定从模块A中移到模块M中。另一个方法是把那些在作用域内但不在控制域内的模块移到控制域内，例如，把模块G移到模块A的下面，成为它的直属下级模块。到底采用哪种方法改进软件结构，需要根据具体问题统筹考虑。一方面应该考虑哪种方法更现实；另一方面应该使软件结构能最好地体现问题原来的结构。

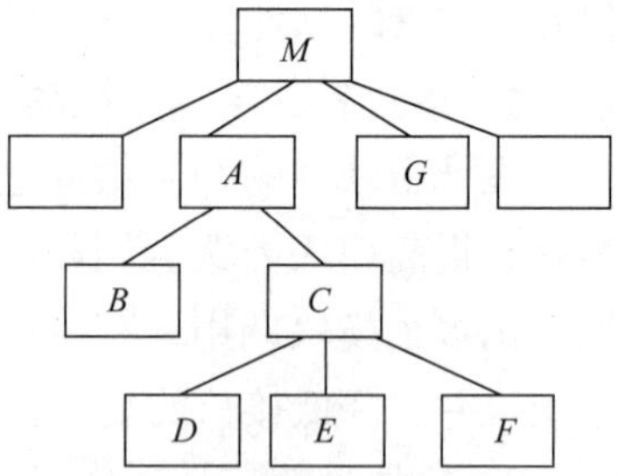

图 5-4　模块的作用域和控制域

5. 力争降低模块接口的复杂程度

模块接口复杂是软件发生错误的一个主要原因。应该仔细设计模块接口，使得信息传递简单并且和模块的功能一致。

例如，求一元二次方程的根的模块0UAD-ROOT（TBL，X），其中用数组TBL传送方程的系数，用数组X回送求得的根。这种传递信息的方法不利于对这个模块的理解，不仅在维护期间容易引起混淆，在开发期间也可能发生错误。下面这种接口就比较简单：

0UAD-ROOT（A，B，C，RooT1，ROOT2），其中A、B、C是方程的系数，ROOTI和ROOT2是计算出的两个根。

接口复杂或不一致（即看起来传递的数据之间没有联系），是高耦合或低内聚的征兆，对这样的模块应该重新分析它的模块独立性。

6. 设计单入口、单出口的模块

这条启发式规则要求在设计软件时不要使模块间出现内容耦合。如果软件在调用模块时是从顶部进入模块并且从底部退出来，这样的软件比较容易理解，并且也是比较容易维护的。

7. 模块的功能应该可以预测

模块的功能应该能够预测，但也要防止模块功能过分局限。如果一个模块可以当作一个黑盒子，也就是说，只要输入的数据相同就产生同样的输出，这个模块的功能就是可以预测的。

以上列出的启发式规则多数是经验规律，对于软件设计人员改进软件设计、提高软件质量有着重要的参考价值。但是，这些启发式规则既不是软件设计的目标，也不是软件设计时必须普遍遵循的原则。在软件开发过程中既要充分重视和利用这些启发式规则，又要从实际情况出发避免生搬硬套。

5.1.4　软件总体结构设计

软件总体结构应该包含两个方面的内容：一是由系统中所有过程性部件（即模块）构成的层次结构，亦称为程序结构；另一方面是输入/输出数据结构。

软件总体结构设计的目标就是产生一个模块化的程序结构并明确各模块之间的控制关系，此外还要通过定义界面，说明程序的输入/输出数据流，进一步协调程序结构和数据结构。

如前所述，无论是程序结构还是数据结构都是逐步求精、分而治之的结果。软件设计总是从需求定义开始，逐步分层地导出程序结构和数据结构，当需求定义中所述的每个部分最终都由一个或几个软件元素实现时，整个求解过程即告结束。图5-5所示为从需求定义到软件设计的转变。

图5-6表明，同一个“问题”往往存在多种软件解。依据任何一种软件设计方法总能推导出一个软件结构。模块内聚度和耦合度是判断结构好坏的主要标准。

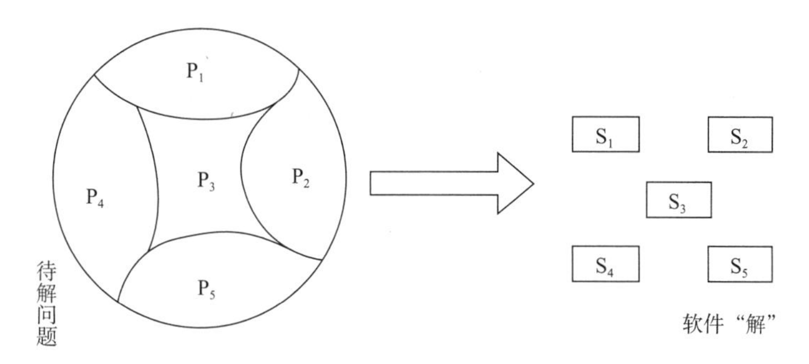

图 5-5 从需求定义到软件设计的转变

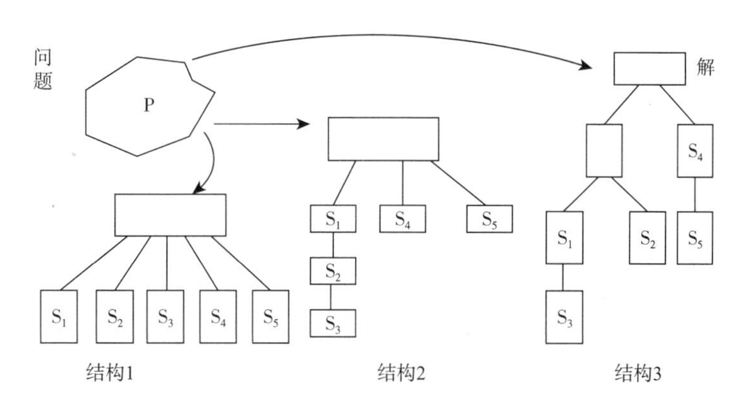

图 5-6 对应于同一问题的各种软件结构

软件的总体结构设计类似于建筑工程的总体规划。很难想象，当房屋的总体框架（即楼层数、房间数、房间布局等信息）尚未确定之前，就能考虑诸如下水道布局、电路布局等细节。软件的总体结构应该在考虑每个模块的过程细节之前就确定下来。

5.1.5 数据结构设计

数据结构描述各数据分量之间的逻辑关系，数据结构一经确定，数据的组织形式、访问方法、组合程度及处理策略基本上随之确定，所以数据结构是影响软件总体结构的重要因素，掌握标量、数组、链表和树等典型的数据表示方法，并能根据实际需要灵活应用十分必要。

数据结构与程序结构一样，也可以在不同的抽象级别上表示。以栈为例，作为一个抽象数据类型，在概念级上只关心“先进后出”特性，而在实现级上则要考虑物理表示及内部工作的细节，例如，用向量实现或用链表实现等。

数据结构设计从某种意义上讲是设计活动中最重要的一个，因为数据结构对程序结构和过程复杂性有直接的影响，从而在很大程度上决定了软件的质量。无论采用哪一种软件设计技术，没有良好的数据结构，都不可能导出良好的程序结构。数据设计是为在需求规格说明中定义的那些数据对象选择合适的逻辑表示，并“确定可能作用在这些逻辑结构上”的所有操作（包括选用已存在的程序包）。数据抽象和信息隐藏两个概念是数据设计的基础。通常，数据设计方案不是唯一的，有时需要进行算法复杂性分析之后才能从多种候选中找出最佳者。

5.1.6 软件过程设计

前述的程序结构仅考虑软件总体结构中模块之间的控制分层关系，而不关心模块内各处理元素和判断元素的顺序。过程设计紧跟在数据结构设计和程序结构设计之后，其基本任务恰恰是描述这方面的信息。图5-7所示为模块A的内部结构。

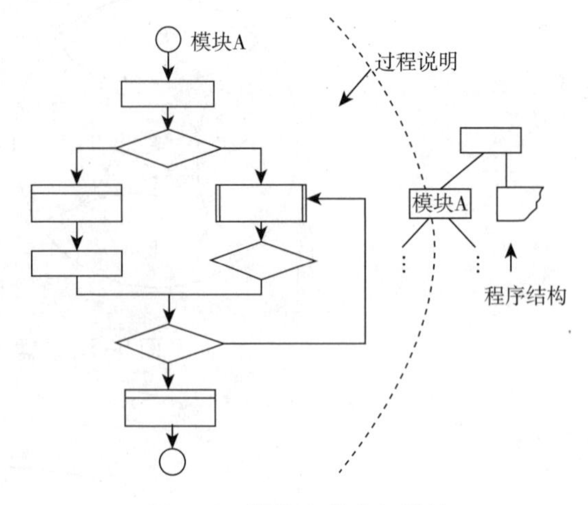

图5-7 模块A的内部结构

所谓过程，应包括有关处理的精确说明，诸如事件的顺序、确切的判断位置、循环操作以及数据的组成等。

程序结构与软件过程相互关联，程序结构中任何模块的所有从属模块必将被引用出现在该模块的过程说明中。因此，软件过程对应的程序结构亦构成一个层次体系，如图5-8所示。

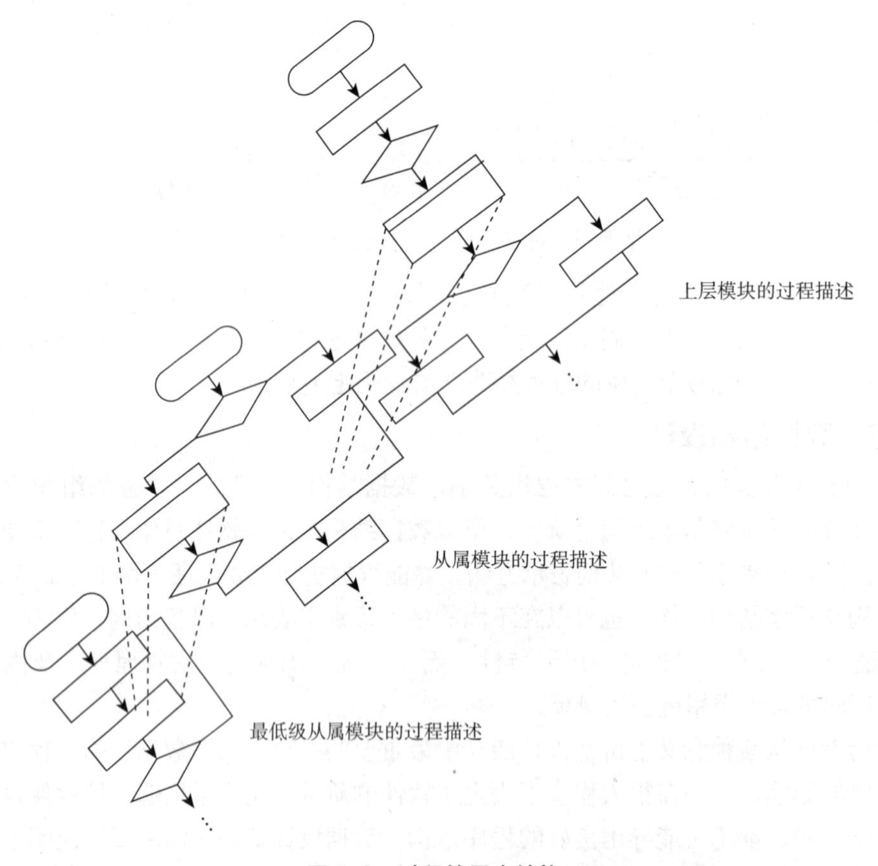

图5-8 过程的层次结构

过程设计的任务是描述算法的细节，自然语言因有二义性不宜作为描述工具，人们必须寻找更形式化、更受限的表达方式。

5.2 过程设计技术和工具

5.2.1 结构化程序设计

Bohm和Jacopini提出仅用“顺序”“分支”“循环”三种基本的控制构件即能构造任何单入口、单出口程序，这个结论奠定了结构程序设计的理论基础。

何谓结构程序设计，较流行的定义为：结构程序设计是程序设计技术，它采用自顶向下逐步求精的设计方法和单入口、单出口的控制构件。

自顶向下逐步求精的方法是人类解决复杂问题时常用的一种方法，采用这种先整体后局部，先抽象后具体的步骤开发的软件一般具有较清晰的层次。此外，由于仅使用单入口单出口的控制构件，使程序有良好的结构特征，这些都能大大降低程序的复杂性，增强程序的可读性、可维护性和可验证性，从而提高软件的生产率。

结构程序设计的思想，应该在软件设计中体现出来，但这并不排除为效率或其他原因对结构程序设计做一点修正。随着面向对象、软件重用等新的软件开发方法和技术的发展，更现实、更有效的开发途径可能是自顶向下和自底向上两种方法有机地结合。

5.2.2 图形表示法

人们常说，“一张图顶一千个字”。流程图、N-S结构图是描述过程细节的出色工具。流程图（也称为程序框图）是最常用的一种表示法，它能直观地描述过程的控制流程，最便于初学者掌握。流程图中方框表示处理框，菱形框表示判断框，有向线段表示控制流。“顺序”“分支”“循环”三个基本控制构件用流程图表达的形式如图5-9所示。

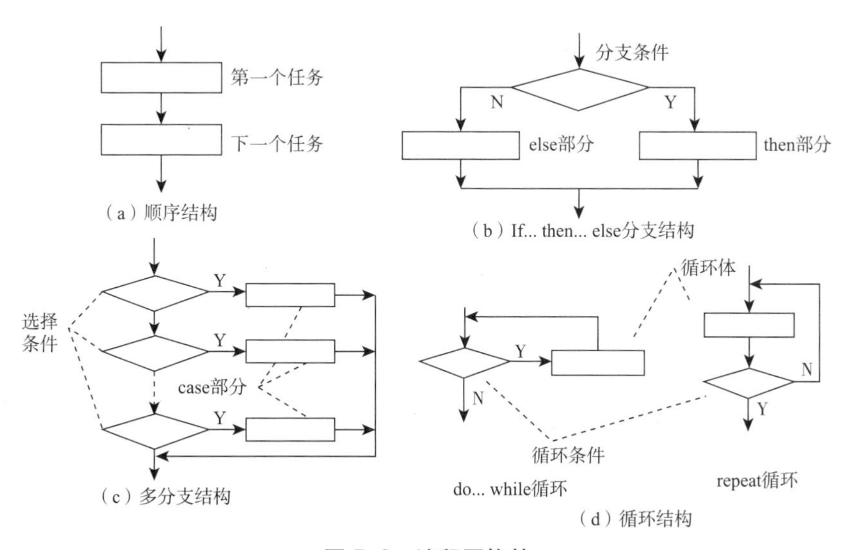

图5-9 流程图构件

case结构是if... then... else结构的推广，do... while循环与repeat循环的区别仅在于测试循环条件与执行循环体的先后次序。嵌套使用这些控制结构能逐步形成更复杂的控制流程描述。

如果对流程图中每一构件用“边框”圈起来，边界之间不出现交叉，则说明所有构件都为单入口、单出口，称此程序为结构化程序。图5–10所示为一个结构化程序的流程图。

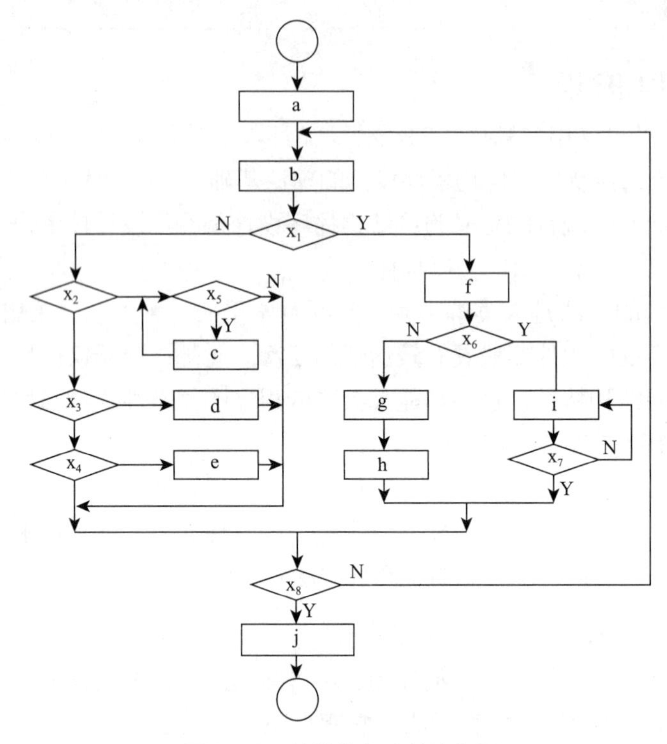

图 5–10　结构化程序的流程图

由Nassi和Sheiderman提出的N-S结构图，它强迫程序员以结构化方式思考和解决问题，三种基本控制构件用N-S结构图表达的形式如图5–11所示。

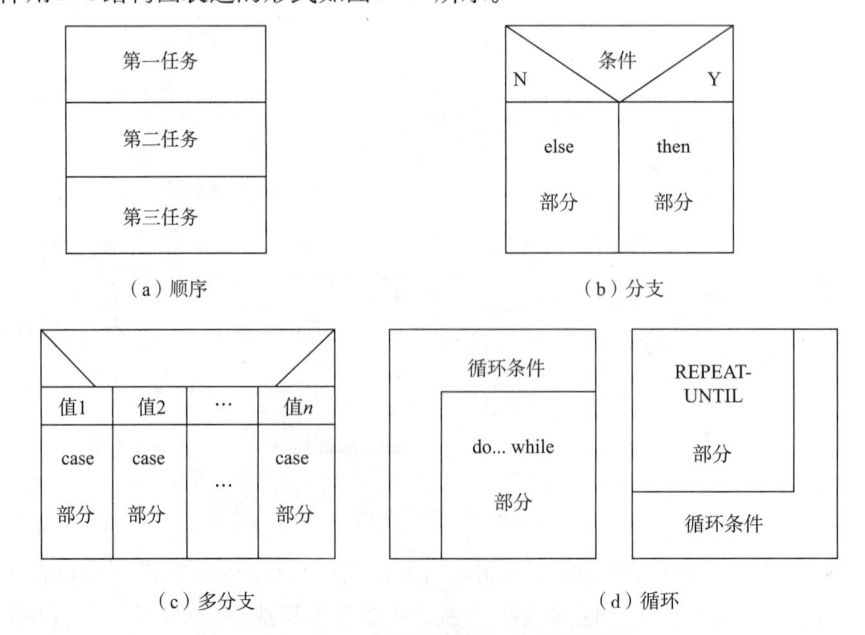

图 5–11　N-S 结构图的基本控制构件

N-S结构图（见图5-12）的功能域（指分支和循环结构的边界）比流程图更清晰，控制不能随意转移，并且数据的作用域容易确定。

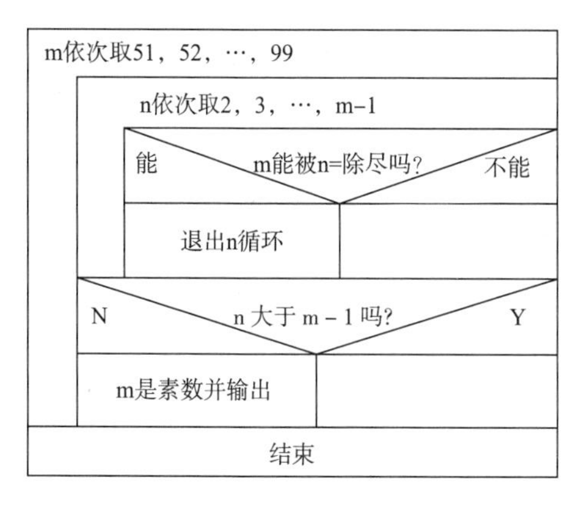

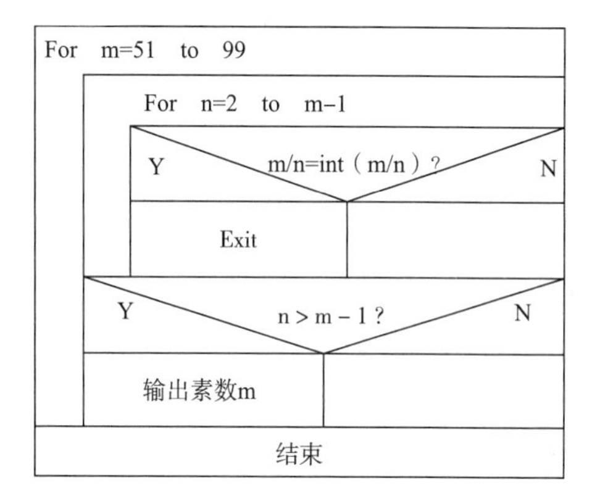

图 5-12　N-S 结构图

5.2.3　判定表

当模块中包含复杂的条件组合，并要根据这些条件选择动作时，流程图、N-S结构图及下节将介绍的过程设计语言（PDL）都有一定的缺陷，只有判定表能清晰地表示出复杂的条件组合与各种动作之间的对应关系。

一张判定表由四部分组成，左上部列出所有条件，左下部列出所有可能的动作，右部为一矩阵，说明条件与动作之间的对应关系，其每列可解释为一条处理规则。

下面以一个简化的账单系统为例，说明判定表的构造及用途。

【例5-1】问题处理描述：耗电计费系统可以采用固定价格收费和浮动价格收费两种方式。若采用固定价格方式收费，对每月耗电100 kW·h以下的用户只征收最低标准费，超过100 kW·h的用户按价格表A收费；若采用浮动价格方式收费，则每月耗电100 kW·h以下的用户按价格表A收费，超过100 kW·h的用户按价格表B收费。

采用下述步骤产生如表5-1所示的判定表。

表 5-1　判定表

	规　则	1	2	3	4	5
条件	固定价格方式	Y	T	F	F	F
	浮动价格方式	N	F	T	T	F
	耗电<100 kW · h	T	F	T	F	
	耗电≥ 100 kW · h	F	F	F	T	
动作	收取最低标准费	×				
	按价格表A收费		×	×		
	按价格表B收费				×	
	其他处理					×

①列出与该过程（或模块）有关的动作（共四项，分别为收取最低标准费、按价格表A收

费、按价格表B收费、其他处理）。

②列出所有独立条件（共四条，分别为固定价格方式、浮动价格方式、每月耗电少于100 kW·h，每月耗电超过100 kW·h）；

③根据问题处理描述，把条件组合与特定的动作联系起来，删去无意义的条件组合。

④定义处理规则（共5条），即指明什么情况下做什么动作。

尽管判定表能够简洁、无歧义地描述处理规则，但却不能清晰地表示顺序和循环结构。所以一般情况下，判定表常作为一种辅助设计工具与其他过程设计工具结合使用。

5.2.4 过程设计语言

过程设计语言（Procedure Design Language，PDL）也称为结构英语或伪码，是所有正文形式的过程设计工具的统称，目前有多种PDL。

PDL经常表现为一种“混杂”的形式，允许自然语言（如英语）的词汇与某种结构化程序设计语言（如Pascal、Ada等）的语法结构交织在一起，因此大多数PDL描述不能直接编译（至少目前如此）。

一般来说，PDL应具有下述特点：

①关键字采用固定语法并支持结构化构件、数据说明机制和模块化。

②处理部分采用自然语言描述。

③允许说明简单（标量、数组等）和复杂（链表、树等）的数据结构。

④子程序的定义与调用规则不受具体接口方式的影响。

下面考察一个PDL的原型，它可以建立在任意一个通用的结构化程序设计语言之上。基本成分包括：子程序定义、界面描述、数据说明、块结构、分支结构、循环结构和I/O结构。

其中数据说明最常用的形式为：

```
TYPE(变量名)IS(限定词1)(限定词2)
```

此处（变量名）既可为过程的某个局部变量，亦可为多个过程共用的全局变量；（限定词1）为某个特定关键字（例如，SCALAR，ARRAY，LIST，STRING，STRUCTURE等）；（限定词2）说明此处定义的变量在该过程或整个程序中应如何使用。

该PDL也允许定义面向具体问题的抽象数据类型，例如，在某编译器的模块设计时，可能使用下面的数据说明：

```
TYPE table_1 IS INSTANCE OF symbol_table
```

假定symbol_table是在另一处如下定义的一个抽象数据类型：

```
TYPE symbol_table IS STRUCTURE DEFINED
```

……

该PDL的块结构描述一个过程元素，即一个块内的所有语句将作为一个整体执行，形式为

```
BEGIN[(块名)]
(语句序列)
END
```

该PDL的分支结构有 IF... then... else和case两种形式，分别为：

```
IF(条件描述)
  THEN(块结构或语句)
  ELSE(块结构或语句)
  ENDIF
```

和

```
CASE OF(情况变量名)
  WHEN(第1种情况)SELECT （块结构或语句）;
  WHEN(第2种情况)SELECT （块结构或语句）;
  …
  WHEN(最后一种情况)SELECT （块结构或语句）;
  DEFAULT: （块结构或语句）;
  ENDCASE
```

循环结构包括前测试循环、后测试循环和固定循环三类，表达形式分别为：

```
DO WHILE(条件描述)
 (块结构或语句)
ENDWHILE
REPEAT UNTIL(条件描述)
 (块结构或语句)
ENDREP
DOFOR(循环变量)=(循环变量取值范围，表达式或序列)
 (块结构或语句)
 ENDFOR
在该PDL中，子程序说明为
  PROCEDURE （子程序名)(属性表)
    INTERFACE （参数表)
     (块结构和/或语句序列)
    END
```

其中，属性表指明和该子程序的引用特性（比如是INTERNAL还是EXTERNAL模式）和其他依赖于实现（即程序设计语言）的特性。

```
输入/输出说明部分常用的形式有
    READ/WRITE  TO （设备)(I/O表)
或
    ASK(询问)ANSWER （响应选择项)
```

后一形式多用于人机交互部分的设计。

值得一提的是，这样一个PDL还能扩充多任务和并行处理、异常处理、进程间同步等许多其他机制。实际使用某个PDL进行过程设计时，应充分了解其全部内容。

5.3 结构化设计方法

通常所说的结构化设计是一种面向数据流的设计（Data Flow-Oriented Design，DFOD），是与数据流分析对应的软件设计技术。数据流分析得到的是用数据流图和数据字典描述的需求规格说明书，面向数据流的设计得到的则是以数据流图为基础导出的软件模块结构图。

数据流图主要描绘信息在系统内部加工和流动的情况，面向数据流的设计方法根据数据流图的特性定义两种“映射”，这两种“映射”能机械地将数据流图转换为模块结构。该方法的目标是为软件结构设计提供一个系统化的途径，使设计人员对软件有一个整体的认识。

面向数据流的设计（SD）方法能方便地将数据流图转换为软件结构，其过程分为五步：

①确定信息流的类型。

②划定流界。

③将数据流图映射为程序结构。

④提取层次控制结构。

⑤通过设计复审和使用启发式策略进一步精化所得到的结构。

第③步所用映射方法涉及信息流的类型。信息流分为变换流和事务流两种类型。

①变换流。具有较明确的输入、变换（或称主加工）和输出界面的数据流图称为变换型数据流图。也就是说，这类数据流图可以明显地分成输入、主加工和输出三个部分。主加工是系统的中心，称为“变换流”，如图5-13所示。输入信息流沿传入路径进入系统，同时由外部形式变换为内部形式，经系统变换中心加工、处理，作为输出信息流又沿传出路径离开系统，并还原为外部形式。如果数据流图所描述的信息流具有上述特征，则称作变换流。

②事务流。数据流图的基本模型都可以看作变换流型。但是，当数据流图具有图5-14所示类似的形式时，则应将其看成是“以事务为中心”的一种特殊的数据流图，并称之为事务型数据流图。换句话说，事务型数据流图中存在某个加工，它将其输入分离成若干发散的数据流，形成许多活动路径，并根据输入的值选择其中之一条路径。这个加工被称为事务中心。

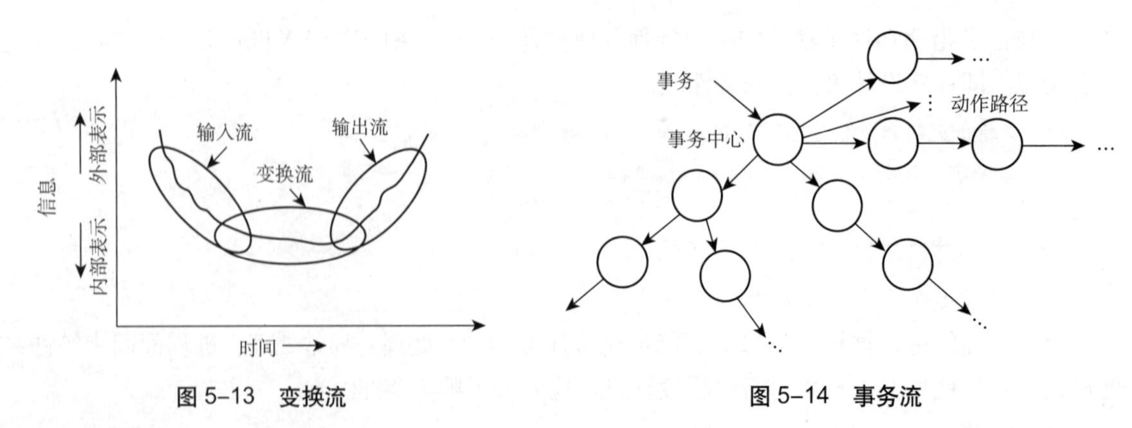

图5-13 变换流

图5-14 事务流

值得注意的是在大系统DFD中，变换流与事务流往往交织在一起。例如，在基于事务流的系统中，当信息沿动作路径流动时可能呈现变换流的特征，因此，下面讨论的变换分析法与事务分析法常常需要交叉使用。

图5-15所示为面向数据流的软件设计过程，当然，任何设计过程都不应该也不可能完全机械化，人的判断力和创造性往往起决定作用。

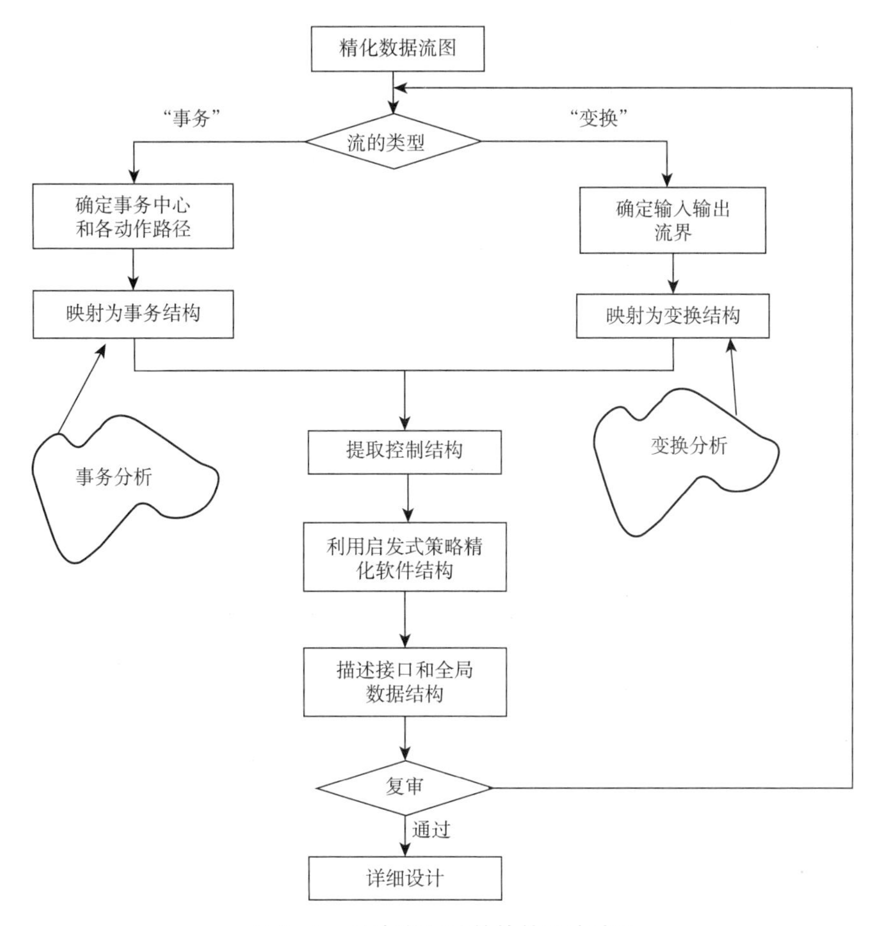

图5-15 面向数据流的软件设计过程

5.4 变换分析

变换分析由一系列设计步骤组成，经过这些步骤就能把具有变换流特点的数据流图按预先确定的模式映射成软件结构。下面以“家庭保安系统”的传感器监测子系统为例说明变换分析的各个步骤。

1. 复审基本系统模型

基本系统模型指顶级数据流图和所有由外部提供的信息。这一设计步骤是对系统规格说明书和软件需求规格说明书进行评估。这两个文档描述软件界面上信息的流程和结构。图5-16和

图5-17分别为“家庭保安系统”的顶层和第一层数据流图。

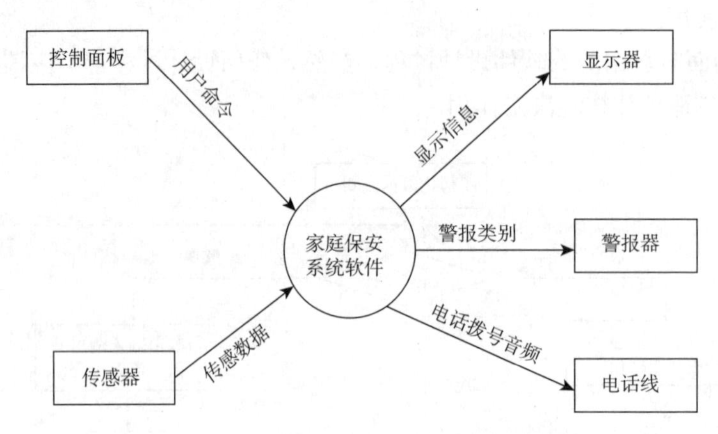

图 5-16 “家庭保安系统”的顶级数据流图

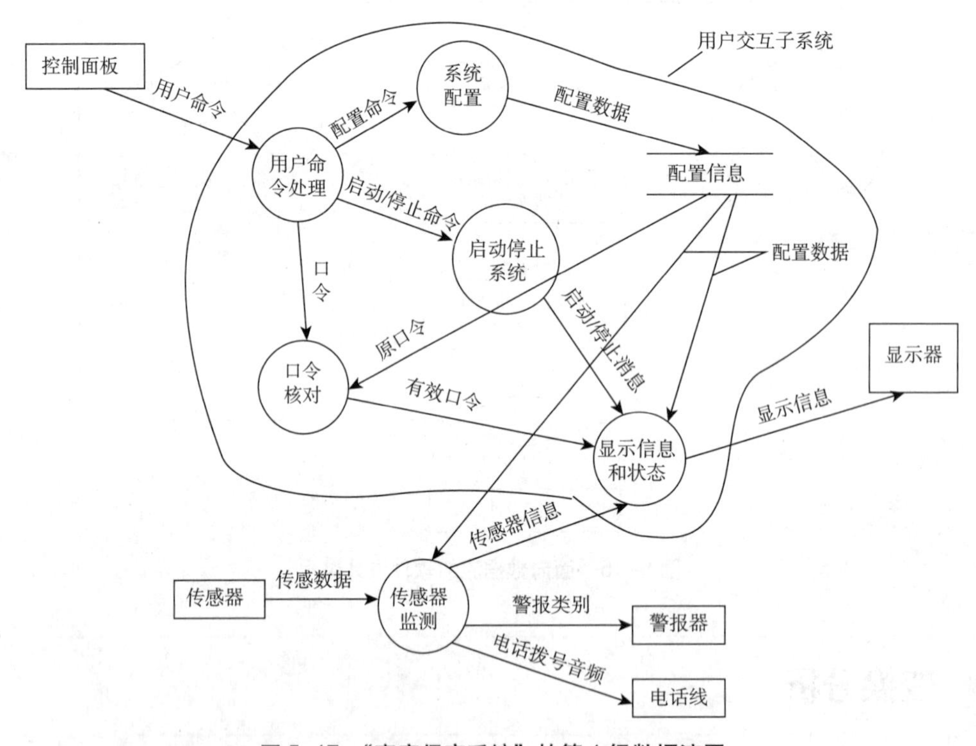

图 5-17 “家庭保安系统”的第 1 级数据流图

2. 复审和精化软件数据流图

这一步主要是对软件需求规格说明书中的分析模型进行精化，直至获得足够详细的数据流图。例如，由“传感器监测子系统”的第1级（图5-17的局部）和第2级（图5-18）数据流图进一步推导出第三级数据流图（图5-19），此时，每个变换对应一个独立的功能，可望用一个具有较高内聚度的模块实现。至此，已有足够的信息可用于设计“传感器监测子系统”的程序结构，精化过程亦可结束。

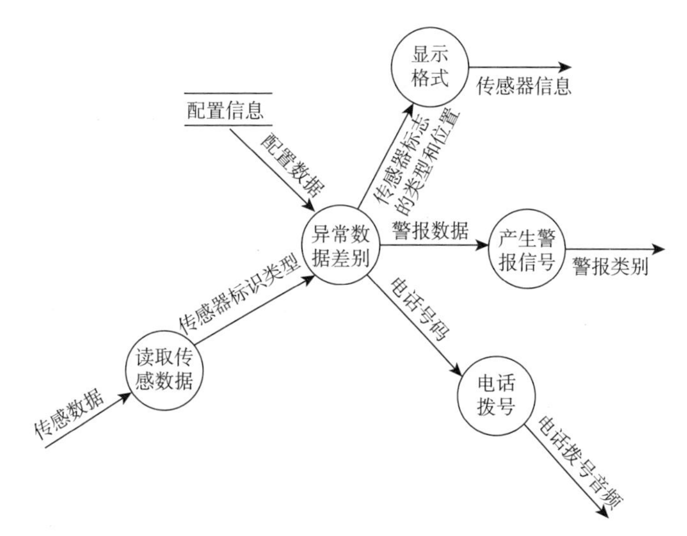

图 5-18 “传感器监测子系统”的 2 级数据流图

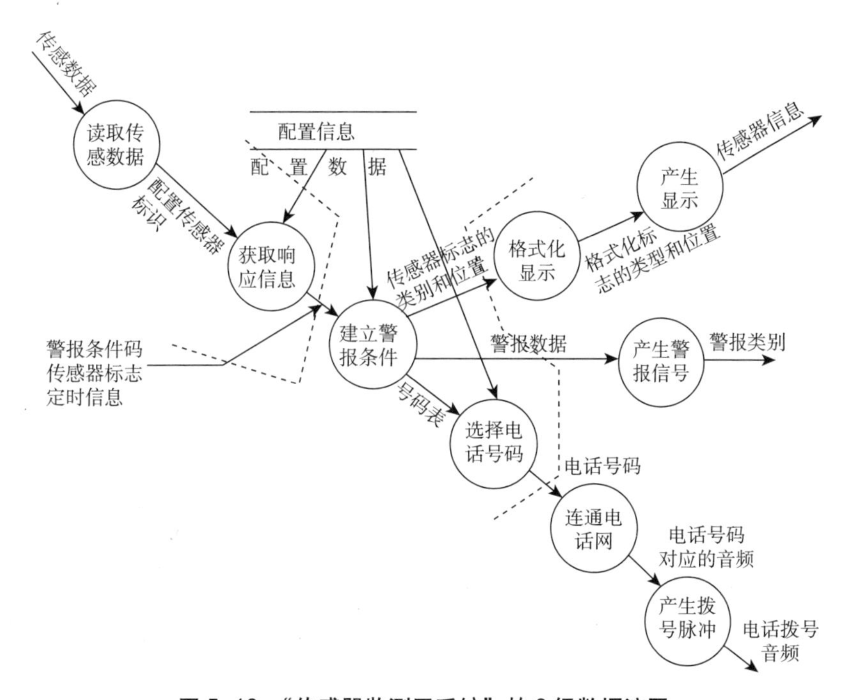

图 5-19 “传感器监测子系统”的 3 级数据流图

3. 确定数据流图的特性，判定它为变换流还是事务流

一般来说，系统内部的信息流总可以用变换流表示，倘若具有明显的事务特性，还应该采用针对事务流的映射方法。因此，设计人员首先要判定数据流图中占主导地位的信息流，并确定其特性，然后孤立具有变换特性或事务特性的支流，这些支流将用于精化由主导数据流推出的程序结构。

仍以图 5-19 所示数据流图为例，数据沿一个传入路径进来，沿三个传出路径离开，无明显的事务中心，因此，该信息流应属变换流。

4. 划定输入流和输出流的边界，孤立变换中心

输入、输出流边界的划分可能因人而异，不同的设计人员可能把边界沿着数据通道向前推进或后退一个处理框，不过这对最后的软件结构影响不大。“传感器监测子系统”的流界在图5-19中用虚线表示。

5. 执行一级分解

一级分解的目标是导出具有三个层次的程序结构，顶层为主控模块；底层模块执行输入、计算和输出功能；中层模块控制、协调底层的工作。

程序结构可用Yourdon结构图表示。结构图中，方框代表模块，方框内注明模块名称或主要功能。方框之间的有向边（无二义时也可用无向边）表示模块间的调用关系。图5-20所示的结构图对应于一级分解的上两层模块，即主控模块和下面几个中层控制模块：

①输入流控制模块，接收所有输入数据。

②变换流控制模块，对内部形式数据进行加工、处理。

③输出流控制模块，产生输出数据。

图5-20展示的是一个简单的三叉结构，实际处理大型系统的复杂数据流时，可能需要两个甚至多个模块对应上述一个模块的功能。一级分解总的原则是，在完成控制功能并保持低耦合度、高内聚度的前提下尽可能减少模块数。

传感器监测子系统一级分解如图5-21所示，其中主控模块的名字概括了所有下属模块的功能。

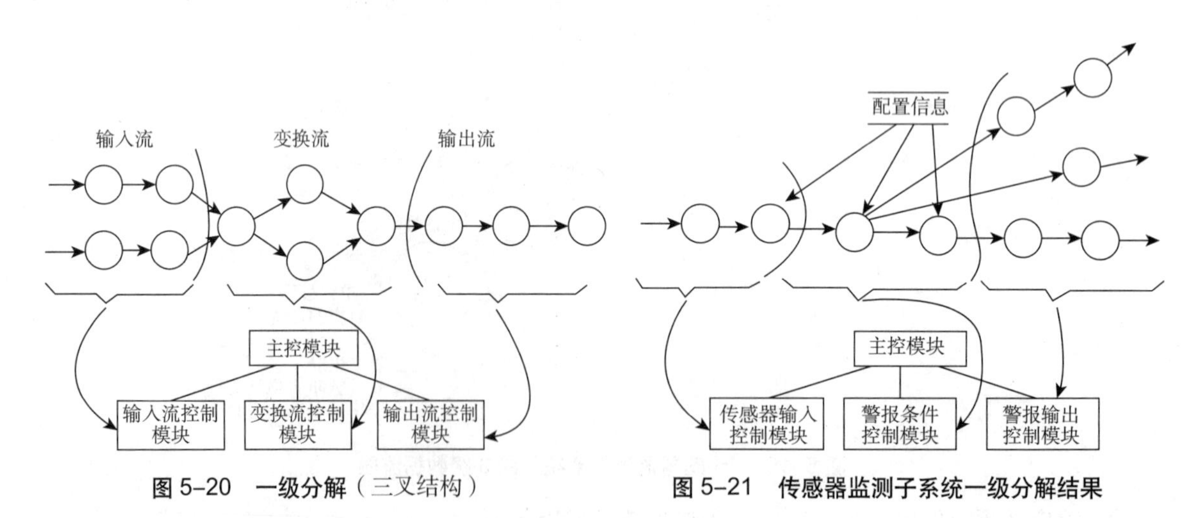

图5-20　一级分解（三叉结构）　　**图5-21　传感器监测子系统一级分解结果**

6. 执行二级分解

二级分解的任务是把数据流图中每个处理框映射成程序结构中一个适当的模块，二级分解过程是从变换中心的边界开始沿输入、输出通道向外移动，把遇到的每个处理框映射为程序结构中的一个模块，其方法如图5-22所示。

虽然图5-22中，数据流图的处理框与程序结构模块一一对应，但按照软件设计原则进行设计时，可能需要把几个处理框聚合为一个模块，或者把一个处理框裂变为几个模块。总之，应根据

“良好”设计的标准，进行二级分解。

由图5-19输出流部分导出的程序结构如图5-23所示。整个“传感器监测子系统”二级分解的结果如图5-24所示，它仅仅是程序结构的“雏形”，后续的复审和精化会反复修改。

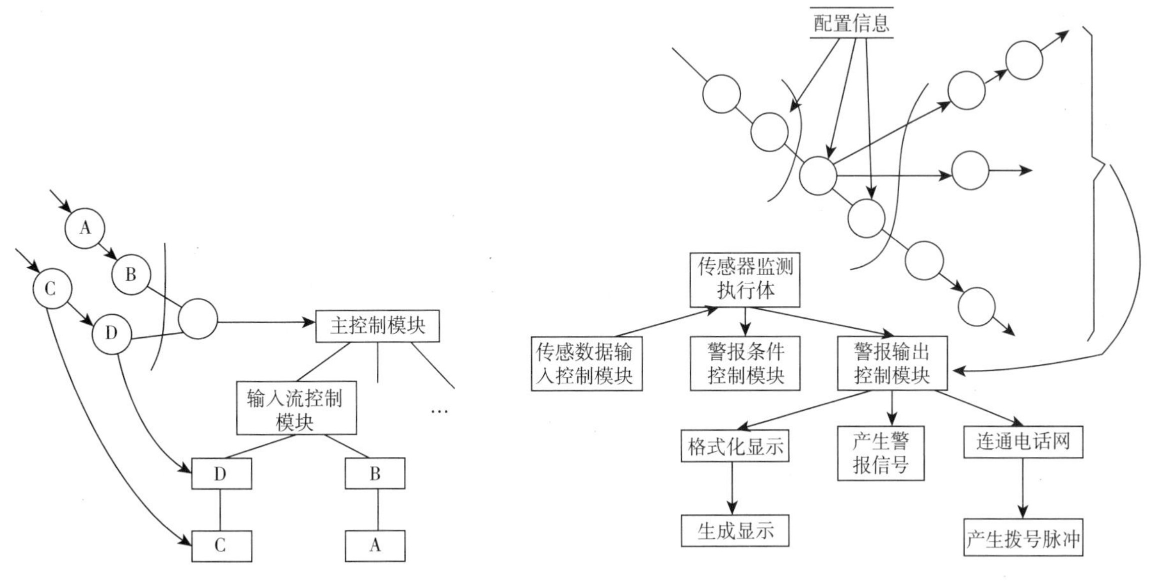

图5-22　二级分解

图5-23　传感器监测子系统输出流部分导出的程序结构

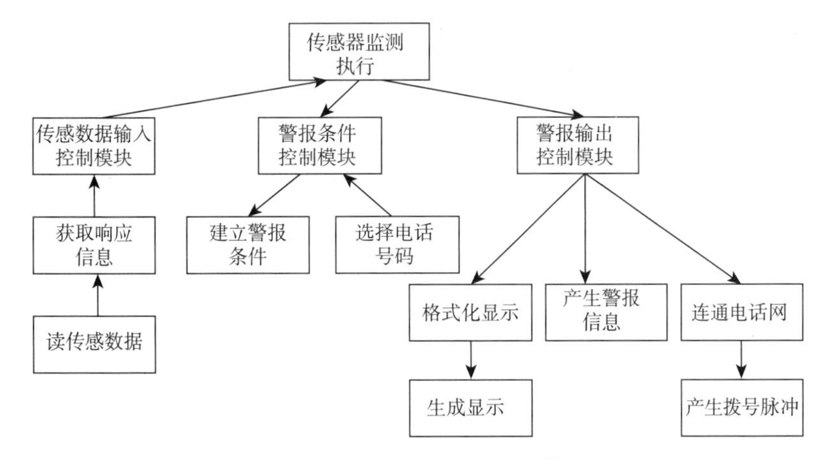

图5-24　传感器监测子系统的程序结构“雏形”

程序结构的模块名已隐含了模块功能，但仍有必要为每个模块写一个简要的处理说明，应包括：

①进出模块的信息（接口描述）。

②模块的局部信息。

③处理过程陈述，包括主要的判断点和任务。

④对有关限制和一些专门特性的简要说明（例如，文件I/O，独立于硬件的特性，特殊的实时需求等）。这些描述构成第一版设计规格说明书。

7. 采用启发式设计策略，精化所得程序结构雏形，改良软件质量

对于程序结构的雏形，以“模块独立”为指导思想，对模块或合或拆，旨在追求高内聚、低藕合，易实现、易测试、易维护的软件结构。

例如，“传感器监测子系统”的程序结构雏形可修改如下：

①因只存在唯一一条传入路径，故输入控制模块可删除。

②由变换中心产生的整个子结构可归并为“建立警报条件”一个模块（选择电话号码的功能纳入其中），不再需要变换控制模块。

③“格式化显示”和“生成显示”两个模块归并为“产生显示”一个模块。

“传感器监测子系统”精化后的程序结构如图5–25所示。

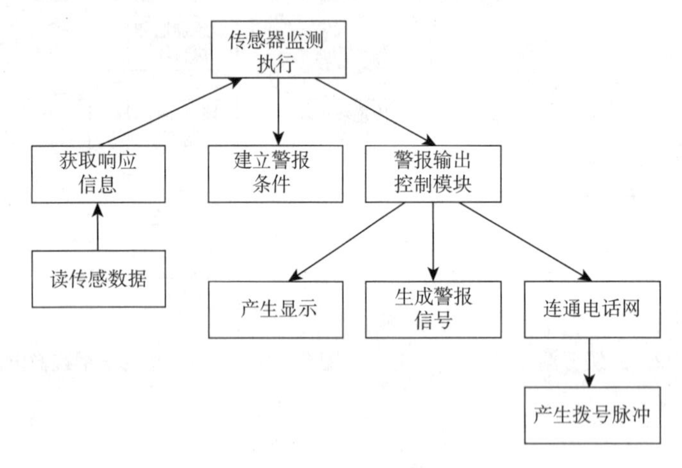

图 5–25 传感器监测子系统精化后的程序结构

上述七个设计步骤的目标是给出软件的一个整体描述。一旦有了这样一个描述，设计人员即可从整体角度评价和精化软件的总体结构，此时修改所需耗费不多，却能大大提高软件质量。比较上述设计过程与一般直接编码过程可知，如果源代码是软件唯一的表现形式，设计人员很难从整体的观点评价和精化软件。

5.5 事务分析

事务分析法与变换分析法的步骤基本类似，主要差别在于从数据流图到模块结构图的映射。事物分析法的基本步骤如下：

①复审基本系统模型；对数据流图再进行一次复查是必要的。因为在开始阶段的任何遗漏都可能会给以后的阶段带来严重的后果。对经验丰富的设计人员，可以对数据流图进一步精化，使软件结构设计更为顺利、质量更好，但是求精过程一定要保证数据流图的正确性。

②确定数据流图的类型，确定事务中心。这是关键的步骤，事务中心划分是否正确关系到整个系统模块的合理性。对一个具体的软件系统，往往都有非常复杂和庞大的数据流图，有时事务中心并非清晰，需要软件分析人员和设计人员根据经验确定。

③将数据流图映射成软件模块结构图。一般包括两级分解：一级是总控结构，设计出总体输入控制、输出控制和处理控制（或调动与数据处理分支）；第二级设计出具体的输入、输出和处理模块结构。这一步完成了从数据流图到模块结构图的“转换”。

④运用模块设计和优化准则优化软件结构。实践证明，通过上面步骤得到的模块结构图是初步的结果，要设计合理的软件模块结构，还必须进行模块优化处理。

以“家庭保安系统”中“用户交互子系统”为例，说明事务分析法。

该子系统的第一级数据流图如图5-26所示，精化后得到如图5-27所示第二级数据流图。图中“用户命令数据”流入系统后，沿三条动作路径之一离开系统，若将数据项“命令类型”看作事务，则该子系统的信息流具有明显的事务特征。指出事务中心，确定由事务中心发出的每一动作路径的数据流特性。数条动作路径内公共源头即为事务中心，如图5-26所示，事务中心定位为“启动命令处理”框。事务中心一经确定，即可划定接受路径与所有动作路径的界限（图5-27），随后判定每一动作路径上数据流的特征。例如，图5-26“口令处理”路径具有明显变换特征，可立即划定输入、变换和输出的边界（图5-27），当进行自顶向下设计时再具体实施映射。

接下来就要把数据流图映射为事务处理型的程序结构。事务处理型的程序结构由“输入”和“散转”两部分组成，输入部分的构成方法如变换分析法，即从事务处理中心开始，沿输入通路向外推进，每个处理框映射为一个模块。“散转”部分顶层为一“散转”模块，它总控所有对应于每一动作路径的控制模块，每条动作路径都根据它的信息流特征映射为一个程序子结构。整个过程可用图5-28说明。

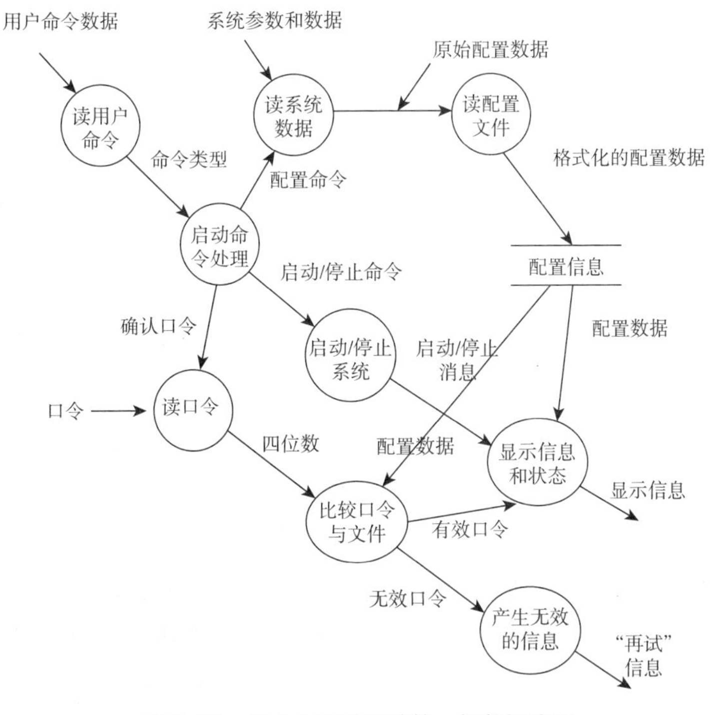

图5-26　用户交互子系统的一级数据流图

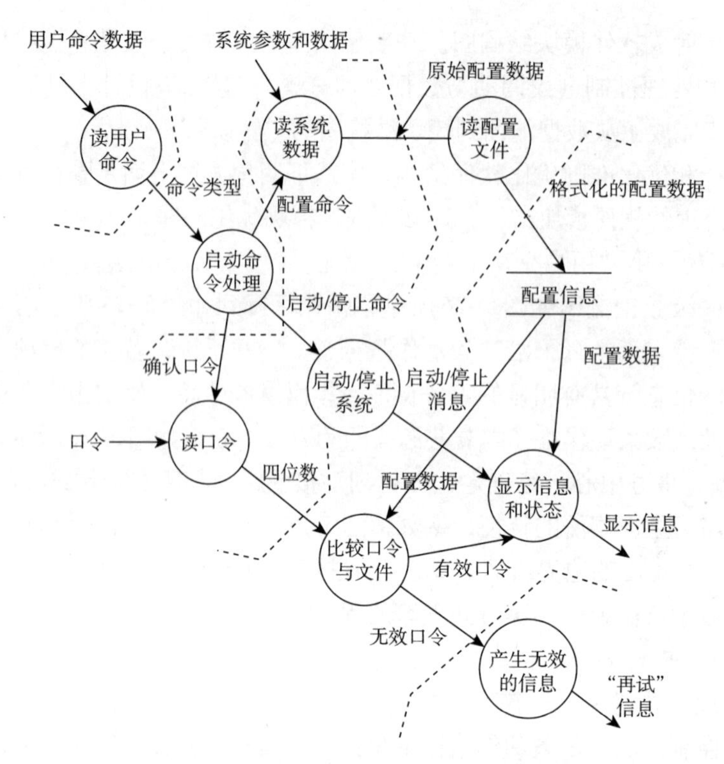

图 5-27　用户交互子系统的二级数据流图

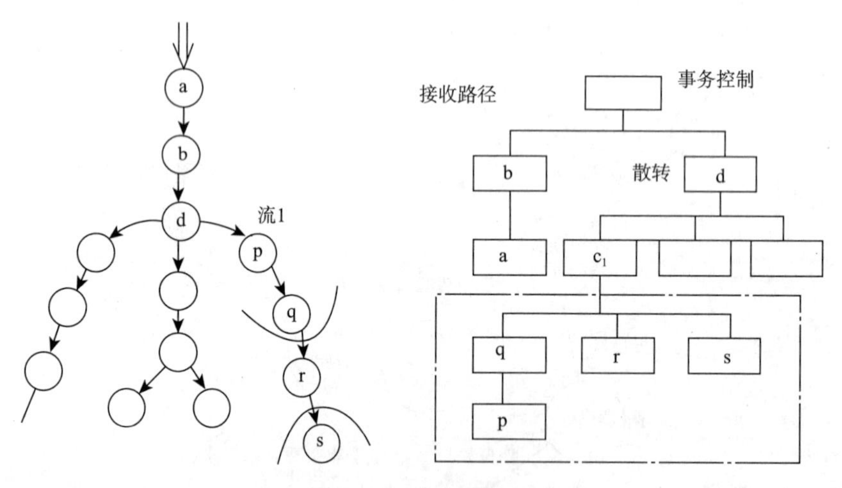

图 5-28　事务流映射

"用户交互子系统"一级分解的结果如图 5-29 所示。

分解并精化事务结构以及每条动作路径所对应的结构。这些子结构是根据流经每一动作路径的数据流特征，采用上述设计步骤一一导出的。图 5-30 所示为各条动作路径映射后的模块结构雏形。

采用模块设计和优化准则优化软件结构，精化所得模块结构雏形，改良软件质量。这一步骤与变换分析法相同。

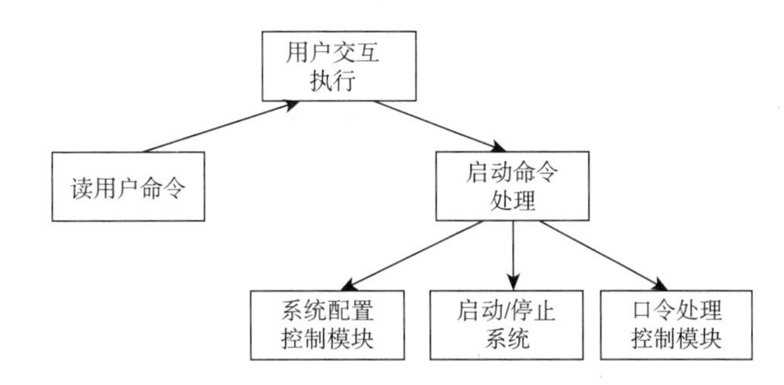

图 5-29 用户交互子系统的一级分解

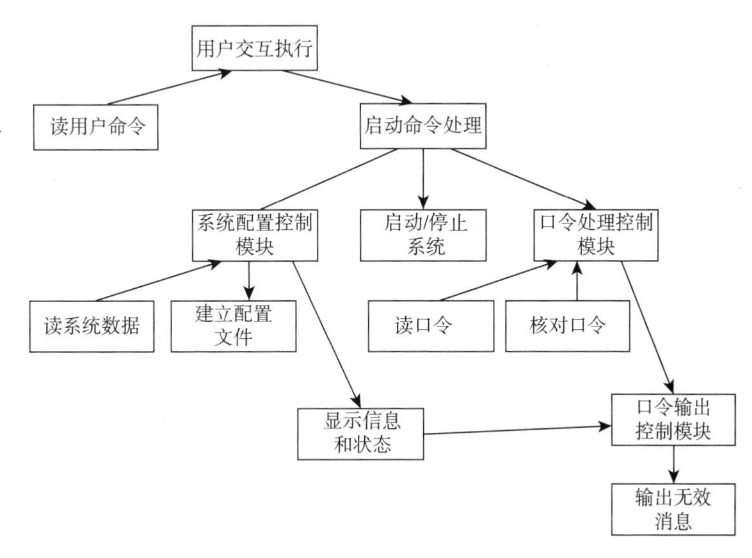

图 5-30 用户交互子系统的模块结构雏形

5.6 模块优化设计准则

变换分析和事务分析的最后一个步骤都是模块优化设计准则对程序模块结构雏形进行优化，以提高软件设计的整体质量。这些准则是以后软件结构、求精和复查的重要依据和方法。模块优化设计准则，最常用的有下面几条。

1. 改造模块结构，降低耦合度，提高内聚度，提高模块独立性

得到模块结构雏形以后，应从增强模块独立性的角度，对模块进行分解或合并，力求降低耦合度，提高内聚度。例如，若在几个模块中发现了共有的子功能，一般应将此子功能独立出来作为一个模块，以提高各模块的内聚度。合并模块通常是为了减少控制信息的传递以及对全程数据的引用，同时降低接口的复杂性。

2. 改造模块结构，减少扇出，在增加程序深度的前提下追求高扇入

图 5-31 所示为应避免和应追求的两种典型程序结构。通过观察大量软件实例后发现，设计良好的软件结构通常顶层扇出较高，中层扇出较低，底层又高扇入到公共的实用模块中。

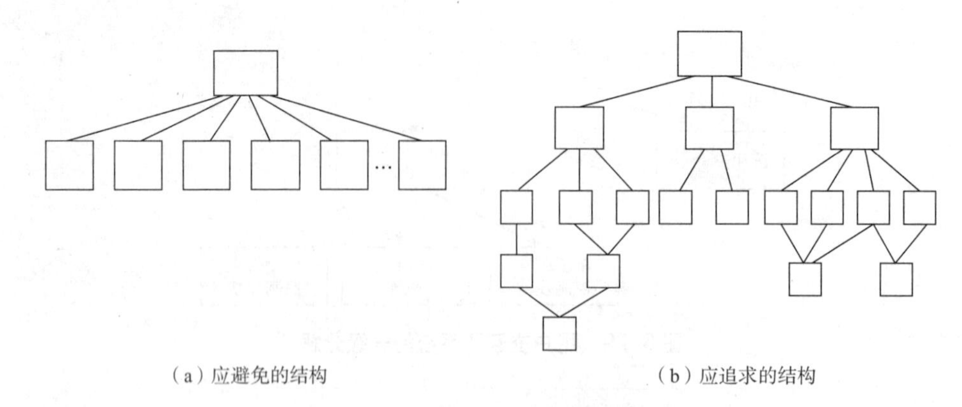

（a）应避免的结构　　（b）应追求的结构

图 5–31　应避免与应追求的程序结构

3. 改造模块结构，使任一模块的作用域在其控制域之内

模块作用域指受该模块内部判定影响的所有模块；模块控制域为其所有下层模块。图 5–32 所示为根据本原则改造前后的两个模块结构。

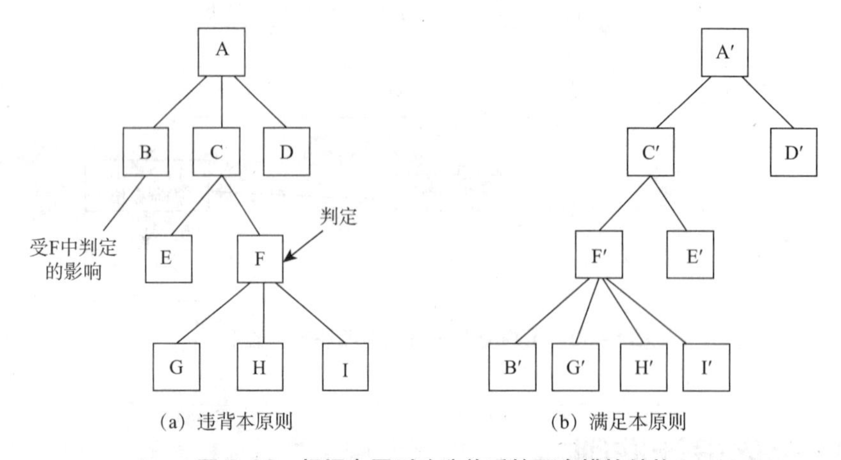

（a）违背本原则　　（b）满足本原则

图 5–32　根据本原则改造前后的两个模块结构

4. 改造模块结构，降低界面的复杂性和冗余程度，提高协调性

界面复杂是引起软件错误的一个基本因素。界面上传递的数据应尽可能简单并与模块功能相协调，界面不协调（即在同一个参数表内或以其他某种方式传递不甚相关的一堆数据）本身就是模块低内聚的表征。

5. 模块功能应该可预言，避免对模块施加过多限制

模块功能可预言指：若视模块为“黑匣子”，输入恒定，输出则恒定。此外，如果设计时对模块中局部数据的体积、控制流程的选择及外部接口方式等诸因素限制过多，则以后为去掉这些限制要增加维护开销。

6. 改造模块结构，追求单人口单出口的模块

无论是采用变换分析法还是事务分析法，获得程序结构后，都必须开发一系列辅助文档，作为软件总体设计的组成部分。主要工作包括：

①陈述每个模块的处理过程； ②描述每个模块的界面； ③根据数据字典定义数据结构；
④综述设计中所有限制和约束； ⑤对概要设计进行复审； ⑥对设计进行优化。

5.7 案例——“尚品购书网站”系统结构化设计

5.7.1 软件总体结构设计：用系统结构图描述

软件总体结构设计如图5-33所示。

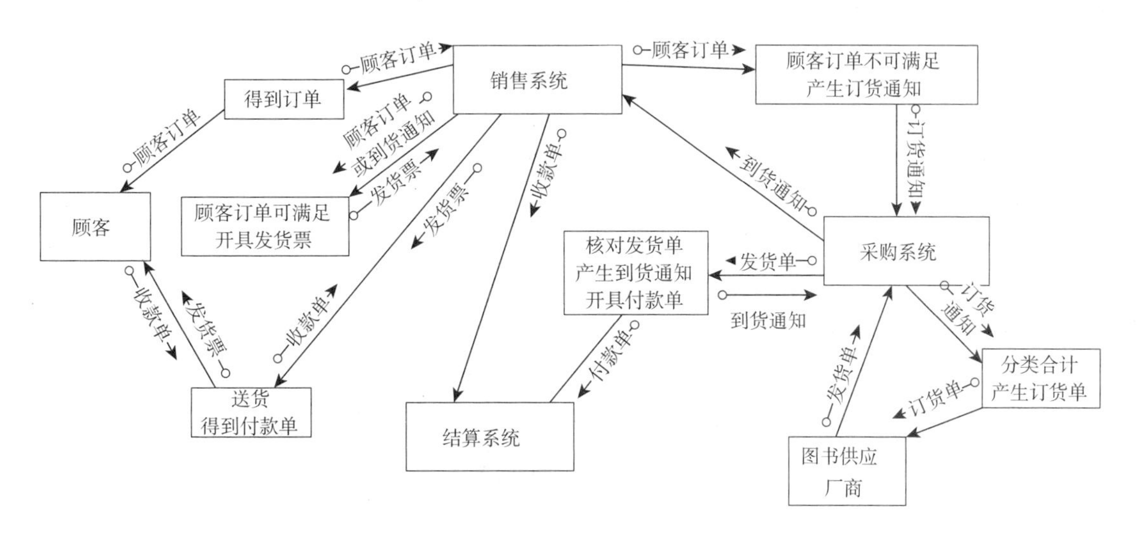

图5-33 软件总体结构设计

5.7.2 模块接口设计：可用系统结构图（或构件图）描述

1. 用户登录/注册、提交订书单模块（见图5-34）

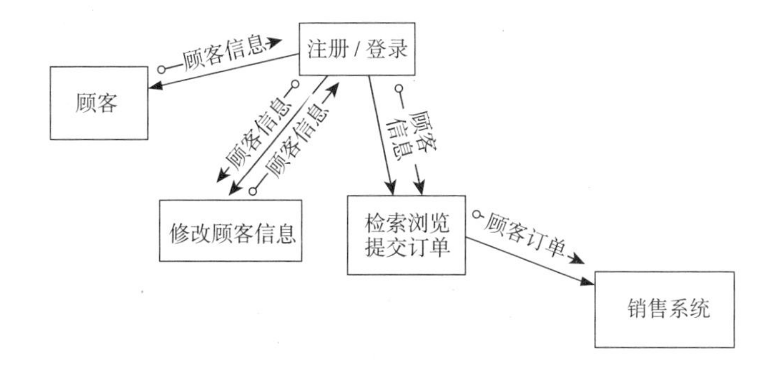

图5-34 用户登录/注册、提交订书单模块

2. 销售模块（见图5-35）

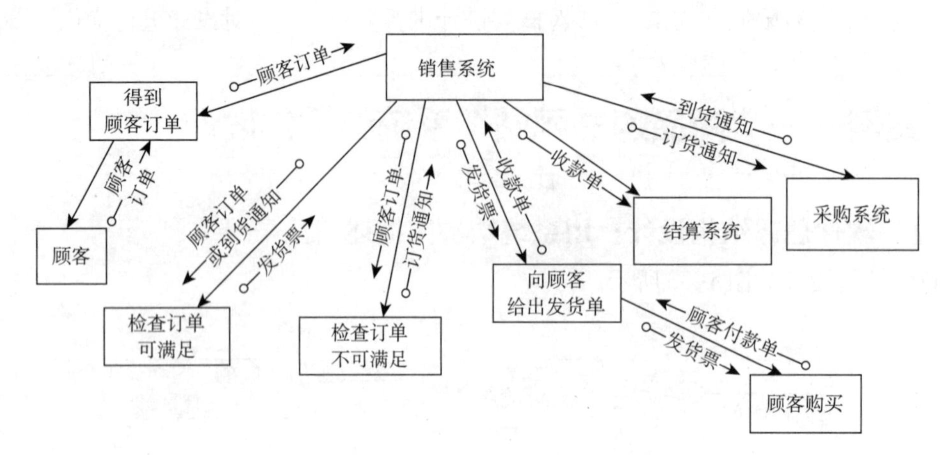

图5-35 销售模块

3. 采购模块（见图5-36）

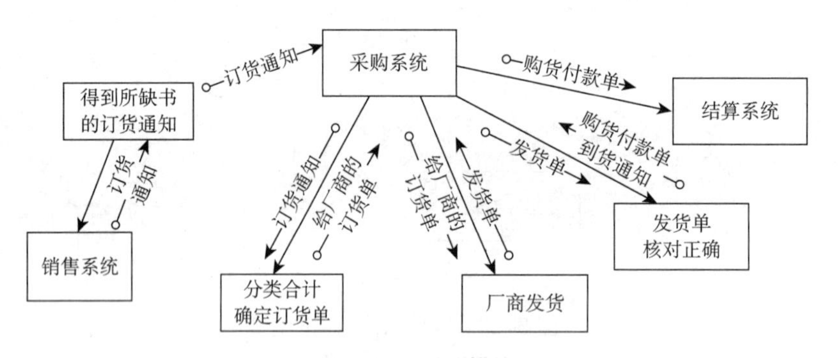

图5-36 采购模块

4. 结算模块（见图5-37）

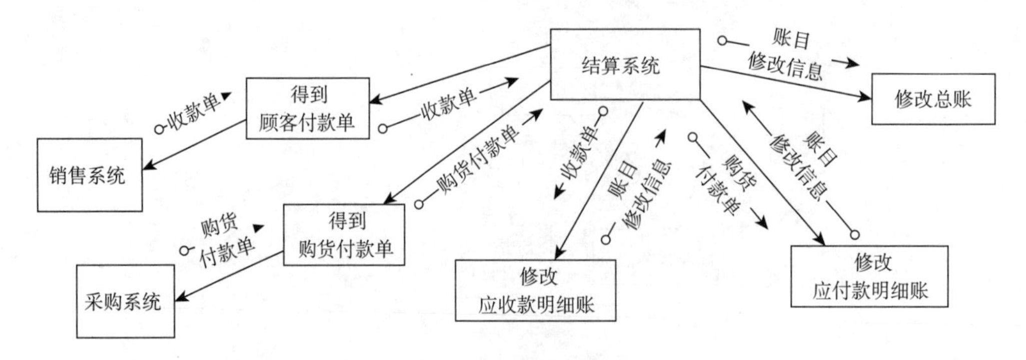

图5-37 结算模块

5.7.3 软件数据结构设计：用数据字典描述

在文档《软件开发要求及需求模型》中，已详细定义了软件中各数据项的属性。这里再补充一下对它们的符号描述，如表5-2所示。

表5–2 软件中各数据项的符号描述

数 据 项	符号描述	说 明
Username：用户名	4{{字母}[{字母}|{数字}]}10	以字母开头。4～10个字符
Password：密码	6{[{字母}|{数字}]}15	由字母和数字组成。6～15个字符
ID_××：××编号	1{数字}10	1～10位数字
Count_××：××数量	1{数字}10	1～5位数字
Date_××：××日期	4{数字}4“–”2{数字}2“–”2{数字}2	“年–月–日”形式
Price/Cost/TotalCost/Money_××/Finance_××：原价/售价/总价/××金	{数字}（“.”0{数字}2）	小数点后最多两位
BookName/Publisher/Author：书名/出版商/作者	0{可打印字符}100	任何可打印字符
PicturePath：图片路径	0{可打印字符}200	任何可打印字符
Comment：内容简介	0{可打印字符}500	任何可打印字符
RecomLevel：推荐程度	0～5	

习 题

1. 逐步求精、分层过程与抽象等概念之间的相互关系如何？
2. 如何理解模块独立性？用什么指标来衡量模块独立性？
3. 什么是模块的耦合？什么是模块的内聚？如何衡量模块质量？
4. 模块独立性与信息隐蔽有何关系？
5. 如何用PDL语言来实施逐步求精的设计原理？
6. 结构化设计的目标是什么？结构化分析和结构化设计有什么关系？
7. 什么是数据流技术？数据流技术与结构化分析有什么关系？
8. 什么是变换流？什么是事务流？它们有什么关系？
9. 什么是模块？模块的基本属性是什么？
10. 模块优化的基本准则有哪些？
11. 什么是模块的作用域？什么是模块的控制域？
12. 课程设计题：

学生可以选择一个简单系统为例，进行结构化分析与设计实践，完成相应文档资料。下面是一个简单“教材库存系统”的调研资料。

教材库存系统的调研资料：教材仓库管理页每天需要处理若干进书单和领书单，并根据进书单和领书单修改教材库存清单；每种教材规定有库存临界数量，如果少于临界数量就需要通知采编人员，每天仓库管理员要交给采编部一份订书报表（如果有订书需要）。

请学生用结构化方法完成该系统的分析和设计，必须完成的文档资料包括：

（1）需求规格说明书。
（2）数据流图。
（3）数据字典。
（4）数据库设计。
（5）软件结构图。
（6）模块设计说明。

第6章 面向对象的分析与设计

本章要点

- 面向对象的方法概述
- UML建模语言概述
- UML的静态建模机制
- UML的动态建模机制
- 面向对象的分析方法
- 面向对象设计
- 本阶段文档：对象模型、动态模型、功能模型

面向对象方法（Object-Oriented Method）是20世纪90年代以来流行的一种新的软件开发方法，目前已深入到计算机科学的很多领域。当前，面向对象方法学已经成为软件开发的主流方法，适合于在各种问题域中建造各种规模和复杂度的系统。

6.1 面向对象的方法概述

视频

面向对象的分析和设计

面向对象方法比较自然，更接近人的思维方式。它把客观世界中的事务映射成对象，把事物之间的联系映射成消息，用以模拟问题空间。通过数据属性和动作属性来描述对象，把性质相同的对象归为类，把类划分成层次结构，子类可以继承父类的属性和方法，这就构成了面向对象方法学的基本思想。

面向对象分析方法的核心是利用面向对象的概念和方法为软件需求建造模型。它包含面向对象的图形语言机制以及用于指导需求分析的面向对象的方法学。

面向对象方法学是一种从一般到特殊的演绎方法（如继承），也是一种分类方法。此外，面向对象系统也为人们对问题领域采用从特殊到一般的归纳方法（如类）提供了帮助。

面向对象的方法既使用对象，又使用类和继承机制，而且对象之间仅能通过传递消息实现彼此通信。

面向对象的方法能模拟人类习惯的思维方式，使开发软件的方法与过程尽可能接近人类认识世界解决问题的方法与过程，也就是使描述问题的问题空间（也称为问题域）与实现解法的解空间（也称为求解域）在结构上尽可能一致。

6.1.1 对象

对象是现实世界中个体或事物的抽象表示，它封装了特殊的属性(数据)和行为方法。对象是具有相同状态的一组操作的集合，是封装了数据结构及可以施加在这些数据结构上的操作的封装体，这个封装体有唯一标识它的名字，而且向外界提供一组服务（即公有的操作）。

例如，大型客机可视为对象，它具有位置、速度、颜色、容量等属性，对于该对象可施行起飞、降落、加速、维修等操作，这些操作将或多或少地改变飞机的属性值(状态)。

对象指的是一个实体，可以是现实世界中具体的物理实体或概念化的抽象实体。在计算机面向对象技术中，对象是系统的基本成分，是具有特殊属性［数据和行为方式（方法）］的实体。具体地说，它应有唯一名称、一组状态（用公用数据与私有数据表示），表示对象行为的一组公有与私有操作。图6-1形象地描述了具有三个操作的对象。

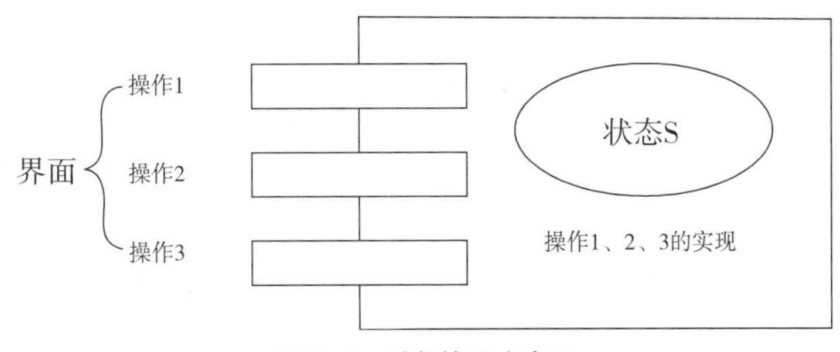

图6-1 对象的形式表示

对象的基本特点如下：

①以数据为中心。操作都围绕对其数据所需要做的处理来设置，不设置与这些数据无关的操作，而且操作的结果往往与当事所处的状态有关。

②对象是主动的。为了完成某个操作，不能从外部直接加工它的私有数据，而是必须通过它的公有接口向对象发送消息，请求它执行某个操作，处理它的私有数据。

③实现了数据封装。事实上，实现对象操作的代码和数据是隐藏在对象内部的。一个对象好像是一个黑盒子，表示它内部状态的数据和实现各个操作的代码及局部数据，都被封装在这个黑盒子内部，在外面是看不见的，更不能从外面去访问或修改这些数据或代码。

④使用对象时只需知道它向外界提供的接口形式，而无须知道它的内部怎样实现算法。这不仅使得对象的使用变得非常简单、方便，而且具有很高的安全性和可靠性。对象内部的数据只能通过对象的公共方法（也称操作或服务）来访问或修改。这就保证了对这些数据访问或修改，在任何时候都是使用统一的方法进行的，不会像使用传统的面向过程的程序设计语言那样，出现多个程序共享某个全局数据而发生错误。

⑤本质上具有并行性。对象是描述其内部状态的数据及可以对这些数据施加的全部操作的集合。不同对象各自独立地处理自身的数据，彼此通过发消息完成通信，本质上具有并行性。

6.1.2 类和实例

在面向对象的软件技术中，类是具有相同属性和操作的一组相似对象的抽象（或者集合）。类代表一种抽象，代表对象本质的、主要的、可观察的行为。类是一个定义、一个模板，能创造新的对象，因此是多个对象共同特征的描述。相同类的对象在它们的操作和信息结构上有相同的定义。在面向对象的系统中，每个对象属于一个类。属于某个类的一个对象称为该类的实例。

一个实例就是由类产生的一个对象。类描述实例的结构（操作和属性），而实例的当前状态由在实例上执行的操作来定义。

当使用“对象”这个术语时，既可指一个具体的对象，也可泛指一般的对象。但是，当使用“实例”这个术语时，必须指一个具体的对象。

例如，飞行器类是所有能够飞行的器械的抽象(如各种飞机、航天器等)，它可以包含位置、速度、颜色等属性，同时也具有起飞、降落、加速等操作。显然，类是一个支持继承的抽象数据类型，而对象就是类的实例。

6.1.3 消息方法和属性

1. 消息

消息就是要求某个对象执行在定义它的那个类中的某个操作的规格说明，是连接对象的纽带。通常，一个消息由三个部分组成：接收消息的对象、消息名、零个或多个变元。

例如，MyCircle是一个半径为8 cm，圆心位于（15，15）的Circle类中的一个对象，也就是Circle类中的实例。当要求以绿色在屏幕上显示自己时，在C++语言中应该向它发送下列消息：

```
MyCircle.show(Green)
```

其中，MyCircle是接收消息的对象的名字，Show是消息名，Green 是消息的变元。当MyCircle接收到这个消息后，将执行Circle类中所定义的显示操作。

2. 方法

方法就是对象所能执行的操作，也是类中所定义的服务。方法描述了对象操作的算法、响应消息的方法。在C++语言中把方法称为成员函数。例如，在圆的对象中可以定义一个方法GetColor()，用来取得圆的颜色。

3. 属性

属性是是类或对象中所定义的数据，它是描述客观世界实体静态特征的数据项。当类被实例化而形成具体的对象后，它不仅包含类所具有的一些属性，而且还有自己所特有的属性值。例如，Circle类中定义的代表圆心坐标、半径、颜色等的数据成员，就是圆类所具有的属性，当实例一个具体的圆后，其属性也必然存在，还可能增加一些特殊的属性。

6.1.4 关系

关系是指在类与类之间、对象及其所属类之间存在的各种关系。

我们可以通过一个已有的类派生出一个新类，这种派生机制就是继承。类之间的继承关系是现实世界中遗传关系的直接模拟，它表示类之间的内在联系以及对属性和操作的共享，即子类可沿用父类(被继承)的某些特征。当然也可以具有自己独有的属性和操作。

广义地说，继承是指能够直接获得已有的性质和特征，而不必重新定义它们。

假设已经定义和实现了Student类（代表学生），而在一个新的应用中需要GradStudent类（代表研究生）。由于研究生也是学生，没有必要重写一个新的类，只要为Student类添加一些研究生特有的属性和方法就可得到GradStudent类。例如，由于某些考试科目只有研究生才需要参加，因此只需为GradStudent类添加一些数据成员，用来描述这种区别。同时设计一些成员函数对这些新增数据成员进行读/写，就可通过继承从Student类得到新的GradStudent类。新类GradStudent称为派生类或Student的子类。原有的Student类则称为基类或GradStudent的超类。派生类除了继承基类的所有数据成员和成员函数外，还可以拥有基类所没有的成员函数和数据成员。图6-2描述了这种机制：基类位于派生类的上方，箭头从派生类指向基类。

由于派生类可以继承基类的代码（这些代码不必重新设计），因此继承机制可以促进代码的重用度，使得编程工作量大大降低。

继承同时也提供了描述程序中各模块间自然关系的机制。例如，一名研究生也是一名（is a）学生，这种研究生和学生之间的is a 关系通过继承机制可以准确地反映出来。

派生类同样能作为其他类的基类。如图6-3所示，类Car从类Vehicle派生而来，类Coup则从类Car派生而来，这种类之间的关系称为类层次结构。请注意一辆四轮马车（Coup）既是一种车辆（Car），也是一种交通工具（Vehicle）。因此，一个类实际上继承了它所在类等级中在它上层的全部基类的所有描述，也就是说，属于某类的对象除了具有该类所描述的性质外，还具有类等级中该类上层全部基类描述的一切性质。

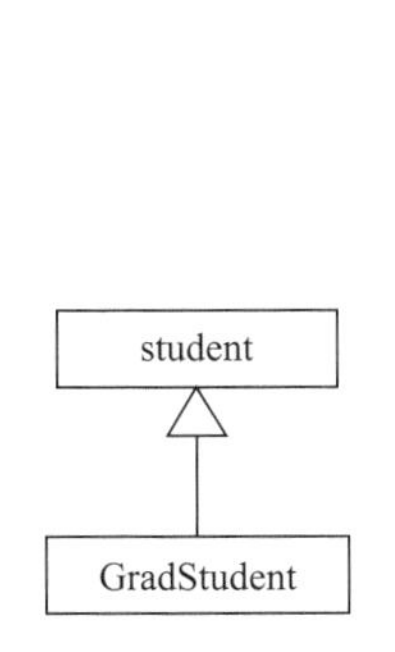

图6-2 GradStudent类继承Student类

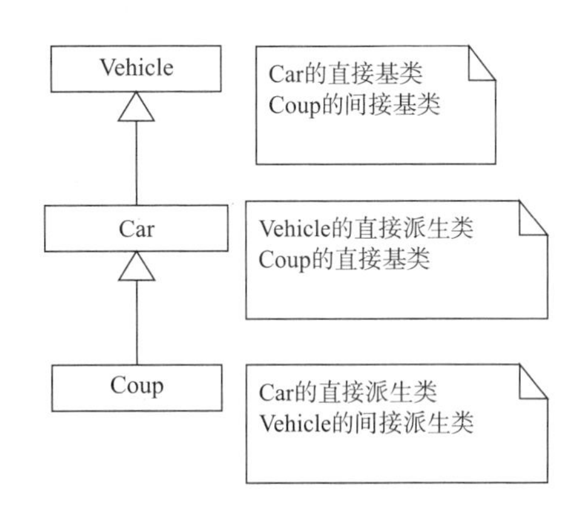

图6-3 类层次结构

使用从原有类派生出新的子类的办法，对软件的修改变得比过去容易得多。当需要扩充原有的功能时，派生类的方法可以调用其基类的方法，并在此基础上增加必要的程序代码；当需要完全改变原有操作的算法时，可以在派生类中实现一个与基类方法同名而算法不同的方法；当需要增加新的功能时，可以在派生类中实现一个新的方法。

除继承关系外，类之间普遍存在着部分-整体关系。例如，类Automobile与类Engine是一种拥有has a关系，表现为：类Automobile具有一个类Engine数据类型的属性。这表明了这样一种含义：一辆汽车有一台发动机。这种关系在OO方法学中表示为类之间的聚集关系。在聚集关系下，部分类的对象是整体类对象的一个组成部分。

对象和类之间也存在着实例化或隶属于的关系：变量MyCar是类Car的一个实例。

6.1.5 封装

封装也称为信息隐藏。所谓封装就是把某个事物包起来，使外界不知道该事物的具体内容。在面向对象的程序中，把数据和实现操作的代码集中起来放在对象内部。它指的是把对象的外部特征与内部实施细节分开，使得一个对象的外部特征对其他对象来说是可访问的，而它的内部实施细节对其他对象来说则是隐藏的。封装使得人们可以有效地修改一个对象的内部实施细节而不影响应用它的程序。封装的定义如下：

①一个清楚的边界，所有对象内部描述的范围被限定在这个边界内。

②一个接口，描述一个对象和其他的对象之间的相互作用。

③受保护的内部实现，给出了由软件对象提供的细节，实现细节不能在定义这个对象的类的外面访问。

在一个面向对象的系统中使用对象时，不需要知道对象的行为或信息在内部是怎样表示或实现的，只需要知道它提供了什么操作。

C++语言使用关键字Public和Private来对类的属性和操作进行存取访问控制，其中public关键字用于显现类的接口，private关键字用于隐藏类的实现。接口暴露给用户，而实现对用户隐藏。在私有部分的数据成员和低层方法对公有接口中的函数提供支持。

6.1.6 多态性

多态性是指消息发送者不需要知道接收对象的类，接收对象可以属于不同的类。不同的类对消息按不同的方式解释，得到不同的结果。

利用多态可增加软件的灵活性和易修改性。如果想在系统中加入一个新类的一个对象，有关“修改”只会影响新的对象，不会影响发送消息给它的对象。

综上所述，面向对象的方法学可以使用下列方程来概括：

面向对象=对象+类+继承+消息

6.2 面向对象分析过程

视频

面向对象分析过程

面向对象方法实际上是一整套的软件开发方法，它包括面向对象的分析（OOA）、面向对象的设计（OOD）、面向对象的编程（OOP）、面向对象的测试（OOT）等，可以看出面向对象方法可以贯穿软件开发的整个过程。OOA方法的关键是识别问题域内的对象，并分析它们相互间的关系，最终建立起问题域的简洁、精确、可理解的正确模型，这是面向对象分析的首要任务。在实际工作中，建模的步骤并不一定严格按照前面讲述的次序进行。

面向对象的分析过程包括以下几个步骤：

1. 分析用户需求

系统分析员应该深入地理解用户需求，抽象出目标系统的本质属性，并用模型准确表示来，另外要向领域专家学习。

2. 别类与对象

确定问题域中的类和对象。

3. 确定对象的内部特征

确定对象的属性及操作。

4. 识别对象之间的关系

对象之间的关系包括分类关系(一般/特殊)、组成关系(整体/部分)，还有反映对象属性之间联系的实例连接、反映对象行为之间依赖关系的消息等。

5. 定义主题词

从概念上把大型的、复杂的系统包含的内容分解成若干个范畴，便于分析及后续设计。

6.3 UML 语言及 UML 的静态建模机制

视频

UML

UML是标准的建模语言，它可以对任何具有静态的结构和动态行为的系统进行建模，它的主要作用是帮助用户进行面向对象的描述和建模，可以描述从需求分析到软件实现和测试的全过程。

从应用的角度看，当采用面向对象技术设计系统时，首先是描述需求；其次根据需求建立系统的静态模型，以构造系统的结构；第三步是描述系统的行为。其中在第一步与第二步中所建立的模型都是静态的，包括用例图、类图（包含包）、对象图、组件图和配置图等五个图形，是标准建模语言UML的静态建模机制。其中，第三步中所建立的模型或者可以执行，或者表示执行时的时序状态或交互关系。它包括状态图、活动图、顺序图和合作图等四个图形，是标准建模语言UML的动态建模机制。因此，标准建模语言UML的主要内容也可以归纳为静态建模机制和动态建模机制两大类。UML的静态建模机制包括用例图（Use Case Diagram）、类图（Class Diagram）、对象图（Object Diagram）、包（Package）、构件图（Component Diagram）和配置图（Deployment Diagram）等。

6.3.1 用例图

1. 用例图

用例图（Use Case Diagram）主要用来图示化系统的主事件流程，主要用来描述客户的需求，即用户希望系统具备的完成一定功能的动作——软件功能模块，所以是设计系统分析阶段的起点。设计人员根据客户的需求来创建和解释用例图，用来描述软件应该具备哪些功能模块以及这些模块之间的调用关系。用例图包含了用例和参与者，用例之间用关联来连接，以求把系统的整个结构和功能反映给非技术人员（通常是软件的用户），对应的软件的结构和功能分解。

用例图描述的是外部执行者（Actor）所理解的系统功能。用例图用于需求分析阶段，它的建立是系统开发者和用户反复讨论的结果，表明了开发者和用户对需求规格达成的共识。首先，它描述了待开发系统的功能需求；其次，它将系统看作黑盒，从外部执行者的角度来理解系统；第三，它驱动了需求分析之后各阶段的开发工作，不仅在开发过程中保证了系统所有功能的实现，而且被用于验证和检测所开发的系统，从而影响到开发工作的各个阶段和UML的各个模型。在UML中，用例图的主要元素是用例和执行者。

2. 用例

一个用例（Use Case）是用户与计算机之间的一次典型交互作用。在UML中，用例表示为一个椭圆。图6-4所示为一个资源管理系统的用例图。其中，“资源管理”“项目管理”“系统管理”等都是用例的实例。在UML中，用例被定义成系统执行的一系列动作，动作执行的结果能被指定的执行者察觉到。

概括地说，用例有以下特点：

①用例捕获某些用户可见的需求，实现一个具体的用户目标。

②用例由执行者激活，并提供确切的值给执行者。

③用例可大可小，但它必须是对一个具体的用户目标实现的完整描述。

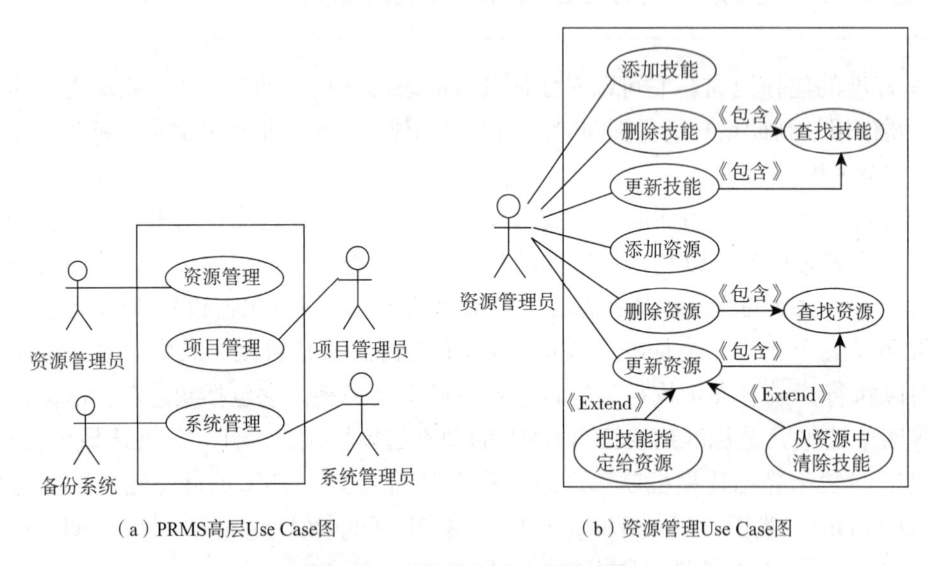

（a）PRMS高层Use Case图　　（b）资源管理Use Case图

图6-4　资源管理系统的用例图

3. 执行者

执行者是指用户在系统中所扮演的角色。图6-4（a）所示用例图中有四个执行者：资源管理员、项目管理员、系统管理员、备份系统。在处理执行者时，应考虑其作用，而不是人或工作名称，这一点是很重要的。

图6-4（a）中，不带箭头的线段将执行者与用例连接到一起，表示两者之间交换信息，称为通信联系。执行者触发用例，并与用例进行信息交换。单个执行者可与多个用例联系；反过来，一个用例可与多个执行者联系。对同一个用例而言，不同执行者有着不同的作用：他们可以从用

例中取值，也可以参与到用例中。

需要注意的是，执行者在用例图中是用类似人的图形来表示，尽管执行者未必是人。例如，执行者也可以是一个外界系统，该外界系统可能需要从当前系统中获取信息，与当前系统有交互。在图6-4（a）中，备份系统是一个外界系统，它需要备份系统的信息。

通过实践，发现执行者对提供用例是非常有用的。面对一个比较大系统时，要列出用例清单常常是十分困难的。这时可先列出执行者清单，再对每个执行者列出它的用例，问题就会变得容易很多。

4. 使用和扩展

在图6-4（b）中，除了包含执行者与用例之间的连接外，还有另外两种类型的连接，用以表示用例之间的使用和扩展（Use and Extend）关系。使用和扩展是两种不同形式的继承关系。当一个用例与另一个用例相似，但所做的动作多一些时，就可以用到扩展关系。在图6-4（b）中，基本的用例是对资源进行管理，包括添加资源、删除资源、更新资源等，其中“更新资源”用例，涉及“把技能指定给资源”和“从资源中清除技能”的操作，都是很少涉及的更新资源的操作，属于特殊情况。如果把该用例与一大堆特殊的判断和逻辑混杂在一起，会使正常的流程晦涩不堪。在图6-4（b）中，将这一类非常规的动作定义为Extend，这便是扩展关系的实质。当有一大块相似的动作存在于几个用例，又不想重复描述该动作时，就可以用到使用关系。

请注意扩展与使用之间的相似点和不同点。它们两个都意味着从几个用例中抽取那些公共的行为并放入一个单独用例中，而这个用例被其他几个用例使用或扩展，但使用和扩展的目的是不同的。

5. 用例模型的获取

几乎在任何情况下都会使用用例。用例用来获取需求，规划和控制项目。用例的获取是需求分析阶段的主要任务之一，而且是首先要做的工作。大部分用例将在项目的需求分析阶段产生，并且随着工作的深入会发现更多的用例，这些都应及时增添到已有的用例集中。用例集中的每个用例都是一个潜在的需求。

（1）获取执行者

获取用例首先要找出系统的执行者。可以通过用户回答一些问题的答案来识别执行者。以下问题可供参考：

①谁使用系统的主要功能（主要使用者）。

②谁需要系统支持他们的日常工作。

③谁来维护、管理使系统正常工作（辅助使用者）。

④系统需要操纵哪些硬件。

⑤系统需要与哪些其他系统交互，包含其他计算机系统和其他应用程序。

⑥对系统产生的结果感兴趣的人或事物。

（2）获取用例

一旦获取了执行者，就可以对每个执行者提出问题以获取用例。

以下问题可供参考：

①执行者要求系统提供哪些功能（执行者需要做什么）。

②执行者需要读、产生、删除、修改或存储的信息有哪些类型。

③必须提醒执行者的系统事件有哪些？或者执行者必须提醒系统的事件有哪些？怎样把这些事件表示成用例中的功能？

④为了完整地描述用例，还需要知道执行者的某些典型功能能否被系统自动实现。

还有一些不针对具体执行者问题（即针对整个系统的问题）：

①系统需要何种输入/输出，输入从何处来，输出到何处。

②当前运行系统（也许是一些手工操作而不是计算机系统）的主要问题。

需要注意，一个用例必须至少与一个执行者关联；不同的设计者对用例的利用程度也不同。确定用例的过程是对获取的用例进行提炼和归纳的过程，对一个十人·年的项目来说，20个用例似乎太少，而一百多个用例则嫌太多，需要保持二者间的相对均衡。

6.3.2 类图、对象图和包

在面向对象建模技术中，使用同样的方法将客观世界的实体映射为对象，并归纳成一个个类。类（Class）、对象（Object）和它们之间的关联是面向对象技术中最基本的元素。对于一个目标系统，其类模型和对象模型揭示了系统的结构。在UML中，类和对象模型分别由类图和对象图表示。类图技术是OO方法的核心，图6-5所示为一个金融保险系统的类图。

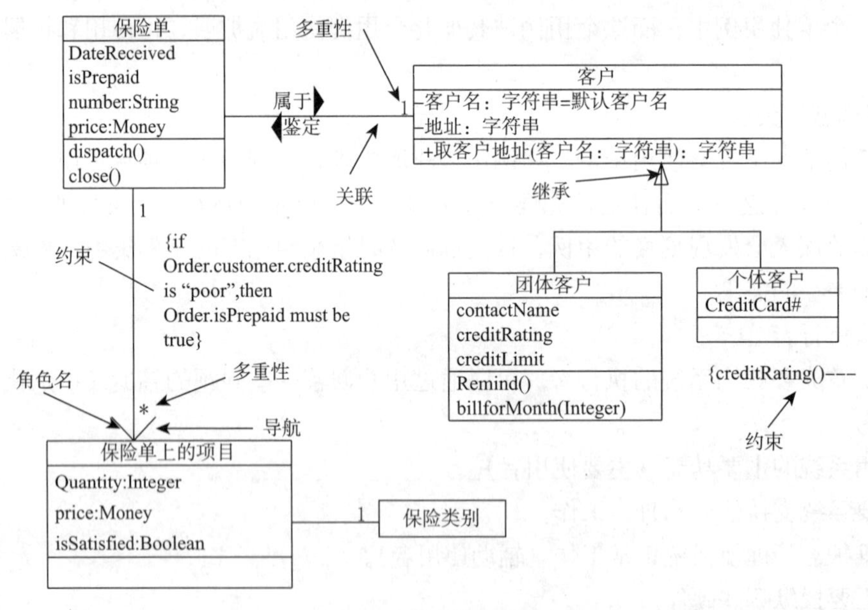

图6-5 保险系统类图

1. 类图

类图（Class Diagram）描述类和类之间的静态关系。与数据模型不同，它不仅显示了信息的结构，同时还描述了系统的行为。类图是定义其他图的基础。在类图的基础上，状态图、合作图等进一步描述了系统其他方面的特性。

2. 类和对象

对象（Object）与我们对客观世界的理解相关。通常用对象描述客观世界中某个具体的实体。所谓类（Class）是对一类具有相同特征的对象的描述。而对象是类的实例（Instance）。建立类模型时，应尽量与应用领域的概念保持一致，以使模型更符合客观事实，易修改、易理解和易交流。

类描述一类对象的属性（Attribute）和行为（Behavior）。在UML中，类的可视化表示为一个划分成三个格子的长方形（下面两个格子可省略）。图6–5中，“客户”就是一个典型的类。

①类的获取和命名：最顶部的格子包含类的名字，类的命名应尽量用应用领域中的术语，应明确、无歧义，以利于开发人员与用户之间的相互理解和交流。类的获取是一个依赖于人的创造力的过程，必须与领域专家合作，对研究领域仔细地分析，抽象出领域中的概念，定义其含义及相互关系，分析出系统类，并用领域中的术语为类命名。一般而言，类的名字是名词。

②类的属性：中间的格子包含类的属性，用以描述该类对象的共同特点。该项可省略。图6-5中“客户”类有“客户名”“地址”等特性。属性的选取应考虑以下因素：

- 原则上来说，类的属性应能描述并区分每个特定的对象。
- 只有系统感兴趣的特征才包含在类的属性中。
- 系统建模的目的也会影响到属性的选取。

根据图的详细程度，每条属性可以包括属性的可见性、属性名称、类型、默认值和约束特性。UML规定类的属性的语法为：

```
可见性  属性名 :   类型 = 默认值  {约束特性}
```

图6–5所示的“客户”类中，“客户名”属性描述为“– 客户名 ：字符串 = 默认客户名”。可见性”–”表示它是私有数据成员，其属性名为“客户名”，类型为“字符串”类型，默认值为“默认客户名”，此处没有约束特性。

不同属性具有不同可见性。常用的可见性有Public、Private和Protected三种，在UML中分别表示为“+”“–”“#”。

类型表示该属性的种类，它可以是基本数据类型，如整数、实数、布尔型等，也可以是用户自定义的类型。一般它由所涉及的程序设计语言确定。

约束特性则是用户对该属性性质一个约束的说明。例如“{只读}”说明该属性是只读属性。

③类的操作（Operation）：该项可省略。操作用于修改、检索类的属性或执行某些动作。操作通常也称为功能，但是它们被约束在类的内部，只能作用到该类的对象上。操作名、返回类型和参数表组成操作界面。UML规定操作的语法为：

```
可见性 操作名(参数表): 返回类型  {约束特性}
```

在图6–5中，“客户”类中有“取客户地址”操作，其中“ +”表示该操作是公有操作，调用时需要参数“客户名”，参数类型为字符串，返回类型也为字符串。

类图描述了类和类之间的静态关系。定义了类之后，就可以定义类之间的各种关系。

3. 关联关系

关联（Association）表示两个类之间存在某种语义上的联系。

在图6–5中最上部存在一个“属于”/“签订”关联：每个“保险单”属于一个“客户”，而

“客户”可以签订多个“保险单”。除了这个关联外，图6–5中还有另外两个关联，分别表示每个“保险单”包含若干个“保险单上的项目”，而每个“保险单上的项目”涉及单一的“保险类别”。

①关联的方向：关联可以有方向，表示该关联单方向被使用。关联上加上箭头表示方向，在UML中称为导航（Navigability）。将只在一个方向上存在导航表示的关联，称为单向关联(Uni–directional Association)，在两个方向上都有导航表示的关联，称为双向关联（Bi–directional Association)。图6–5中，“保险单”到“保险单上的项目”是单向关联。UML规定，不带箭头的关联可以意味着未知、未确定或者该关联是双向关联三种选择，因此，在图中应明确使用其中的一种选择。

②关联的命名：既然关联可以是双向的，最复杂的命名方法是每个方向上给出一个名字，这样的关联有两个名字，可以用小黑三角表示名字的方向（见图6–5中最上部的“属于”/“签订”关联)。为关联命名有几种方法，其原则是该命名是否有助于理解该模型。

③角色：关联两头的类以某种角色参与关联。例如图6–6中，“公司”以“雇主”的角色，“人”以“雇员”的角色参与的“工作合同”关联。“雇主”和“雇员”称为角色名。如果在关联上没有标出角色名，则隐含地用类的名称作为角色名。角色还具有多重性（Multiplicity)，表示可以有多少个对象参与该关联。在图6–6中，雇主（公司）可以雇用（签工作合同）多个雇员，表示为“*”；雇员只能与一家雇主签订工作合同，表示为“1”。多重性表示参与对象的数目的上下界限制。“*”代表0～∞，即一个客户可以没有保险单，也可以有任意多的保险单。“1”是1..1的简写，即任何一个保险单仅来自于一个客户，可以用一个单个数字表示，也可以用范围或者是数字和范围不连续的组合表示。

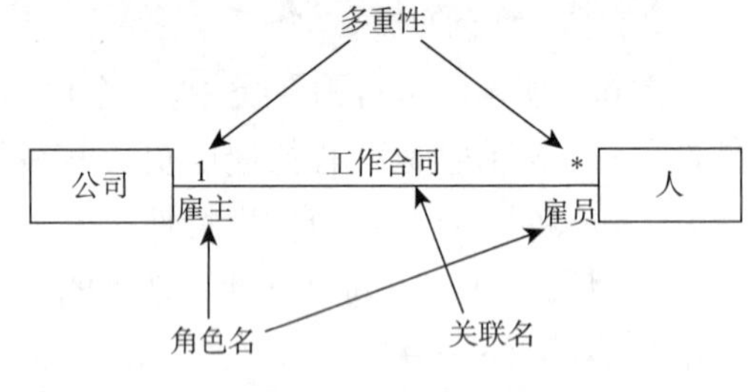

图6–6　关联的角色

④关联类：一个关联可能要记录一些信息，可以引入一个关联类来记录。图6–7是在图6–6的基础上引入了关联类。关联类通过一根虚线与关联连接。图6–8所示为实现上述目标的另外一种方法，就是使雇佣关系成为一个正式的类。

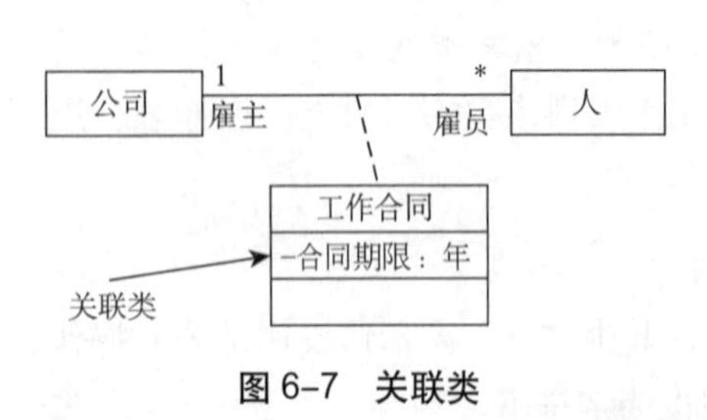

图6–7　关联类

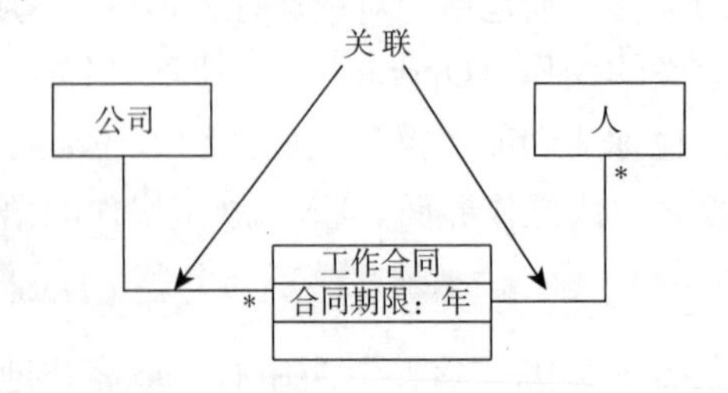

图6–8　关联类的另一种实现方法

⑤聚集和组成：聚集（Aggregation）是一种特殊形式的关联。聚集表示类之间的关系是整体与部分的关系。一辆轿车包含四个车轮、一个转向盘、一个发动机和一个底盘，这是聚集的一个例子。在需求分析中，“包含”“组成”“分为……部分”等经常设计成聚集关系。聚集可以进一步划分成共享聚集（Shared Aggregation）和组成。例如，课题组包含许多成员，但是每个成员又

可以是另一个课题组的成员，即部分可以参加多个整体，称为共享聚集。另一种情况是整体拥有各部分，部分与整体共存，如整体不存在了，部分也会随之消失，称为组成（Composition）。例如，打开一个视窗口，它由标题、外框和显示区所组成，一旦关闭则各部分同时消失。在UML中，聚集表示为空心菱形，组成表示为实心菱形。需要注意的是，一些面向对象大师对聚集的定义并不一样。大家应注意其他面向对象方法与UML中所定义的聚集的差别。

4. 继承关系

人们将具有共同特性的元素抽象成类别，并通过增加其内涵而进一步分类。例如，动物可分为飞鸟和走兽，人可分为男人和女人。在面向对象方法中将前者称为一般元素、基类元素或父元素，将后者称为特殊元素或子元素。继承（Generalization）定义了一般元素和特殊元素之间的分类关系。在UML中，继承表示为一头为空心三角形的连线。

如图6-5中，将客户进一步分类成个体客户和团体客户，使用的就是继承关系。

在UML定义中对继承有三个要求：

①特殊元素应与一般元素完全一致，一般元素所具有的关联、属性和操作，特殊元素也都隐含性地具有。

②特殊元素还应包含额外信息。

③允许使用一般元素实例的地方，也应能使用特殊元素。

5. 依赖关系

有两个元素*X*、*Y*，如果修改元素*X*的定义可能会引起对另一个元素*Y*的定义的修改，则称元素Y依赖（Dependency）于元素*X*。在类中，依赖由各种原因引起，例如：一个类向另一个类发消息；一个类是另一个类的数据成员；一个类是另一个类的某个操作参数。如果一个类的界面改变，它发出的任何消息可能不再合法。

6. 约束

在UML中，可以用约束（Constraint）表示规则。约束是放在括号“{}”中的一个表达式，表示一个永真的逻辑陈述。在程序设计语言中，约束可以由断言（Assertion）来实现。

7. 对象图、对象和链

UML中对象图与类图具有相同的表示形式。对象图可以看作是类图的一个实例；对象是类的实例；对象之间的链（Link）是类之间关联的实例。对象与类的图形表示相似，均为划分成两个格子的长方形（下面的格子可省略）。上面的格子是对象名，对象名下有下画线；下面的格子记录属性值。链的图形表示与关联相似。对象图常用于表示复杂的类图的一个实例。

8. 包

一个最古老的软件方法问题是：怎样将大系统拆分成小系统。解决这个问题的一个思路是将许多类集合成一个更高层次的单位，形成一个高内聚、低耦合的类的集合。这个思路被松散地应用到许多对象技术中。UML中这种分组机制称为包（Package），如图6-9所示。

不仅是类，任何模型元素都运用包的机制。如果没有任何启发性原则来指导类的分组，分组方法就是任意的。在UML中，最有用的和强调最多的启发性原则就是依赖。包图主要显示类的包以及这些包之间的依赖关系，有时还显示包和包之间的继承关系和组成关系。

①包的内容：在图6-9中，“系统内部”包由“保险单”包和“客户”包组成。这里称“保险单”包和“客户”包为“系统内部”包的内容。当不需要显示包的内容时，包的名字放入主方框内，否则包的名字放入左上角的小方框中，而将内容放入主方框内。包的内容可以是类的列表，也可以是另一个包图，还可以是一个类图。

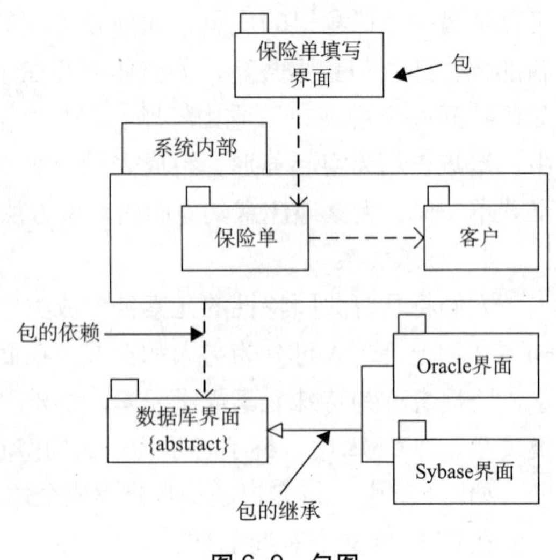

图6-9　包图

②包的依赖和继承：图6-9中“保险单填写界面”包依赖于“保险单”包；整个“系统内部”包依赖于“数据库界面”包。可以使用继承中通用和特例的概念来说明通用包和专用包之间的关系。例如，专用包必须符合通用包的界面，与类继承关系类似。通过“数据库界面”包，“系统内部”包既能够使用Oracle界面也可使用Sybase界面。通用包可标记为{abs tract}，表示该包只是定义了一个界面，具体实现则由专用包来完成。

9. 使用类图的几个建议

类图几乎是所有OO方法的支柱。采用标准建模语言UML进行建模时，必须对UML类图引入的各种要素有清晰的理解。以下对使用类图进行建模提出几点建议：

①不要试图使用所有的符号。从简单的开始，如类、关联、属性和继承等概念。在UML中，有些符号仅用于特殊的场合和方法中，只有当需要时才去使用。

②不要为每个事物都画一个模型，应该把精力放在关键的领域。最好只画几张较为关键的图，经常使用并不断更新修改。使用类图的最大危险是过早地陷入实现细节。为了避免这一危险，应该将重点放在概念层和说明层。如果已经遇到了一些麻烦，可以从以下几个方面检查模型：

- 模型是否真实地反映了研究领域的实际。
- 模型和模型中的元素是否有清楚的目的和职责（在面向对象方法中，系统功能最终是分配到每个类的操作上实现的，这个机制称为职责分配）。
- 模型和模型元素的大小是否适中。过于复杂的模型和模型元素是很难生存的，应将其分解成几个相互合作的部分。

6.3.3　组件图和部署图

1. 组件图

组件图提供系统的物理视图。组件图中的组件用图6-10表示。

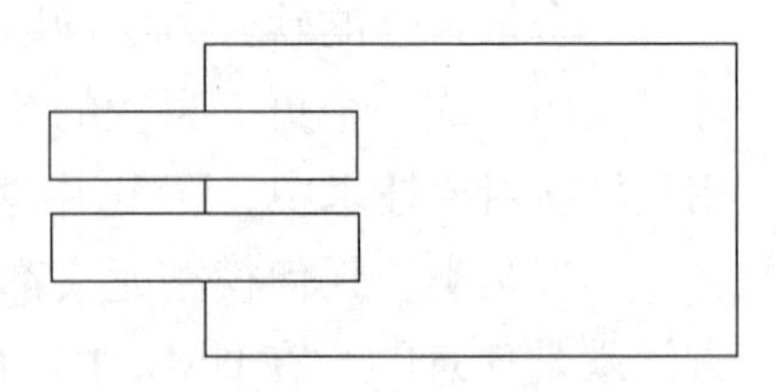
图6-10　组件符号

组件图对于不同的项目小组是有用的交流工具。组件图可以呈现给项目发起人及实现人员。组件图通常可以使项目管理人员感到轻松，因为组件图展示了将要被建立的整个系统的早期方案。所以，组件图对于开发者是有用的，因为组件图给他们提供了将要建立的系统的高层架构视图。

图6-11显示了四个组件：报告工具、Billboard服务、Servlet 2.2 API和JDBC API。

从报告工具组件指向Billboard服务、Servlet 2.2 API和JDBC API组件的带箭头的线段，表示“报告工具”依赖这三个组件。

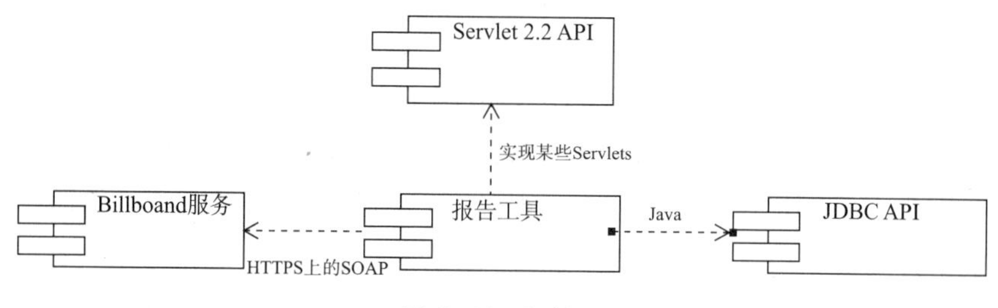

图6-11 组件图

2．部署图

部署图表示某软件系统如何部署到硬件环境中。它的用途是显示该系统不同的组件将在何处物理地运行，以及它们将如何彼此通信。因为部署图是对物理运行情况进行建模，系统的生产人员可以很好地利用这种图。

部署图中的符号包括组件图中的符号元素，另外，还增加了几个符号，包括节点的概念。一个节点可以代表一台物理机器，或代表一个虚拟机器节点。要对节点进行建模，只需绘制一个三维立方体，节点的名称位于立方体的顶部。所使用的命名约定与序列图中相同，即【实例名称】、【实例类型】等。

图6-12所示的部署图表明，用户使用运行在本地机器上的浏览器访问“报告工具”，并通过公司内部网上的HTTP协议连接到“报告工具”组件。这个工具实际运行在名为w3.reporting.myco.com的服务器上。“报告工具”通过ADO.NET与数据库相连。除了与报告数据库通信外，“报告工具”组件还通过HTTP上的SOAP与Billboard服务进行通信。

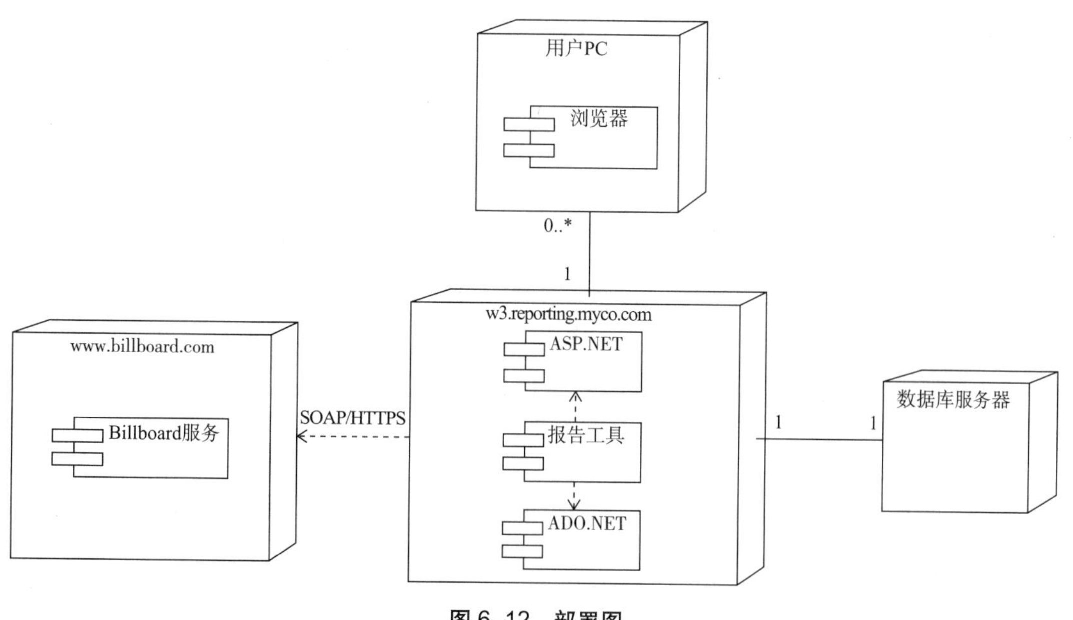

图6-12 部署图

6.4 UML的动态建模机制

6.4.1 消息

在面向对象技术中，对象间的交互是通过对象间消息的传递来完成的。在UML的四个动态模型中均用到消息这个概念。通常，当一个对象调用另一个对象中的操作时，即完成了一次消息传递。当操作执行后，控制便返回到调用者。对象通过相互间的通信（消息传递）进行合作，并在其生命周期中根据通信的结果不断改变自身的状态。

在UML中，消息的图形表示是用带有箭头的线段将消息的发送者和接收者联系起来，箭头的类型表示消息的类型，如图6-13所示。

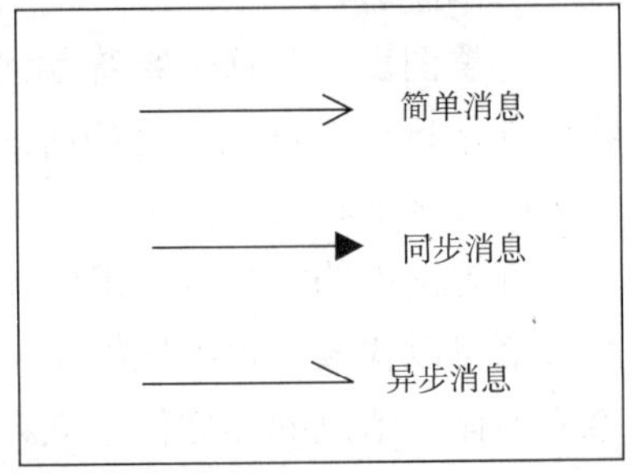

图6-13 消息的类型

UML定义的消息类型有三种：

①简单消息（Simple Message）：表示简单的控制流，用于描述控制如何在对象间进行传递，而不考虑通信的细节。

②同步消息（Synchronous Message）：表示嵌套的控制流，操作的调用是一种典型的同步消息。调用者发出消息后必须等待消息返回，只有当处理消息的操作执行完毕后，调用者才可继续执行自己的操作。

③异步消息（Asynchronous Message）：表示异步控制流，当调用者发出消息后不用等待消息的返回即可继续执行自己的操作。异步消息主要用于描述实时系统中的并发行为。

6.4.2 状态图

状态图（State Diagram）用来描述一个实体基于事件反应的动态行为，显示了该实体是如何根据当前所处的状态对不同的时间做出反应的。通常创建一个UML状态图是为了研究类、角色、子系统或组件的复杂行为。大多数面向对象技术都用状态图表示单个对象在其生命周期中的行为。一个状态图包括一系列的状态以及状态之间的转换。

1. 状态

所有对象都具有状态，状态是对象执行了一系列活动的结果，使用圆角矩形来表示。当某个事件发生后，对象的状态将发生变化，状态之间的转换使用带有箭头的线段来表示。状态图中定义的状态有：初态、终态、中间状态、复合状态。其中，初态是状态图的起始点，使用实心圆来表示；而终态则是状态图的终点，用内部包含实心圆的圆来表示，一个状态图只能有一个初态，而终态则可以有多个。判断点则用空心圆来表示。

一个状态由下列部分组成：

①名称：将本状态与其他状态区分开的字符串。状态可以是匿名的（没有名称）。

②入口动作（关键字：entry）：在进入本状态时所执行的动作。

③出口动作（关键字：exit）：在离开本状态时所执行的动作。

④内部的转换（关键字：on）：处理转换而没有引起状态改变。

⑤活动（关键字：do）：对象在位于某一状态的整个时间里进行的计算。

2. 转换

状态图中状态之间带箭头的连线称为转换。转换由下列部分组成：

①源状态：被转换影响的状态（即活动状态）。

②事件：接收到它，就触发符合条件的转换。

③监护条件：监护条件是当转换被激活时可以被估价的表达式。如果所估价的值为真，就触发转换；如果为假，可能就不触发转换；如果该事件也没有触发其他的转移，该事件就丢失了。

④动作：可执行的原子计算。在这个上下文中，它在转换期间被执行。

⑤目标状态：在转换完成之后的活动状态。

⑥信号：在转换期间可能产生的事件（信号）列表。

图6-14所示为简单的状态图。

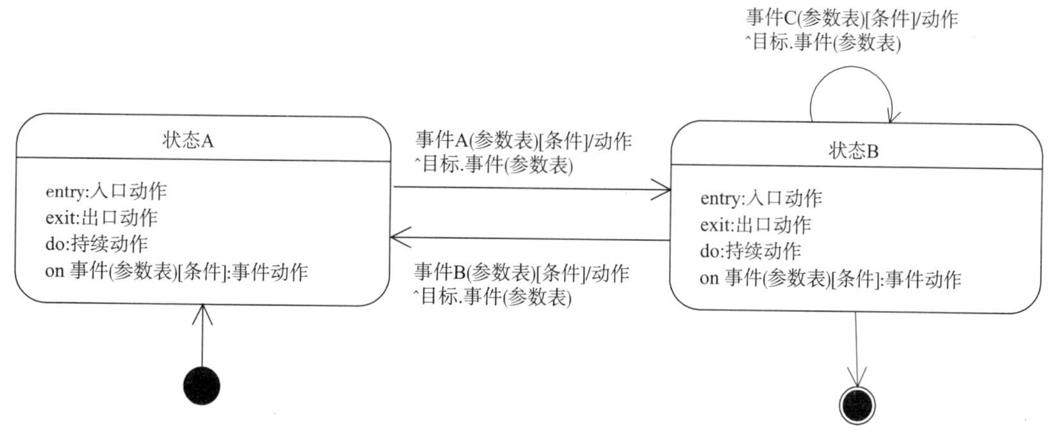

图6-14　简单状态图

6.4.3 顺序图

顺序图（Sequence Diagram）也称为序列图，主要用来显示具体用例（或者是一部分用例）的详细流程。它几乎是自描述的，并且显示了流程中不同对象之间的调用关系，同时还可以很详细地显示对不同对象的不同调用。

顺序图存在两个维度：水平轴表示不同的对象，垂直轴一发生的实践顺序显示消息/调用的序列。顺序图中的对象用一个带有垂直虚线的矩形框表示，并标有对象名和类名。垂直虚线是对象的生命线，用于表示在某段时间内对象是存在的。对象间的通信通过在对象的生命线间画消息来表示。消息的箭头指明消息的类型。

顺序图中的消息可以是信号（Signal）、操作调用或类似于C++中的RPC（Remote Procedure Calls）和Java中的RMI（Remote Method Invocation）。当收到消息时，接收对象立即开始执行活动，即对象被激活了。通过在对象生命线上显示一个细长矩形框来表示激活。

消息可以用消息名及参数来标识。消息也可带有顺序号，但较少使用。消息还可带有条件表达式，表示分支或决定是否发送消息。如果用于表示分支，则每个分支是相互排斥的，即在某一时刻仅可发送分支中的一个消息。

在顺序图的左边可以有说明信息，用于说明消息发送的时刻、描述动作的执行情况以及约束信息等。一个典型的例子就是用于说明一个消息是重复发送的。另外，可以定义两个消息间的时间限制。

一个对象可以通过发送消息来创建另一个对象，当一个对象被删除或自我删除时，该对象用“X”标识。

另外，在很多算法中，递归是一种很重要的技术。当一个操作直接或间接调用自身时，即发生了递归。产生递归的消息总是同步消息，返回消息应是一个简单消息。图6–15所示为打电话的顺序图。

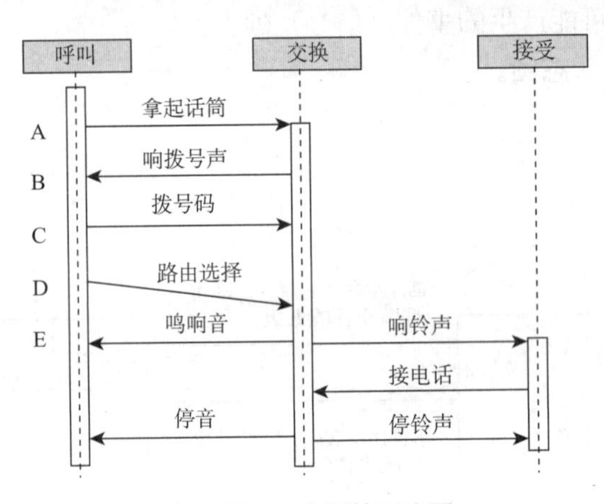

图6–15　打电话的顺序图

6.4.4　合作图

合作图（Collaboration Diagram）也称为协作图，用于描述相互合作的对象间的交互关系和链接关系。虽然顺序图和合作图都用来描述对象间的交互关系，但侧重点不一样。顺序图着重体现交互的时间顺序，合作图则着重体现交互对象间的静态链接关系。

合作图中对象的外观与顺序图中的一样。如果一个对象在消息的交互中被创建，则可在对象名称之后标以{new}。类似地，如果一个对象在交互期间被删除，则可在对象名称之后标以{destroy}。对象间的链接关系类似于类图中的联系（但无多重性标志）。通过在对象间的链接上标志带有消息串的消息（简单、异步或同步消息）来表达对象间的消息传递。

在合作图的链接线上，可以用带有消息串的消息来描述对象间的交互。消息的箭头指明消息的流动方向。消息串说明要发送的消息、消息的参数、消息的返回值以及消息的序列号等信息

6.4.5　活动图

活动图（Activity Diagram）着重描述一个过程或操作的工作步骤。它用来描述采取何种操作，做什么（对象状态改变）、何时发生（动作序列）及何处发生（泳道）。活动图是由状态图变化而来的，它们各自用于不同的目的。活动图依据对象状态的变化来捕获动作（将要执行的工作

或活动）与动作的结果。活动图中一个活动结束后将立即进入下一个活动（在状态图中状态的变迁可能需要事件的触发）。图6-16所示为一个活动图的例子。

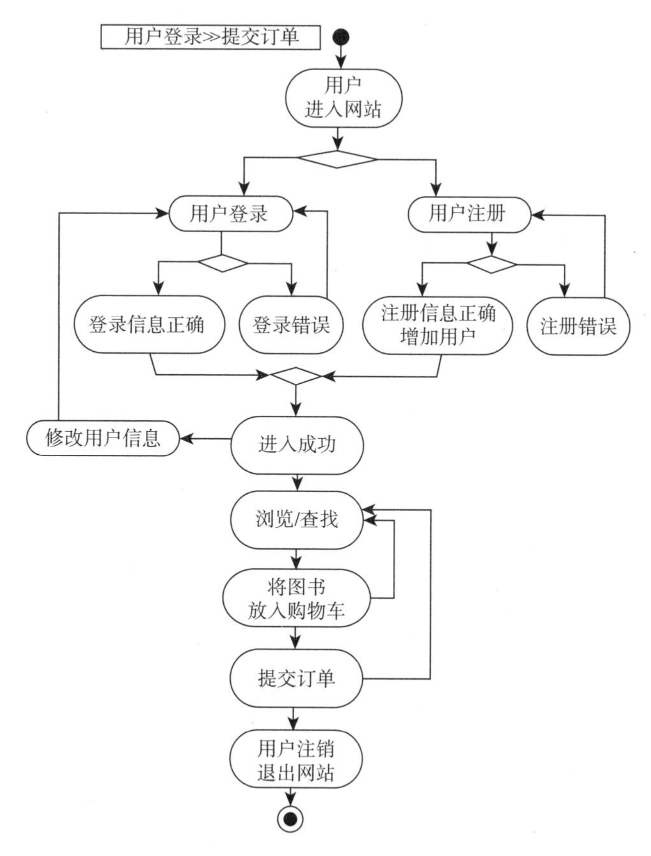

图6-16　一个活动图的例子

活动图可以用作以下目的：

①描述一个操作执行过程中所完成的工作（动作），这是活动图最常见的用途。

②描述对象内部的工作。

③显示如何执行相关的动作，以及这些动作如何影响它们周围的对象。

④显示用例的实例如何执行动作以及如何改变对象状态。

⑤说明一次商务活动中的人（角色）、工作流组织和对象是如何工作的。

1．活动和转移

一项操作可以描述为一系列相关的活动。活动仅有一个起始点，但可以有多个结束点。活动间的转移允许带有guard-condition、send-clause和action-expression，其语法与状态图中定义的相同。一个活动可以顺序地跟在另一个活动之后，这是简单的顺序关系。如果在活动图中使用一个菱形的判断标志，则可以表达条件关系（见图6-16），判断标志可以有多个输入和输出转移，但在活动的运作中仅触发其中的一个输出转移。

活动图对表示并发行为也很有用。在活动图中，使用一个称为同步条的水平粗线可以将一条转移分为多个并发执行的分支，或将多个转移合为一条转移。此时，只有输入的转移全部有效，同步条才会触发转移，进而执行后面的活动，如图6-17所示。

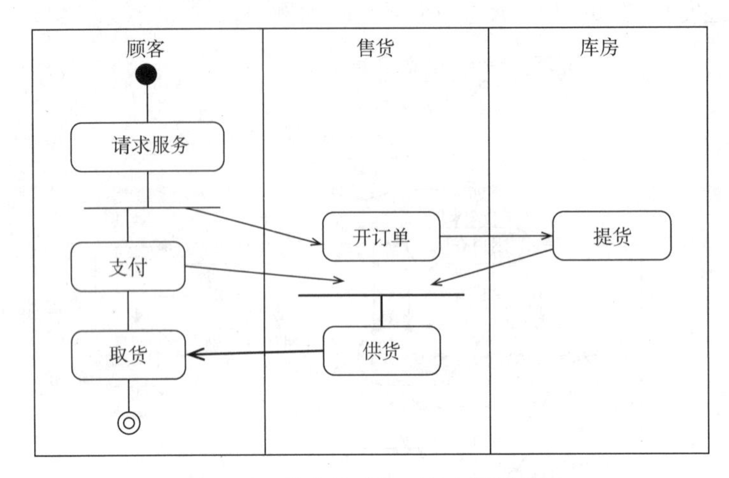

图6-17　带有泳道和对象表的活动图

2．泳道

活动图告诉用户发生了什么，但没有告诉用户该项活动由谁来完成。在程序设计中，这意味着活动图没有描述出各个活动由哪个类来完成。泳道解决了这一问题，它将活动图的逻辑描述与顺序图、合作图的责任描述结合起来。如图6-17所示，泳道用矩形框来表示，属于某个泳道的活动放在该矩形框内，将对象名放在矩形框的顶部，表示泳道中的活动由该对象负责。

3．对象

在活动图中可以出现对象。对象可以作为活动的输入或输出，对象与活动间的输入/输出关系由虚线箭头来表示。如果仅表示对象受到某一活动的影响，则可用不带箭头的虚线来连接对象与活动。

4．信号

如图6-18所示，在活动图中可以表示信号的发送与接收，分别用发送和接收标志来表示。发送和接收标志也可与对象相连，用于表示消息的发送者和接收者。

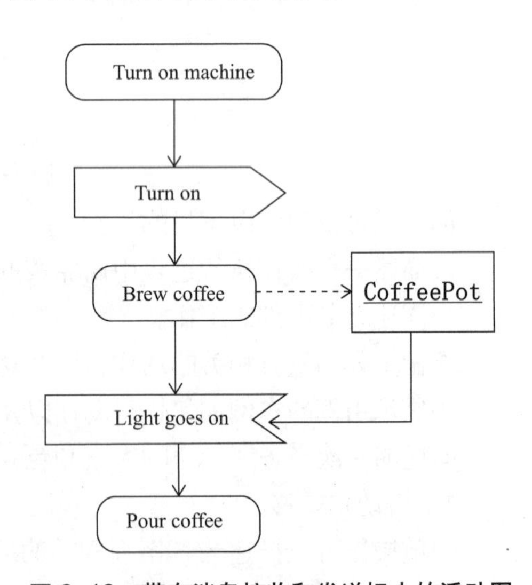

图6-18　带有消息接收和发送标志的活动图

6.4.6　四种图的运用

UML中用于描述系统动态行为的四个图（状态图、顺序图、合作图和活动图），均可用于系统的动态建模，但它们各自的侧重点不同，分别用于不同的目的。下面对如何正确使用这几个图做一简单的总结，在实际的建模过程中要根据具体情况灵活运用这些建议。

首先，不要对系统中的每个类都画状态图。尽管这样做很完美，但太浪费精力，其实用户可能只关心某些类的行为。正确的做法是：为帮助理解类而画它的状态图。状态图描述跨越多个用例的单个对象的行为，而不适合描述多个对象间的行为合作。为此，常将状态图与其他技术（如顺序图、合作图和活动图）组合使用。

顺序图和合作图适合描述单个用例中几个对象的行为。其中，顺序图突出对象间交互的顺序，而合作图的布局方法能更清楚地表示出对象之间静态的连接关系。当行为较为简单时，顺序图和合作图是最好的选择。但当行为比较复杂时，这两个图将失去其清晰度。因此，如果想显示跨越多用例或多线程的复杂行为，可考虑使用活动图。另外，顺序图和合作图仅适合描述对象之间的合作关系，而不适合对行为进行精确定义，如果想描述跨越多个用例的单个对象的行为，应当使用状态图。

6.5 面向对象的分析方法

面向对象分析（OOA）的关键是识别出目标系统内的对象，并分析它们之间的相互关系，最终要建立起目标系统的简洁、精确、可理解的正确模型。这些模型包括对象模型、动态模型和功能模型，这三个模型从不同的角度对系统进行描述，分别表示系统的一个重要方面，组合起来则构成了对系统的完整描述，以此可以获得关于问题域的全面认识。

6.5.1 面向对象分析的任务

面向对象分析需要完成两个任务：

①说明所面对的应用问题，最终成为软件系统的基本构成对象，以及系统所必须遵从的、由应用环境所决定的规则和约束。

②明确规定构成系统的对象如何协同工作，完成指定的功能。

面向对象的分析建立的系统模型是以概念为中心的，因此称为概念模型。

概念模型由一组相关的类组成。面向对象的分析可以自顶向下地逐层分解建立系统的模型，也可以自底向上地从已经定义的类出发，逐步构造新的类。

概念模型构造和评审的顺序由五个层次构成：类和对象层、属性层、服务层、结构层和主题层。这五个层次是分析过程的层次，也是问题的不同侧面，每个层次的工作都为系统的规格说明增加了一个组成部分。当五个层次的全部工作完成后，面向对象的分析任务也就完成了。

6.5.2 面向对象分析的步骤

面向对象的分析工作大体上按照下列顺序进行：标识问题域内的对象，标识结构，标识主题，定义属性，定义服务。事实上，分析工作不可能严格地按照预定顺序进行，系统的模型往往需要反复构造多遍才能建成。

1. 标识类及对象

按照对象的定义，对象应该是实际问题域中有意义的个体或概念实体。此外，对象应该具有目标软件系统所关心的属性。并且，对象应该以某种方式与系统发生关联，即对象必须与系统中其他有意义的对象进行消息传递，并提供外部服务。

（1）标识潜在对象

识别对象起步于对用户需求的正文描述进行语法分析。找出所有的名词和名词短语并合并同义词。除去有动作含义的名词，它们将被描述为对象的操作而非对象本身。

对象在用户需求的正文描述中可能呈以下形式：

①可感知的物理实体，如飞机、汽车、书、房屋等。

②人或组织的角色，如医生、教师、雇主、雇员、计算机系、财务处等。

③应该记忆的事件，如飞行、演出、访问、交通事故等。

④两个或多个对象的相互作用，通常具有交易或接触的性质，如购买、纳税、结婚等。

⑤需要说明的概念，如政策、保险政策、版权法等。

通常，在需求陈述中不会一个不漏地写出问题域内所有有关的对象，因此，分析员应该根据领域知识或常识进一步把隐含的对象找出来。

（2）筛选对象

并非所有的潜在对象都将进入需求分析的OO模型。以下是识别有用对象的筛选规则：

①对象应具有记忆其自身状态的能力。并且，对象的属性应是目标系统所关心的，或者是目标系统正常运转所必需的。

②对象应具有有意义的操作，以某种方式修改其状态（属性值）。并且，对象应利用其操作为目标系统中的其他对象提供服务。

③对象应具有多种有意义的属性。仅有一种属性的对象最好表示为其他对象的属性。

④为对象定义的有关属性应适合于对象的所有实例。如果对象的一个实例不具备某属性，那往往意味着问题域中存在尚未发现的类继承关系。因此，应该利用继承关系将原有对象和该特殊实例区分为两类对象。

⑤为对象定义的有关操作应适合于对象的所有实例。

⑥对象应是软件需求模型的必要成分，与设计和实现无关。

值得注意的是：在面向对象的需求分析活动中，对对象的识别和筛选取决于具体的应用问题及其背景，同时也取决于需求分析人员的主观思维。随着分析活动的逐步展开，需求分析人员可根据需要增加新对象或删除原有对象。

2. 标识结构

典型的结构有两种：一般-特殊结构和整体-部分结构。一般-特殊结构标识一般类是基类，特殊类是派生类；整体-部分结构表示聚合，由属于不同类的成员聚合成新的类。

3. 标识对象的属性

属性是对问题域中对象性质的刻画，属性的取值决定了对象所有可能的状态。有时，对象的属性可能是无穷无尽的，需求分析的任务在于识别与当前问题相关的属性。

为了识别问题域中对象的有意义的属性，分析人员要再次研究问题陈述（或过程叙述）。通常，属性对应于带有所有格短语的名词，如“警报器事件的类别”“系统的密码”等。形容词往往表示特定的枚举型属性值，如“红色的”“紧急的（警报）”等。与对象或类的识别不一样，属性在问题陈述中不一定有完整的显式描述。要识别出所关心的潜在属性，需要对领域知识的深刻理解。在识别属性的过程中，应注意以下问题，以免找出冗余的或不正确的属性：

①对于问题域中的某个实体，如果不仅其取值有意义，而且它本身独立存在也有相当的重要

性，则应该将该实体作为一个对象，而不宜作为另一个对象的属性。

②为了保持需求模型的简洁性，对象的导出属性往往可以略去。例如，“年龄”可通过“出生日期”和系统当前时间导出，因此，不应将“年龄”作为人的基本属性。

③在需求分析阶段，如果某属性描述对象的外部不可见状态，则应从需求模型中将其删除。

4. 定义服务

对象收到消息后执行的操作称为对象提供的服务，它描述了系统需要执行的处理和功能。定义服务的目的在于定义对象的行为和对象之间的通信，其具体步骤包括表示对象状态、表示对象的服务、标识消息连接和对服务的描述。

5. 标识主题

标识主题是对模型进行划分，给出模型的整体框架，划分出层次结构。在标识主题时，先识别主题，然后对主题进行改进和细化，最后将主题加入到分析模型当中。主题是一个与应用相关的，而不是人为任意引出的概念，主题层的工作有助于分析结果。

6.6 面向对象设计

6.6.1 面向对象设计的概念

面向对象的系统模型中四个部件的设计如下：主题（问题论域）部件的设计、人机交互部件的设计、任务管理部件的设计、数据管理部件的设计。系统模型中的四个部件之间的关系如图6-19示。

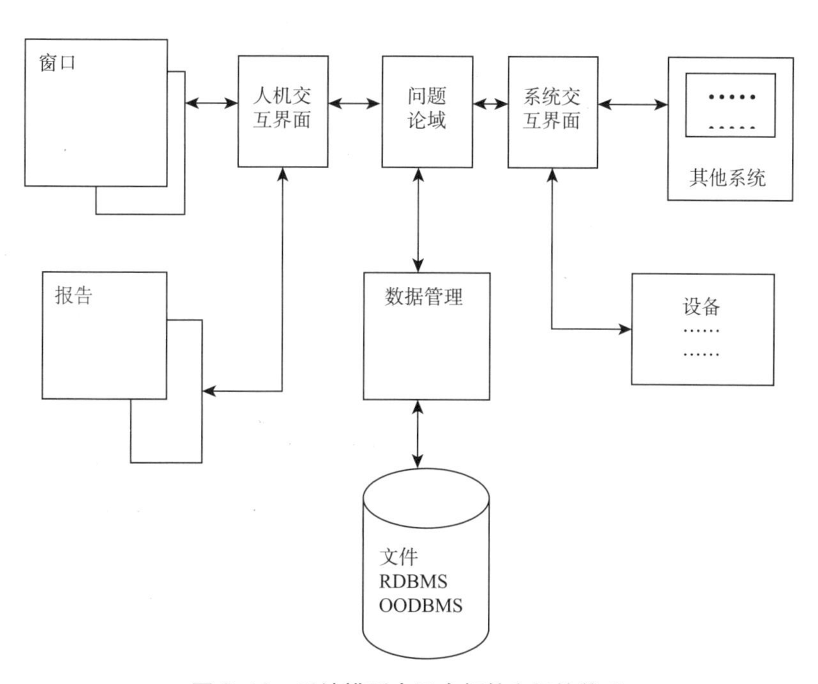

图6-19 系统模型中四个部件之间的关系

1. 主题部件的设计

主题部件是构造应用软件的总体模型（结构），是标识和定义模块的过程。模块可以是一个单个的类，也可以是由一些类组合成的子系统。

2. 人机交互设计（HIC）

通常在OOA阶段给出了所需要的属性和操作，在设计阶段必须根据需求把交互的细节加入到用户界面的设计中，包括有效的人机交互所必需的实际显示和输入。

3. 任务管理部件的设计（TMC）

任务管理部件的设计就是将重要的服务设计成任务类。针对任务项，对一连串的数据操作进行定义和封装，对于多任务要确定任务协调部分，以达到系统在运行中对各项任务进行合理的组织与管理。

4. 数据管理部件的设计

数据管理部件提供了在数据管理系统中存储和检索对象的基本结构，包括对永久性数据的访问和管理。它分离了数据管理机构所关心的事项，包括文件、关系型DBMS或面向对象DBMS等。

数据管理方法主要有三种：文件管理、关系数据库管理和面向对象数据库管理。

①文件管理：提供基本的文件处理能力。

②关系数据库的管理系统：关系数据库的管理系统建立在关系理论的基础上，它使用若干表格来管理数据，主要目标：给用户提供数据资源；对用户的数据进行管理，包括登录管理、权限管理、内存管理、进程管理等；与操作系统的通信管理。通过操作系统再跟各种外设和计算机内部资源进行通信。

③面向对象数据库管理系统：一般情况下，面向对象数据库管理系统以两种方法实现，一是扩充的RDBMS，二是扩充的面向对象程序设计语言（OOPL）。

数据管理部件的设计包括数据存储方法的设计和相应操作的设计。

①数据存储设计。数据存放有3种方式：文件存放方式、关系数据库存放方式和面向对象数据库存放方式，根据具体的情况选用。

②设计相应的操作。为每个需要存储的对象及其类增加用于存储管理的属性和操作，在类及对象的定义中加以描述。通过定义，每个需要存储的对象将知道如何“存储自己”。

6.6.2 面向对象设计准则

所谓优秀设计，就是权衡了各种因素，从而使得系统在其整个生命周期中的总开销最小的设计。对大多数软件系统而言，60%以上的软件费用都用于软件维护，因此，优秀软件设计的一个主要特点就是容易维护。

1. 开放封闭原则

面向对象的基石是“开－闭”原则。“开－闭”原则讲的是：软件实体（类、模块、函数等）应该是可以扩展的，但是不可以修改，即对于扩展是开放的，对于修改是封闭的。这个原则的观点是，设计一个模块的时候，应当使这个模块可以在不被修改的前提下被扩展。

从另外的角度讲，就是“对可变性封装原则”，这意味着以下两点：

①一种可变性不应当散落在代码的很多角落里，而应当被封装到一个对象里。

②一种可变性不应当与另一种可变性混合在一起，即类图的继承结构一般不应该超过两层。

2. 里氏代换原则

里氏代换原则：如果一个软件实体使用的是基类，那么也一定适用于子类。但反过来代换不成立。

如果有两个具体类A和B之间的关系违反了里氏代换原则，可以在以下两种重构方案中选择一种。

①创建一个新的抽象类C，作为两个具体类的超类，将类A和B共同的行为移动到C中，从而解决A和B行为不完全一致的问题。

②从B到A的继承关系改写为委派关系。

3. 依赖倒转原则

依赖倒转原则：抽象不应该依赖于细节，细节应该依赖于抽象。即针对接口编程，不要针对实现编程。

①针对接口编程：应当使用接口和抽象类进行变量的类型声明、参量的类型声明、方法的返还类型声明以及数据类型的转换等。程序中所有的依赖关系都应该终止于抽象类和接口。

②不要针对实现编程：不应当使用具体类进行变量的类型声明、参量的类型声明、方法的返还类型声明以及数据类型的转换等。

4. 接口隔离原则

接口隔离原则是指使用多个专门的接口比使用单一的接口要好。从客户的角度来说：一个类对另一个类的依赖性应当是建立在最小的接口上的。如果客户端只需要某些方法，就应当向客户端提供这些需要的方法，而不要提供不需要的方法。提供接口意味着向客户端做出承诺，但过多的承诺会给系统的维护造成不必要的负担。

5. 合成、聚合重用原则

合成、聚合重用原则是指在一个新的对象里面使用一些已有的对象，使之成为新对象的一部分，新的对象通过向这些对象的委派达到重用已有功能的目的，即多用类的聚合，少用类的继承。

6. 迪米特法则

迪米特法则是指一个对象应该对其他对象有尽可能少的了解。通俗地讲，即只与直接有关系的朋友联系，不要与陌生的人联系。如果需要与陌生的人联系，而你的朋友与陌生人是朋友，就可以将对陌生人的调用由你的朋友转发，使得某人只知道朋友，不知道陌生人。换言之，某人会以为他所调用的是朋友的方法。

迪米特法则的主要用意是控制信息的过载，在将其运用到系统设计中应该注意以下几点：

①在类的划分上，应当创建弱耦合的类。类之间耦合越弱，就越有利于重用。

②在类的结构设计上，每一个类都应当尽量降低成员的访问权限。

③一个类不应当用Public定义自己的属性，而应当提供取值和赋值的方法让外界间接访问自己的属性。

④在类的设计上，只要有可能，一个类应当设计成不变类。

⑤在对其他对象的引用上，一个类对其他对象的引用应该降到最低。

6.7 案例——“尚品购书网站”系统面向对象的设计

6.7.1 用例图、类图、状态图、顺序图

1. 用例图（初步的用例图）（见图6-20）

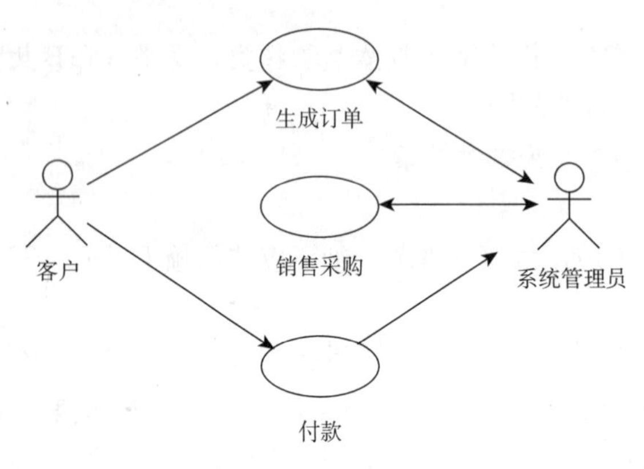

图6-20 用例图

2. 类图（图6-21）

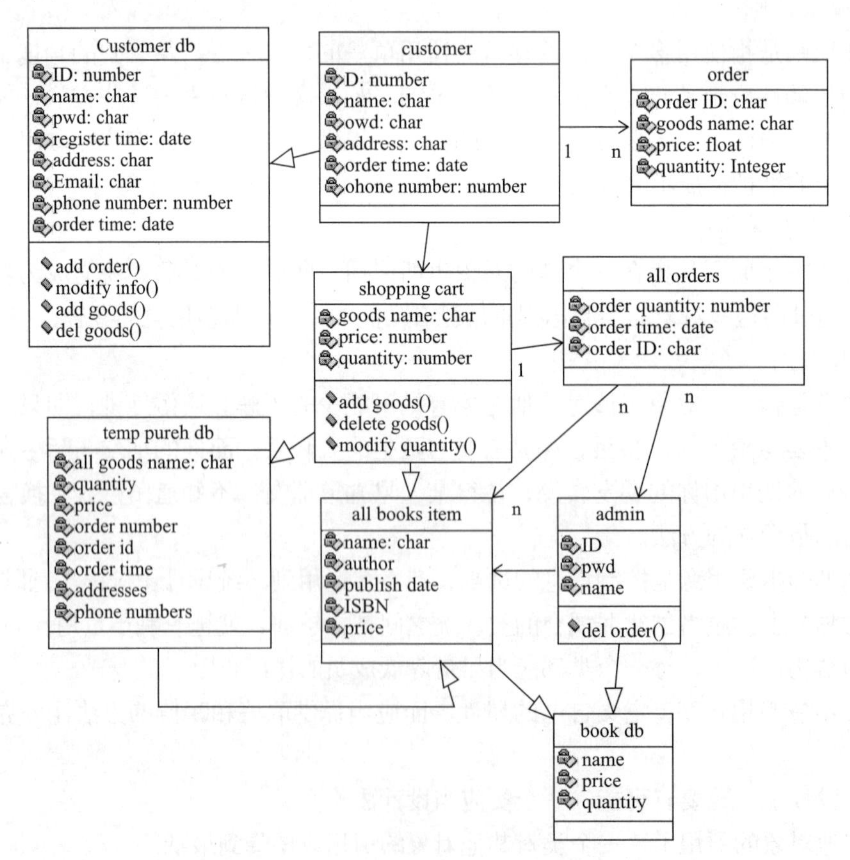

图6-21 类图

3. 状态图（见图6-22）

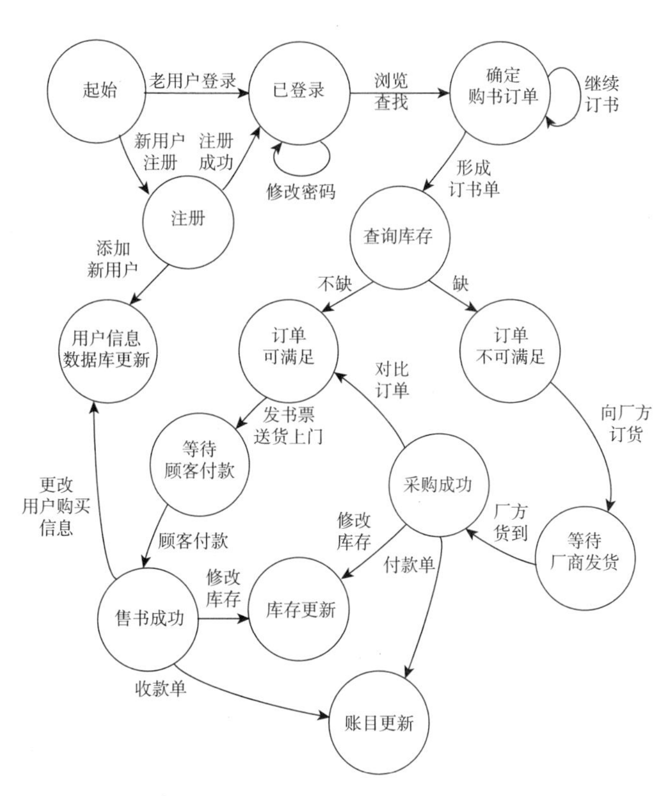

图6-22 状态图

4. 顺序图（见图6-23）

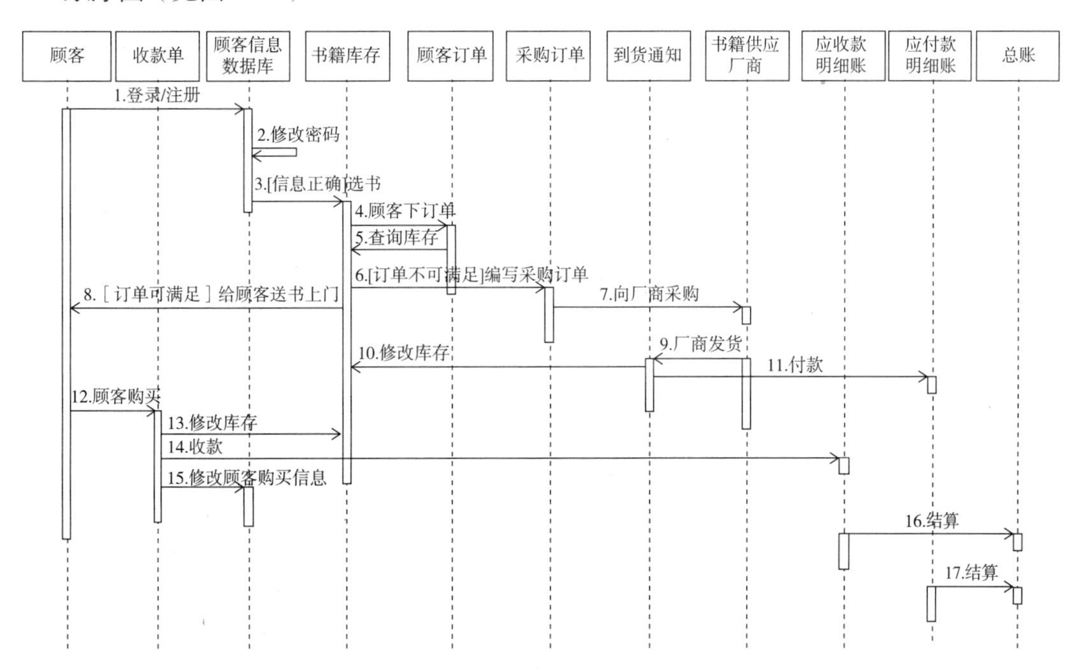

图6-23 顺序图

6.7.2 活动图

1. 用户登录、提交订书单活动图（见图6–24）

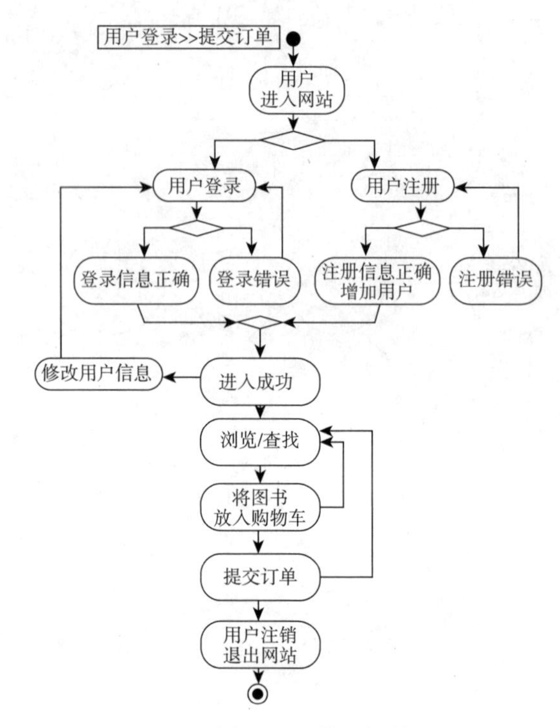

图 6–24 用户登录、提交订单活动图

2. 销售系统活动图（见图6–25）

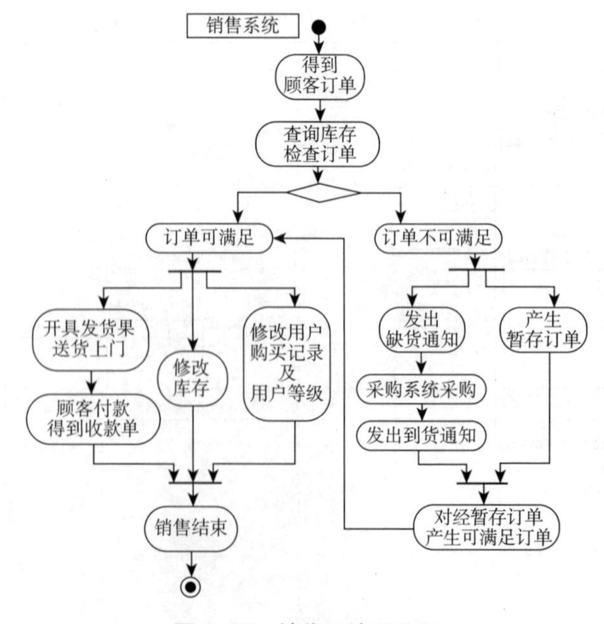

图 6–25 销售系统活动图

3. 采购系统活动图（见图6-26）

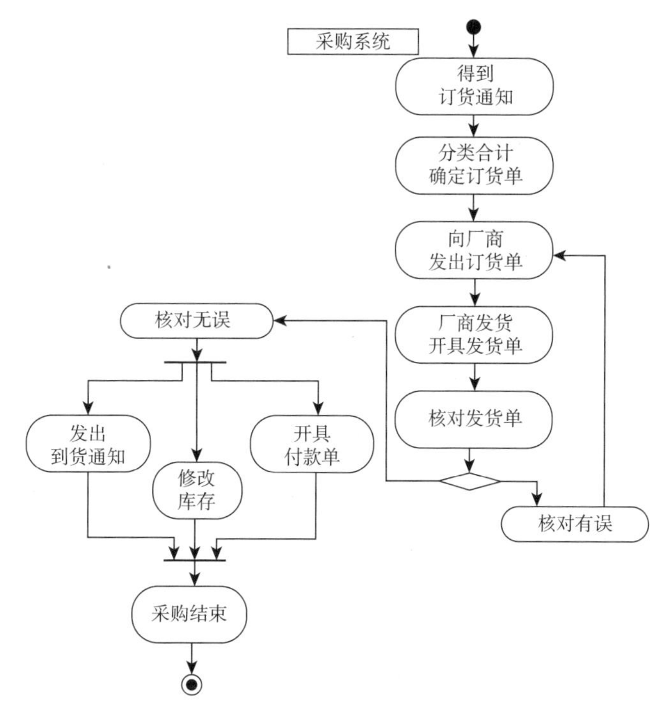

图6-26 采购系统活动图

4. 结算系统活动图（见图6-27）

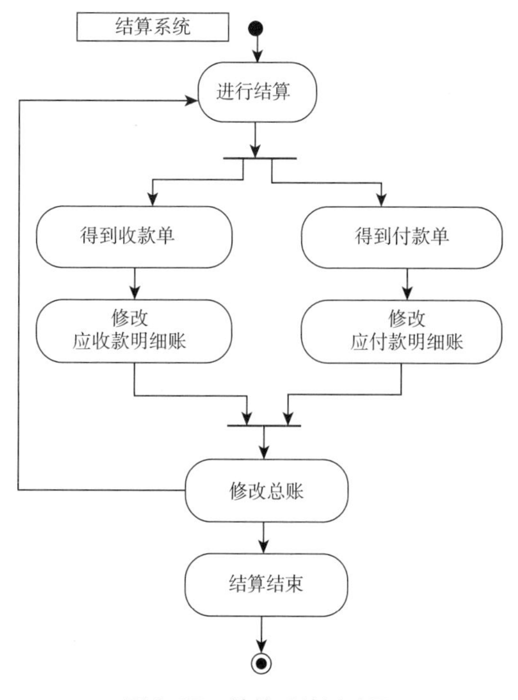

图6-27 结算系统活动图

习　题

1. 用面向对象方法解决下述问题，要求通过需求分析确定需要使用的类和对象，并设计合理的类等级。

在显示器荧光屏上圆心坐标为（250，100）的位置，画一个半径为25的小圆，圆内显示字符串“you”；在圆心坐标为（250，150）的位置，画一个半径为100的中圆，圆内显示字符串“world”；然后在圆心坐标为（250，250）的位置画一个半径为225的大圆，圆内显示字符串“Universe”。

2. 什么是面向对象方法学？这种方法学主要有哪些优点？

3. 什么是“对象”？它与传统的数据有何关系？有何不同？

4. 什么是模型？开发软件为何要建模？

5. 什么是对象模型？建立对象模型时主要使用哪些图形符号？这些符号的含义是什么？

6. 什么是动态模型？建立动态模型时主要使用哪些图形符号？这些符号的含义是什么？

7. 什么是功能模型？建立功能模型时主要使用哪些图形符号？

8. 下面是自动售货机系统的需求陈述，请建立它的对象模型、动态模型和功能模型。自动售货机系统是一种无人售货系统。售货时，顾客把硬币投入机器的投币口中，机器检查硬币的大小、重量、厚度及边缘类型。有效的硬币是一元币、五角币、一角币、五分币和一分币。其他货币都被认为是假币。机器拒绝接收假币，并将其从退币孔退出。当机器接收了有效的硬币之后，就把硬币送入硬币储藏器中。顾客支付的货币根据硬币的面值进行累加。自动售货机装有货物分配器。每个货物分配器中包含零个或多个价格相同的货物。顾客通过选择货物分配器来选择货物。如果货物分配器中有货物，而且顾客支付的货币值不小于该货物的价格，货物将被分配到货物传送孔送给顾客，并将适当的零钱返回到退币孔。如果分配器是空的，则和顾客支付的货币值相等的硬币将被送回到退币孔。如果顾客支付的货币值少于所选择的分配器中货物的价格，机器将等待顾客投进更多的货币。如果顾客决定不买所选择的货物，他投放进的货币将从退币孔中退出。

9. 面向对象设计应该遵循哪些准则？简述每条准则的内容，并说明遵循这条准则的必要性。

10. 简述有助于提高面向对象设计质量的每条主要启发规则的内容和必要性。

第7章 软件编码与实现

本章要点

- 程序设计语言的分类、特点及选择
- 程序设计的风格
- Java程序设计风格
- 软件复用与构件技术
- 敏捷软件开发技术
- 本阶段文档——源程序及相应说明

软件项目的概要设计和详细设计完成以后，需要考虑如何将设计转换成程序代码。这需要通过选择一种语言，然后编码将详细设计翻译成计算机可以“理解”并且最终可运行的代码。但是，迄今为止计算机尚不能直接理解自然语言，编程只能借助某种程序设计语言。

相对于软件生存周期的其他阶段，编码耗费较少，但编码阶段所做的努力（编制可维护性好的程序），给软件后期维护带来的影响不可低估。编码阶段不应单纯追求编码效率，而应全面考虑编写程序、测试程序、说明程序和修改程序等各项工作。

影响编码质量的因素包括编程语言、编程准则和编程风格，它们对程序的可靠性、可读性、可测试性和可维护性都将产生深远的影响。

7.1 程序设计语言的分类和特点

软件要在一台或多台计算机上运行，最终设计、编写代码（程序）还必须用一种或多种程序设计语言来完成。程序设计语言是人和计算机通信的最基本的工具，它的特性不可避免地会影响人的思维和解决问题的方式，会影响人和计算机通信的方式和质量，也会影响其他人阅读和理解

软件编码
与实现

程序的难易程度。因此，编码之前的一项重要工作就是选择一种适当的程序设计语言。

7.1.1 程序设计语言的发展和分类

关于程序设计语言，人们已经设计和实现了数千种，但是只有其中很少一部分得到了广泛的应用。品种繁多的程序设计语言，基本上分为机器语言、汇编语言和高级语言三大类。

1. 机器语言

机器语言就是计算机直接使用的指令代码，它直接被计算机所接受，因此，机器语言是与计算机硬件操作一一对应的，它的应用有很大的局限性，目前几乎没有（除非特殊要求）人用它来编写程序。

2. 汇编语言

汇编语言也是一种面向机器的用符号表示的低级语言，通常是为特定计算机或计算机系统专门设计的。有多少种带有常用指令集合的处理机系统结构，就有多少种从属于机器的汇编语言。汇编语言与机器语言很接近，但用这种语言写成的程序，需经汇编程序翻译成机器语言程序。汇编语言指令和机器语言指令之间的关系，基本上是一对一的关系。某些汇编语言中可以有宏指令，它与一串特定的机器指令相对应，其对应方式由用户按一定规则自己定义，这种汇编语言有时也称作宏汇编语言。

3. 高级语言

高级语言的特性是不依赖于实现这种语言的计算机。从应用特点看，高级语言可以分为基础语言、结构化语言和专用语言三类。

基础语言是通用语言，它的特点是历史悠久，应用广泛，有大量软件库，为大多数人所熟悉和接受。属于这类语言的有BASIC、FORTRAN、COBOL和ALGOL等。

结构化语言也是通用语言。这类语言的特点是直接提供结构化的控制结构，具有很强的过程能力和数据结构能力。ALGOL是最早的结构化语言，由它派生出来的PL/1、Pascal、C以及Ada等语言正应用在非常广泛的领域中。

专用语言的特点是，具有为某种特殊应用而设计的独特的语法形式。一般来说，这类语言的应用范围比较狭窄。

从语言的内在特点看，高级语言可以分为系统实现语言、静态高级语言、块结构高级语言和动态高级语言等四类。

系统实现语言，是为了克服汇编程序设计的困难而从汇编语言发展起来的。这类语言提供控制语句和变量类型检验等功能，但是同时也容许程序员直接使用机器操作。例如，C语言就是著名的系统实现语言。

静态高级语言，给程序员提供某些控制语句和变量说明的机制，但是程序员不能直接控制由编译程序生成的机器操作。这类语言的特点是静态地分配存储。这种存储分配方法虽然方便了编译程序的设计和实现，但对使用这类语言的程序员施加了较多限制。COBOL和FORTRAN是这类语言中最著名的代表。

块结构高级语言的特点是，提供有限形式的动态存储分配，这种形式称为块结构。存储管理系统支持程序的运行，每当进入或退出程序块时，存储管理系统分配存储或释放存储。程序块是程序中界限分明的区域，每当进入一个程序块时就中断程序的执行，以便分配存储。ALGOL和Pascal是这类语言的代表。

动态高级语言的特点是，动态地完成所有存储管理，也就是说，执行个别语句可能引起分配存储和释放存储。一般来说，这类语言的结构和静态的或块结构的高级语言的结构都很不相同。实际上，这类语言中任何两种语言的结构彼此间也很少有相似之处。这类语言一般是为特殊应用而设计的，不属于通用语言。

7.1.2 程序设计语言的特点

软件工程师应该了解程序设计语言各方面的特点，以及这些特点对软件质量的影响，以便在需要为一个特定的开发项目选择语言时，能做出合理的技术抉择。下面从几个不同侧面简要讨论程序设计语言的特点。

1. 名字说明

预先说明程序中使用的对象的名字，使编译程序能检查程序中出现的名字的合法性，从而能帮助程序员发现和改正程序中的错误。某些语言（如FORTRAN和BASIC）并不要求用户显式地说明程序中所有对象的名字，第一次使用一个名字被看作是对这个名字的说明。这样在输入源程序时如果拼错了名字，特别是如果错输入的字符和预定要使用的字符非常相像（如字母O和数字0，小写字母l和数字1），那么所造成的错误是较难诊断的。

2. 类型说明

通过类型说明，用户定义了对象的类型，从而确定了该对象的使用方式。当对象的使用与定义的类型不一致时，编译程序就报告错误，因此有助于减少程序错误。

3. 常量说明

通过常量定义，可以使某些名字具有某些常量值，例如，可以取整数值或实数值，也可以取字符常量值或字符串常量值。Pascal语言就有这样的特性。当遇到处理的问题是多组数据而且每组数据在整个问题的处理中又反复出现时，可以定义一组名字来取其中一组值，而在程序的其他地方只用这些相应的名字代替常量值。这样，就减少了因数据的输入错误而使整个结果出错的机会。另一方面，当更换一组新值时，只需改动常量定义部分，而其他部分无须改动，这为程序修改提供了方便。

4. 初始化

程序设计中最常见的错误之一，是在使用变量之前没对变量初始化（即给这些变量赋初值）。为了减少发生错误的可能性，应该强迫程序员对程序中声明的所有变量进行初始化。另一个办法，是在声明变量时由系统给变量赋一个特殊的、表明它未初始化的值，以后若没给这个变量赋值就企图应用它的值，则系统就会报错。

5. 程序对象的局部化

根据程序设计的一般原理，程序对象的名字应该在靠近使用它们的地方引入，并且应该只有程序中真正需要它们的那些部分才能访问它们。通常有两种提供局部变量的途径，FORTRAN、C和绝大多数系统实现语言提供单层局部性，块结构语言提供多层局部性。

如果程序对象局部化，那么程序的读者就很容易获得有关这些名字的信息。因此，多层次的局部化有助于提高程序的可读性，而且有助于减少差错和提高程序的可修改性。但是，在块结构语言中，如果内层模块说明的名字和外层模块中说明的名字相同，则在内层模块中这些外层模块的对象变成不可访问的。当模块多层嵌套时，可能会由于疏忽在内层模块中说明了和外层模块中相同的名字，从而引起差错。特别在维护阶段，维护人员往往不是原来写程序的人，因此更容易出现这种差错。

6. 程序模块

程序模块是结构化程序设计的必然产物。当用户使用块结构语言来进行程序模块编码时，由于块结构语言提供了控制程序对象名字可见性的某些手段，因而在较内层程序块中说明的名字不能被外层的程序块访问。由于动态存储分配的缘故，在两次调用一个程序块的间隔中不能保存局部对象的值。如果需要在两次调用这些子程序的过程中保存这个对象的值，则用户需要把这个对象说明成全局的，使得这样的对象在程序中的所有子程序都可访问；然而这将增加维护时发生差错的可能性。

对于上述情况，目前已经有一些语言可以弥补上面的不足。例如，SIMULA中称为类模（Class），在MODULA中称为模块（Module），在ALGOL 68中称为段（Segment），而在Ada中称为包（package）；在C++中也提供了类似的机制。

7. 循环控制结构

最常见的循环控制结构有for语句、while语句、do... while语句，repeat... until语句。但是，实际上有许多场合需要在循环体内任意点测试循环结束条件。如果使用if... then... else语句和附加的布尔变量实现这个要求，则将增加程序的长度并降低程序的可读性。某些语言考虑到上述要求，并且适当地解决了这个问题。例如，Ada语言提供了exit语句，此语句可以把控制转移到循环语句后面的语句，或转移到由该语句（exit{（标识符）}{when（条件）}）中列出的标识符作标号的语句。

8. 分支控制结构

分支控制结构有简单分支（if...then或if...then...e1se）、结构语句和多分支控制语句（case或switch）。对于多分支控制语句，可能有下述两个问题：第一，若case表达式取的值不在预先指定的范围之内，则不能决定应该做的动作；第二，在某些程序设计语言中，由case表达式选定执行的语句，取决于所有可能执行的语句的排列次序。如果语句次序排错了，就会造成计算结果错误。

Pascal和C语言提供了选择表达式与case（或switch）标号匹配的办法，选择应该执行的语句。在C和Ada语言中还增加了默认标号（others和default），从而解决了上述问题。

9. 异常处理

程序运行过程中发生的错误或意外事件称为异常。多数程序设计语言在检测和处理异常方面几乎没给程序员提供任何帮助。在Java语言中，考虑到了异常处理问题，提供了相应的机制，并且可以方便地得到异常的信息。

10. 独立编译

独立编译的含义能够分别编译各个程序单元，然后再把它们连接成为一个完整的程序。对于开发一个软件产品来说，没有独立的编译机制的语言是不可取的。因为一个软件产品往往是由许多不同的程序单元组成的，编译这些程序单元需要花费较多的时间。但是，有时可能发现某些程序单元需要修改，就必须对整个程序重新进行编译，这样也就增加了开发、调试和维护的成本，而独立编译就不必要了。

独立编译的机制对于开发大型系统是极其重要的。目前多数的软件工程项目之所以广泛使用C和FORTRAN语言，这是一个很主要的原因，因为它们都具有独立编译的功能。对于块结构的语言，由于名字的局限性，不适于独立编译。虽然某些块结构语言也增加了这项功能，但往往又增加了许多限制条件，因而使用起来不方便。

7.1.3 选择程序设计语言的方法

开发软件系统进展到这一阶段，就应做出重要抉择：选择什么样的程序设计语言来实现这个系统？适宜的程序设计语言，可以使程序员在编码时遇到的困难少，并且编出的源程序代码容易阅读，更容易测试和维护。因此，对于测试和维护阶段的成本就可能大大减少。

对于种类繁多的高级程序设计语言，为了使程序容易测试和维护，以减少生存周期的成本，选用高级语言应该有理想的模块化机制，以及可读性好的控制结构和数据结构；为了便于调试和提高软件的可靠性，在语言特点上应该使编译程序尽可能多地发现程序中的错误；为降低软件开发和维护的成本，选用的语言应该有良好的独立编译机制。这是选择语言的理想标准。当然还有许多客观因素，在选择语言时也不能忽视。客观情况应该考虑以下几个方面：

①系统用户的要求。如果所开发的系统由用户负责维护，通常要求用他们熟悉的语言书写程序。

②可以使用的编译程序。在运行目标系统的环境中，可以提供的编译程序往往限制了可以选用的语言的范围。

③可利用的软件工具。如果某种语言具有支持可利用的软件工具，则目标系统的实现和验证都变得比较容易。

④工程规模。如果工程规模很庞大，现在的语言又不完全适用，那么设计并实现一种供这个工程项目专用的程序设计语言，可能是一个正确的选择。

⑤程序员知识。虽然对于有经验的程序员来说，学习一种新语言并不困难，但是要完全掌握一种新语言却需要实践。如果和其他标准不矛盾，那么应该选择一种已经为程序员所熟悉的语言。

⑥软件的可移植性要求。如果目标系统将在几台不同的计算机上运行，或者预期的使用寿命很长，那么选择一种标准化程度高、程序可移植性好的语言是很重要的。

⑦软件的应用领域。通用程序设计语言并不是对所有应用领域都适用的，它也具有自己的特性。例如，Java语言特别适合于企业级应用领域、移动开发应用、桌面应用、嵌入式领域，而C++语言则在游戏软件开发领域、网络软件、分布式应用以及移动（手持）设备应用领域应用比较多。因此，选择语言时应该充分考虑目标系统的应用范围。

7.2 程序设计风格

7.2.1 结构化程序编码

结构化程序设计是编码阶段的技术基础，目的在于编写出结构清晰、易于理解、也易于验证的程序。

基于Böhm和Jacopini所证明的一个数学定理，只要有三种基本形式结构——顺序、选择、循环，就足以表示所有形式的程序控制结构。在软件工程的详细设计阶段，已采用这三种基本结构进行了详细设计，使得系统中每个模块都严格地把握着只有一个入口和一个出口，并且模块内部都按这三种基本结构进行设计。因此，在编码阶段采用结构化程序来实现设计结果就容易得多。

从所讨论的高级程序设计来看，大多数高级语言都包含表示这三种基本结构的语句。值得注意的是，当需要从一个嵌套循环或者选择内部中间出口时，如果仅仅教条地使用基本形式结构，就会使效率降低。而且更主要的是，新增加的逻辑测试所带来的复杂性，会使软件的控制流含混不清，并增加出错的可能性，从而对软件的可靠性和易维护性产生不良影响。为了解决这个问题，可采取下述两种方法：

①重新设计过程，避免循环的中间出口。

②有控制地违背结构化原则，设计一个从嵌套中转移出来的有约束的分支。

第一种方法显然很理想，但对复杂问题的设计难度较大。第二种方法也可采用，并不违背结构化程序设计的精神，有的语言也恰好有实现这种功能的语句。但是，我们反对不加限制地使用GO TO语句来实现这个功能。

程序设计方法，可以采用自顶向下的程序开发方法，也可以采用自底向上的程序开发方法。

使用自顶向下的方法开发程序，程序首先实现软件结构的最高层次模块，用“存根”代表较低层的模块。所谓“存根”，就是简化模拟较低层次模块功能的虚拟子程序。实现了软件结构的一个层次之后，再用类似方法实现下一个层次，如此继续下去，直到最终用程序设计语言实现了最低层次为止。

自底向上的方法则和上述开发过程相反，即从最低层开始构造系统，直至最终实现了最高层次的设计为止。

一般来说，用自顶向下的开发方法得到的程序可读性，可靠性也较高；而用自底向上的开发方法得到的程序往往局部是优化的，但系统的整体结构却较差。但是，采用自底向上的开发方法却能够及早发现关键算法是否可行，因而这样发生较大返工的可能性较小。

按照软件工程的方法论，编码之前已经过总体设计和详细设计两个阶段的充分设计，编码只不过是把设计结果翻译成程序代码。因此，不论采用上述哪种开发方法，对程序的结构和可读性都不会有太大的影响。在这种情况下，两种开发方法的差别主要表现为测试策略的不同。

7.2.2 写程序的风格

衡量源程序好坏的一个重要标准是源程序代码逻辑简明清晰，易读易懂。为了做到这一点应该遵循下述体现风格的编码原则：

1. 程序内部的文档

程序内部的文档包括恰当的标识符、适当的注解和程序的视觉组织等。

选取含义鲜明的名字，使它能正确地提示程序对象所代表的实体，这对于帮助阅读者理解程序是很重要的。如果使用缩写，那么缩写规则应该一致，并且应该给每个名字加注解。

注解是程序员和程序读者通信的重要手段，正确的注解非常有助于对程序的理解。通常在每个模块开始处有一段摘要性的注解，简单描述模块的功能、主要算法、接口特点、重要数据以及开发简史。插在程序中间与一段程序代码有关的注解，主要解释包含这段代码的必要性，这段代码的中间结果形式等。对于用高级语言书写的源程序，不需要用注解的形式把每个语句翻译成自然语言，应该利用注解提供一些额外信息，应该用空格或空行清楚地区分注解和程序。注解的内容一定要正确，错误的注解不仅对理解程序毫无帮助，反而会妨碍对程序的理解。

程序的可视性好，还包括程序清单的布局。应该根据语言结构利用适当的阶梯形式使程序的层次结构清晰明显。

2. 数据说明

虽然在设计期间已经确定了数据结构的组织和复杂的程度，然而数据说明的风格却是在写程序时确定的。为了使数据更容易理解和维护，有一些比较简单的原则应该遵循。

数据说明的次序应该标准化。例如，有的语言规定了数据说明的顺序；也有的语言没有规定严格的数据说明次序，这时，可按照数据结构或数据类型确定说明的次序，如外部或静态变量说明放在模块之前，其他变量的说明由简单类型到复杂类型逐一加以说明。有次序就容易查阅，因此能够加速测试、调试和维护的过程。

当个别变量名字在一个语句中说明时，应该按字母顺序排列这些变量。

如果设计时使用了一个复杂的数据结构，则应该用注解说明用程序设计语言实现这个数据结构的方法和特点。

对于容易混淆又不便于改变的变量名字，应加注解，说明变量名的作用以示区别，这样在阅读程序时就顺利多了。

3. 语句构造

设计期间虽然确定了软件的逻辑结构，然而个别语句的构造却是编写程序的一个主要任务。构造语句时应该遵循的原则是，每条语句都应该简单而直接，不能为了提高效率而使程序变得过分复杂。下述规则有助于使语句简单明了：

①不要为了节省空间而把多条语句写在一行。

②重复使用的表达式，要用调用公共函数去代替。

③使用括号以避免二义性。

④把与判定相联系的动作尽可能近地紧跟着进行判定。

⑤对递归定义的数据结构使用递归过程。

⑥不要进行浮点数的相等比较。

⑦尽量避免复杂的条件测试。

⑧避免大量使用循环嵌套和条件嵌套。

⑨所有的变量在使用之前，都已赋初值。

4. 输入/输出

在设计和编写程序时，应该考虑下述有关输入/输出风格的规则：

①对所有输入数据都进行校验。

②检查输入项重要组合的合法性。

③保持输入格式简单。

④使用数据结束标记，不要要求用户指定数据的数目。

⑤明确提示交互式输入的请求，详细说明可用的选择或边界数值。

⑥当程序设计语言对格式有严格要求时，应保持输入格式一致。

⑦设计良好的输出报表。

⑧给所有输出数据加标志。

⑨用统一方式对待文件结束条件。

5. 效率

效率主要指处理机时间和存储器容量两个方面。提高效率主要取决于需求分析阶段确定效率方面的要求；设计阶段设计出高效率的程序结构；在程序编码阶段应尽量使程序简单以提高效率。

在编码阶段，在不影响程序的清晰度和可读性的前提下，从以下几个方面考虑提高效率：

(1) 程序的运行时间

源程序的效率直接由详细设计阶段确定的算法的效率决定，但是书写程序的风格也能对程序的执行速度和存储器要求产生影响。在编码时一般从以下几点来考虑：

①写程序之前先简化算术的和逻辑的表达式。

②对于程序中的公共子表达式，只计算一次，在程序的表达式中使用已知的结果（即把公共子表达式赋予一个变量，然后用该变量代替表达式中的公共子表达式部分）。

③对某些递归过程，用递推的方法来实现。

④仔细研究嵌套的循环，以确定是否有语句可以从内层移至外层。

⑤尽量避免使用多维数组。

⑥尽量避免使用指针和复杂的表。

⑦使用执行时间短的算术运算。

⑧不要混合使用不同的数据类型。

⑨尽量使用整数运算和布尔表达式。

⑩对于多种选择判定条件的，应尽量使用选择语句来实现（如case和switch等）。

在效率是决定因素的应用领域，应尽量使用有良好优化特性的编译程序，以自动生成效率高的目标代码。

(2) 存储效率

在大型计算机中，必须考虑操作系统页式调度的特点。一般来说，使用能保持功能域的结构化控制结构，是提高效率的好办法。

在微处理机中，如果要求使用最少的存储单元，则应选用有紧缩存储器特性的编译程序，在非常必要时可以使用汇编语言。

提高执行效率的技术，通常也能提高存储器效率。提高存储器效率的关键同样是“简单”。

(3) 输入/输出的效率

用户为了给计算机提供输入信息或为了理解计算机输出信息，花费大量的脑力劳动是值得的，因为这样才会使人和计算机之间的通信效率提高。简单清晰的信息结构是提高人-机通信效率的关键。

硬件之间的通信效率是很复杂的问题，编程时考虑提高输入/输出效率有下面几点：

①所有输入/输出都应该有缓冲，以减少用于通信的额外开销。

②对二级存储器（如磁盘）应选用最简单的访问方法。

③二级存储器的输入/输出应该以信息组为单位进行。

④如果“超高效的”输入/输出很难被人理解，则不应采用这种方法。

上述简单原则（或经验），对于软件工程的设计和编码两个阶段都是适用的。

7.3 Java 程序设计风格

Java语言是典型的面向对象的程序设计语言，以下就JAVA语言风格的设计风格，给出相关建议。

1. 命名规范

① Package的命名。Package的名字应该都是由一个小写单词组成。

② Class的命名。Class的名字必须由大写字母开头而其他字母都由小写的单词组成。

③ Class变量的命名。变量的名字必须用一个小写字母开头，后面的单词用大写字母开头。

④ Static Final变量的命名。Static Final变量的名字应该都大写，并且指出完整含义。

⑤参数的命名。参数的名字必须和变量的命名规范一致。

⑥数组的命名。数组应该总是用下面的方式来命名：

```
byte[]buffer; 而不是: byte buffer[];
```

⑦方法的参数。使用有意义的参数命名，如果可能，尽量使用和要赋值的字段一样的名字：

```
SetCounter(int size){
    this.size=size;
}
```

2. Java文件样式

所有的J ava（*.java）文件都必须遵守如下的样式规则：

①文件和版权信息。版权信息必须在Java文件的开头。

② package/imports。package行要在imports行之前，imports中标准的包名要在本地的包名之

前，而且按照字母顺序排列。如果imports行中包含了同一个包中的不同子目录，则应该用“*”来处理。

```
package hotlava.net.stats;
imports java.io.*;
imports java.util.Observable;
imports hotlava.util.Application;
```

这里java.io.* 是用来代替InputStream和OutputStream的。

③类的注释，一般用来解释类。

④类的定义。

⑤类的成员变量。

⑥存取方法。类变量的存取方法。如果它只是简单地用来将类的变量赋值，可以写在一行上，而其他的方法不要写在同一行上。

⑦构造函数。构造函数应该用递增的方式写（参数多的写在后面）。

访问类型（public，private等）和任何static，final或 synchronized应该在一行中，并且方法和参数另写一行，这样可以使方法和参数更易读。

⑧类方法。

⑨ toString方法。无论如何，每一个类都应该定义toString方法：

⑩ main方法。如果main（to String[]）方法已经定义了，那么它应该写在类的底部。

3. 代码样式

代码应该用UNIX的格式，而不是Windows的。

4. 文档化

必须用JavaDoc来为类生成文档。不仅因为它是标准，还是各种Java编译器都认可的方法。使用@author标记是不好的，因为代码不应该是被个人拥有的。

①缩进。缩进应该是每行2个空格，不要在源文件中保存Tab字符。在使用不同的源代码管理工具时，Tab字符将因为用户设置的不同而扩展为不同的宽度。

②页宽。页宽一般设置为80个字符。源代码一般不会超过这个宽度，并导致无法完整显示，但这一设置也可以灵活调整。在任何情况下，超长的语句应该在一个逗号或者一个操作符后折行。一条语句折行后，应该比原来的语句再缩进两个字符。

③ {} 对。{} 中的语句，为了方便阅读，建议单独作为一行。

例如：

```
If(i>0){i++};
If(i>0){
   i++
}; //右括号语句建议单独作为一行
```

④括号。左括号和后面一个字符之间不应该出现空格，同样，在右括号和前一个字符之间也

不应该出现空格，下面的例子说明括号和空格的错误及正确使用：

```
CallProc( Aparameter);          //错误
CallProc(Aparameter);           //正确
if((i)=42{                      //错误——括号毫无意义
if((i==42)or(j==42)then         //正确——的确需要括号
```

7.4 软件复用与构件技术

在软件工程中，复用不是新概念，早在1968年在联邦德国Garmish举行的NATO软件工程会议上，Dough Mcllory在其论文*Mass produce software components*中就提出了软件复用的概念，希望通过代码复用达到软件开发的大规模生产。程序员从早期已开始复用各类概念、理论、对象、论据、过程和抽象等。目前，软件业的状况是一方面有大量的软件要开发、要维护，另一方面软件危机依然严重存在。为此，越来越多的人已经认识到解决问题的一个重要途径就是软件复用技术。本节将介绍软件重用的基本概念和主要技术。

7.4.1 软件复用分类

软件复用是在软件开发中避免重复劳动的解决方案，其出发点是应用系统的开发不再采用一切“从零开始”的模式，而是以已有的工作为基础，充分利用过去应用系统开发中积累的知识和经验，如需求分析、设计方案、源码、测试方案、案例等，从而将开发的重点集中在应用的特有构成成分上。

通过软件复用，在应用系统开发中可以充分利用已有的开发成果，消除了包括分析、设计、编码、测试等在内的许多重复劳动，从而提高了软件开发的效率。同时，通过复用高质量已有的开发成果，避免了重新开发可能引入的错误，从而提高软件的质量。

当前对软件复用研究范围非常广泛，分类也很多，这里抽取几种有影响的分类方法加以介绍。

1. 按复用方式分类

复用的方式一般分为组合式复用和生成式复用。

①组合式复用是指对已有构件不做修改或做部分修改，然后将构件组装在一起，从而构造新的目标系统。例如，UNIX中的shell语言和管道采用的就是典型的组合式复用的思想，其他如子程序库技术、软件IC技术等也属这类复用。

②生成式复用通过应用生成器产生新的程序或程序段，产生的程序可被看作模式的实例，UNIX中的词法分析器Lex和语法分析器Yacc等就是生成式复用的典型实例。

2. 按复用级别分类

在软件演化过程中，复用大致可分为两个级别：

①时间级：使用以前的软件版本作为新版本基础，根据新需求，对软件进行加工、维护，添加新功能。

②平台级：以某平台上的软件为基础，将旧软件移植到新平台上，使其运行于新平台。

③应用级：将软件用于其他应用系统，新系统具有不同的功能和用途，严格来说，这样的复用才是真正的复用。

3. 按软件复用制品分类

软件复用涉及的不仅是源代码，还有下面的各类软件制品：

①项目计划复用：一个项目计划的基本结构和内容在其他项目中也能适用，这样能减少制订计划的时间，减低建立进度、风险分析和其他特征的不确定性。

②成本估计复用：可根据项目中的类似功能，复用原项目中的成本估计。

③体系结构复用：创建一组类属的体系结构模板，并将模板作为复用的设计框架。

④需求模型和规约复用：类和对象的模型和规约可被大量用于复用。

⑤设计复用：对系统和对象设计进行复用。

⑥源代码复用：这是用户最容易接受的复用，所有验证过的程序构件都应尽量被复用。

⑦文档复用：对用户文档和技术文档进行复用。

⑧界面复用：在现存复用中，界面的复用是最广泛的，它被用于各软件制品。

⑨数据复用：复用的数据包括内部表、列表和记录结构，以及文件和完整的数据库。

⑩测试用例复用：当设计和代码构件被复用时，相关的测试也可被用于复用。

7.4.2 实现复用的关键因素

软件复用中技术上存在的问题有很多，例如，对软构件数量的控制、构件构造和识别问题、构件的分类和检索、构件的组合、建立可重用库、RCL（Reuseable Component Library）的配置管理问题，以及管理、决策、文化等方面的问题。

这些都说明了软件复用存在的三个基本问题：一是必须有可复用的对象；二是复用的对象必须是起效的；三是复用者需要知道如何去使用被复用的对象，这里涉及两个相关过程，即构件的开发以及应用系统构造、集成和组装。只有解决好这些问题，才能真正地实现软件复用。而解决这些问题的关键因素主要有以下几方面：

1. 软件构件技术

构件是指应用系统中可以明确辨识的构成成分。而可复用构件是指相对独立的功能和可复用价值的构件，它们必须有有用性（Usefulness）、可用性（Usability）、质量（Quality）、适应性（Adaptability）和可移植性（Portability）。

2. 领域工程

领域工程覆盖了建立可复用软件的所有活动，能为相似或相近的系统建立基本能力和必备基础。其目的是标识、构造、分类和传播一组软件制品，以建立相应的机制，使软件工程师在开发系统时对现有软件制品有效复用。

3. 软件构架

软件构架是对系统整体结构设计的刻画，包括全局组织与控制、构件间通信、同步和数据访问的析疑、设计间功能分配等。

4. 软件再工程

软件再工程将逆向工程、重构和正向工程结合起来，重新构造现存系统。它的基础是系统理解，包括对运行系统、源代码、设计、分析、文档等的全面理解。

5. 开放系统技术

开放系统技术的基本原则是在系统的开发中使用接口标准，同时使用符合接口标准的实现方法，这为系统开发过程中的设计决策和演化提供了稳定接触，同时保证了系统间的互操作。

6. 软件过程

软件过程又称软件生命周期，一个良好定义的软件过程对软件开发的质量和效率有着重要影响，目前已经有一些实用的过程模型标准，如CMM和ISO9001等。

7. CASE技术

CASE技术中与软件复用相关的研究包括：在面向复用的软件开发中，可复用构件的抽取、描述、分类和存储；在基于复用的软件开发中，构件的检索、提取和组装；可复用构件的度量等。

在这些实现软件复用的关键因素中，领域工程和软件构件技术更是重中之重。

7.4.3 领域工程

领域工程一般包括四个主要阶段：领域分析、领域建模、构架建模和领域实现。

1. 领域分析

领域分析这个阶段的主要目标是获得领域模型（Domain Model），领域模型描述领域中系统之间的共同需求。

这个阶段的主要活动包括：

①确定领域边界。

②识别信息源，分类从领域中抽取物项。

③收集领域中有代表性的样本。

④分析样本中的应用。

⑤分析领域与外部元素间的关系，例如不同的操作系统、环境等。

⑥分析领域系统需求，建立领域模型。

领域分析适用于任意软件工程范型，可以用于传统的以及面向对象的软件开发。Prieto-Diaz曾给出了一个八个步骤的标志和分类可复用软件制品的方法：

①选择特定的功能/对象。

②抽象功能/对象。

③定义分类发。

④标识公共特征。

⑤标识特定的关系。

⑥抽象关系。

⑦导出功能模型。

⑧定义领域语言（领域语言使得在领域中进行应用的规约及构造成为可能）。

2. 领域建模

领域建模在领域的范围确定后，紧接着提供了一些步骤来分析领域中应用的共同性和差异，并产生领域模型。在分析过程中主要分为两个阶段：

①特征分析。在特征分析阶段，主要是要获得客户对一类系统的特征的理解，特征描述了领域应用的上下文、需要的操作和属性，以及表示的变化。这一阶段的工作能与用户有效地进行信息交互和了解，为系统的复用和改造打下基础。

②信息分析。要确定软件制品是否能被复用，特别是在某种特殊的环境和情况下，都有必要定义一组领域特征，领域特征定义了存在于领域中所有产品的类属属性，例如安全可靠性、程序设计语言、并发性等。在需求分析中，就是要定义和分析领域中应用所需的领域知识和数据需求，它的目标是用领域实体及其相互之间的关系表示领域特征，并使它们在操作分析和构架建模中可以用来派生对象和数据定义，为复用的实现打下基础。Basili V.R 曾列出了可能对软件复用有影响的典型的领域特征，如表 7–1 所示。

表 7–1 影响软件复用的领域特征

产 品	过 程	人 员
需求稳定性	过程模型	动机
并发软件	过程符合性	教育
内存限制	项目环境	经验/培训
应用大小	进度限制	应用领域
用户界面复杂性	预算限制	过程
程序设计语言	生产率	平台
安全/可靠性		语言
寿命需求		开发队伍
产品质量		生产率

同时，可以把软件制品的领域特征表示为 {Dp}，其中集合中每一项 D*pi* 表示为某特定的领域特征；而复用后的软件制品领域特征表示为 {Dw}，其中集合中每一项 D*wi* 表示为某特定的领域特征，赋给 D*pi* 一个顺序等级，使其表明该特征对软件 p 的相关性。按 Basili V.R 等的标准，可以是：

①与复用是否无相关。

②在某些特殊情况下相关。

③相关，软件可以不管其间差别被修改并得以复用。

④明显相关，如软件 w 不具此特征，则复用是低效的。

⑤明显相关，如软件 w 不具此特征，则复用无效。

值得提出，即使将被开发的软件明显地属于某领域，在领域中的可复用软件制品也必须通过分析才能确定它们的可用性，这也是信息分析这一过程中对领域特征进行判断的主要任务。

在操作分析中，要识别领域中应用的行为特征，例如数据流和控制流的共同性和差异、有限自动机模型等。

在领域建模中，采用结构点作为分析手段不失为一种好方法，通过结构点分析，能有效地辅助领域建模。它具有以下三个特征：

①一个结构点是一个抽象，有着有限数量的实例。

②指导结构点的使用规则能被容易理解。

③结构点能通过隐藏内部信息的复杂性而实现隐藏。

不同的应用领域中的结构点可以是：

①应用前端：UI、界面等。

②数据库：对应应用领域相关对象。

③计算引擎：操作数据的模型。

④报告设施：各大输出功能。

⑤应用编辑器：根据用户特定需要定制应用的机制。

3. 构架建模

这个阶段的目标是获得领域构架（Domain Specific Software Architecture，DSSA）。DSSA描述在领域模型中表示的需求的解决方案，是能够适应领域中多个系统需求的一个高层次的设计，而不是单个系统的表示。建立了领域模型之后，就可以派生出满足这些被建模领域需求的DSSA，同时将定义在领域模型中的特征、功能和数据对象分配到进程和模块中。

4. 领域实现

这个阶段的主要行为是定义将需求翻译到可复用构件创建的系统的机制。根据采用的复用策略和领域的成熟和稳定程度，这种机制可能是一组与领域模型和DSSA相联系的可复用构件，也可能是应用系统的生成器。

7.4.4 软件构件技术

构件是指应用系统中可以明确辨识的构成成分。而可复用构件是指相对独立的功能和可复用价值的构件，它们必须具备有用性、可用性、质量好、适应性和可移植性。

可重用的软件构件一般可分为三类：一是通用基本构件，它是特定于计算机系统的构成成分，如基本的数据结构、用户界面等，它们可以存在于各种应用系统；二是领域共性构件，它是应用系统所属领域的共性构成部分，存在于领域的各个应用系统；三是应用专用构件，是每个应用系统的特有构成部分。而在应用系统开发中的重复劳动主要在于前两类构成成分的重复开发。

1. 基于构件的重用技术

为了复用的设计，在可开发可复用构件技术的过程中，必须考虑以下三个问题：

①标准数据：对文件结构或完整的数据库一类的全局数据结构必须建立一个标准，用标准的数据接口来设计这些构件。

②标准接口协议：应建立三层次接口协议，这三个层次分别是：模块内接口、外部技术接口、人机界面。

③程序模板：对构件可采用结构点分析的方法进行设计和分析，并最后实现。

除了以上三个问题，对基于构件的软件复用技术，一些重要的问题还有有关构件的分类、检索、组合等过程。

(1) 分类

分类是指对可复用构件RC（Reusab1e Component）的功能、使用方法、使用范围、接口等进行说明性的描述。对RC进行分类主要是为以后的检索提供支持。一般来说，可复用构件库RCL（Reusab1e Component Library）中包含的RC越多，分类方法的好坏越重要。

Prieto-Diaz在GTE实验室实现了一个著名的刻面分类系统，Prieto-Diaz认为由于刻面系统的灵活性使得该系统更适合于软件复用，因为在软件复用中需求是经常变化的。在开发的系统中有六个主刻面，即功能、对象、媒体、系统类型、功能领域、应用场所，从刻面中提取基本项目组合成符合类时也按这个顺序提取基本项。

(2) 检索

一般来说，检索得到的构件很少正好符合用户的要求，特别是在刚开始用户的需求还不够精确的时候，因此，对检索到的构件还必须有一个评估过程，评估的工作包括该构件多大程度上符合用户的要求，如果要对该构件进行修改以满足需要，所许的工作量如何等分析。

(3) 组合

组合过程是指把定制后的RC和其他软件模块集成在一起，形成新的系统，对软件的组合，主要考虑的问题有两类：第一类是给定一组构件及组合构件的模式，检查所定的组合是可行的，这是构件组合的确认问题；第二类是给定一个需求规格说明，从构件库找到一组构件，把这些构件组合起来满足需要，这是构件组合的证实问题。

2. 可复用构件库的管理

以可复用构件库（RCL）为基础的工作平台不仅要提供对构件的查询、浏览、选择功能，而且还要提供对构件增加、修改、删除等功能，同时还要提供编写构件文本的编辑程序，以及构件的语言编译程序，以便生成、调试各个构件，最后还提供了辅助学习系统，帮助开发人员熟悉各类构件资源。

RCL的组织可以在应用领域确定下来以后，由专家通过对领域知识的提取、分类和归纳来完成，也可吸收已有知识或在原型开发过程中逐渐积累，后者必须要有专门的质量保证小组对构件进行测试和整理才允许加入到RCL中，对RCL中的构件进行修改、删除等操作也要有这种质量保证手段。

在组织库的结构时，需要考虑的问题如下：

①是采用一个中心库还是几个独立库。

②库中构件的更新和发布问题。

③对库的操作用工具支持还是手工进行。

④库的存取权问题。

⑤采用何种物理格式组织库。

⑥库中构件的更新界面语言及文档的选择问题。

⑦库中例子的确定。

⑧确定库所针对的目标系统环境等。

对于一个小的库，采用简单的列表已经足够，对于大一些的库，一个目录加索引也已足够，如果库再增大，可能就需要有功能较强的工具来支持。同时，创建一个具有一致结构的构件库使得它可以被一系列不同的内部和外部源查询，并能被集成到某应用领域的任意系统。此外，还需要对构件的标准进行定制，为此可采用下述四个模型：

①数据交换模型：对可复用构件定制，相似的用户和应用间能够交互和传递数据的机制。该机制不仅能让人机、构件间的数据传递，也能使系统资源进行数据传递。

②自动化模型：使用例如宏、脚本等工具在可复用构件间进行交互。

③结构化存储模型：如图形数据、声音、文本和数值数据等异质数据作为单独的数据结构进行组织和访问，而不单独分开为一组。

④底层对象模型：对象模型保证了使用不同开发工具开发的构件能够在不同的平台上进行互操作，对象能跨网络进行通信。对象模型用接口定义语言（IDL）定义了构件互操作标准，该标准是语言独立的。

目前，一些主要的公司和产业联盟已定制出一些建议的标准，如OpenDoc、OMG/CORBA、OLE等。

3. 构件组装技术

在为构件提供了实现标准的同时，各大公司也为构件的组装提供了很好的技术支持，如CORBA、OLE、Java、OpenDoc等。

CORBA是公共对象请求代理体系结构（Common Object Request Broker Architecture）的缩写，是对象管理组织（OMG）开发的一套分布式对象技术标准，涉及接口、注册、数据库、通信和出错处理等方面的问题。和对象管理体系结构（OMA）定义的其他对象服务相结合，CORBA成为支持分布式系统中对象技术的中间件设施。CORBA的对象请求代理（ORB）作为转发消息的中间件，实现了对象间的无缝集成互操作。因此，CORBA可作为面向对象的软件构件在运行级上组装的技术基础，从而实现构件的黑盒复用。当前已有许多符合CORBA的ORB产品，如ORBIX、NEO、VisiBroker、PowerBroker、SmaIITalkBroker、SOM/DSOM、DAIS、NonStop等。

OLE是微软公司开发的支持对象连接嵌入的机制，其初旨是解决复合文档问题。OLE为构件对象的互操作提供了基础支持，因此，也为构件对象的互操作提供了技术基础。OLE是主要的不符合CORBA标准的对象连接中间件。DCOM是微软公司开发的分布式构件对象模型，支持分布式系统中的对象技术。

Java是近几年来随着网络的发展而新兴的一种语言，它是一种纯面向对象语言，语句像C++，内核类似Smalltalk。Java和Web结合带来了移动的对象、可执行的内容等关键概念。

Java具有体系结构中立的特性，从而使得Java程序可不需要修改甚至重编译而运行于不同平台上。Java还加入了远程方法调用（RMI）的特性，在效果上，RMI提供了类似CORBA的ORB的功能。Java的这些特性使其成为软件构件技术的良好支持工具。用Java书写的构件将具有平台独立性和良好的互操作性。

OpenDoc的主要技术公司如IBM、Apple和Novell的一个联盟也已提出了复合文档和构件标准的OpenDoc。该标准定义了为使得由某开发者提供的构件能够和另一个开发者提供的构件互操作而必须实现的服务、控制基础设施和体系结构等。

这些流行技术，使软件复用和分布对象技术相结合，使得即插即用的构件黑盒组装成为可能。

7.4.5 复用成熟度模型和复用效益

1. 复用成熟度模型

复用成熟度模型（Reuse Maturity Model，RMM）是受能力成熟度模型（Capability Maturity Model，CMM）的启发，作为企业复用水平层次的度量，目前已出现了几个RMM模型。

在IBM的RMM中，将企业的软件复用水平分为五级，该级别由复用成熟度级别的提高、复用的范围、复用使用的工具和复用的对象变化而指定，其分级是：

①初始级（Initial）：不协调的复用行为，没有库作支持，复用仅是个人行为。

②监控级（Monitored）：管理上知道复用，但不作为重点，复用是小组的行为，有非正式的、无监控的数据库，复用的对象包括模块和包。

③协调级（Coordinated）：鼓励复用，但无投资，复用的范围包括全部门、有配置管理和构件文档的数据库，复用的对象包括子系统、模式和框架。

④计划级（Planned）：存在组织上的复用支持，在项目级别支持复用，有复用库及复用对象（包括应用生成器）。

⑤固有级（Ingrained）：规范化的复用支持，复用的对象包括DSSA。

Lorai Federal System公司的RMM也分五级：

①初始级：在开发过程中偶尔复用。

②基本级：在项目级上定义的开发过程中复用。

③系统化级：标准的开发过程复用。

④面向领域级：大规模的子系统复用。

⑤软件制造级：可配置的生成器及DSSA。

HP的RMM将复用成熟度与复用率联系起来，也分五级：

①无复用：0%～20%的复用率。

②挖掘整理：15%～50%的复用率。

③计划复用：30%～40%的复用率。

④系统化复用：50%～70%的复用率。

⑤面向领域的复用：80%～90%的复用率。

2. 复用效益

显然，复用成熟度越高的系统在理论上对用户的吸引更大，这也是软件开发走向理性的一个明证，它避免了重发明，但在经济上软件复用的效益到底有多少呢？

近年来，大量产业实例研究给予了软件复用理论数据上的支持，包括产品质量、生产率和成本等方面。

首先是质量上，Lim，W.C在*Effects of Reuse on Quality*，*Productivity*，*and Economics*中提供了对HP公司研究的调查数据：被复用的代码错误率是每KLOC（千行代码）有0.9个错误，而新开发的代码错误率则是每KLOC 4.1个。对一个存在0%复用代码应用，也就是说处于系统化复用的应用来说，错误率每KLOC有2.0个错误，这对期望的错误率有51%的改善。同时Henry和Faller在*Large Scale Industrial Reuse to Reduce Cost and Cycle Time*的研究也指出，在质量上有35%的改善。虽然在两则报告中，我们得到的是不同的软件复用率，这主要是调查者处于不同角度，且该误差处于合理范围内，但不管如何复用对交付的软件在质量和可靠性方面确实带来了实质的进展和效益。

生产上，当可复用软件制品被应用于软件开发过程中时，对开发一个可交付系统所必需的计划、模型、文档、代码和数据的创建工作将花费较少时间，这样使较少的投入给客户提供了同级别的功能，使生产率得到了提高。

成本上，复用带来的净成本节省也有了大大提高，其估算方法如下：

设净成本节省为 C_a；不使用任何复用而开发一个项目的成本是C_s；复用关联成本为C_r；交付软件的实际成本为C_d：所以，$C_a=C_s-(C_r+C_d)$。

其中复用关联成本C_r包括以下各项：

领域分析成本、领域建模成本、构架建模成本、领域实现成本、因复用而增加的文档量，从外界获取构件的许可证费及版税、创建及管理RCL的费用、复用构件人员培训费用等。

在这其中，领域工程的四个阶段耗费，尤其是领域分析的成本以及对RCL的创建和管理的成本占了相当一部分，但是它们可由许多项目共同分担。而且鉴于它们对软件开发过程中所起的实效，应鼓励这部分投资。

7.5　敏捷软件开发技术

敏捷软件开发又称敏捷开发，是一种从20世纪90年代开始逐渐引起广泛关注的新型软件开发技术，是一种应对快速变化的用户需求的一种软件开发方法。它们的具体名称、理念、过程、术语都不尽相同，相对于“非敏捷”方法，更强调开发团队与领域专家、最终用户之间的紧密协作，面对面的沟通；频繁交付新的软件版本；紧凑而自我组织型的团队；能够很好地适应需求变化的软件设计与代码编写、团队组织；更注重软件开发主体中“人”的作用。

7.5.1　敏捷开发技术的基本概念

1. 敏捷软件开发技术

敏捷开发是以用户的需求进化为核心，采用迭代、循序渐进的方法进行软件开发。在敏捷开发中，软件项目在构建初期被切分成多个子项目，各个子项目的成果都经过测试，具备可视、可集成和可运行使用的特征。换言之，就是把一个大项目分为多个相互联系，但也可独立运行的小项目，并分别完成，在此过程中软件一直处于可使用状态。

2. 传统的开发模式和敏捷开发模式的对比

（1）瀑布模型（见图7–1）

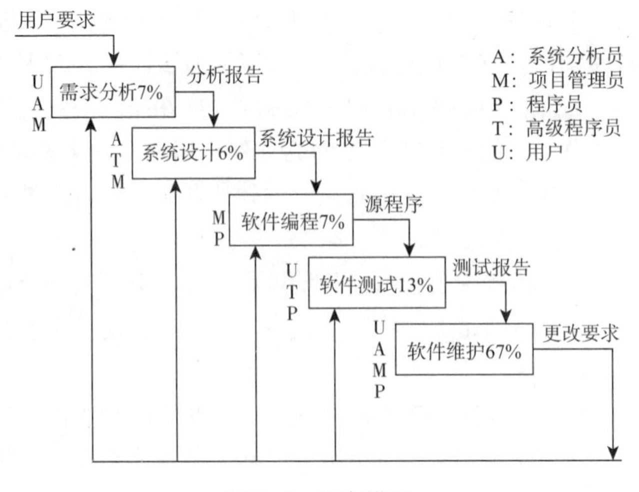

图 7–1　瀑布模型

优点：为项目提供了按阶段划分的检查点；当前一阶段完成后，只需要去关注后续阶段；它提供了一个模板，这个模板使得分析、设计、编码、测试和支持的方法可以在该模板下有一个共同的指导。

缺点：各个阶段的划分完全固定，阶段之间产生大量的文档，极大地增加了工作量；由于开发模型是线性的，用户只有等到整个过程的末期才能见到开发成果，从而增加了开发风险；通过过多的强制完成日期和里程碑来跟踪各个项目阶段；瀑布模型的突出缺点是不适应用户需求的变化。

（2）敏捷模型（见图7–2）

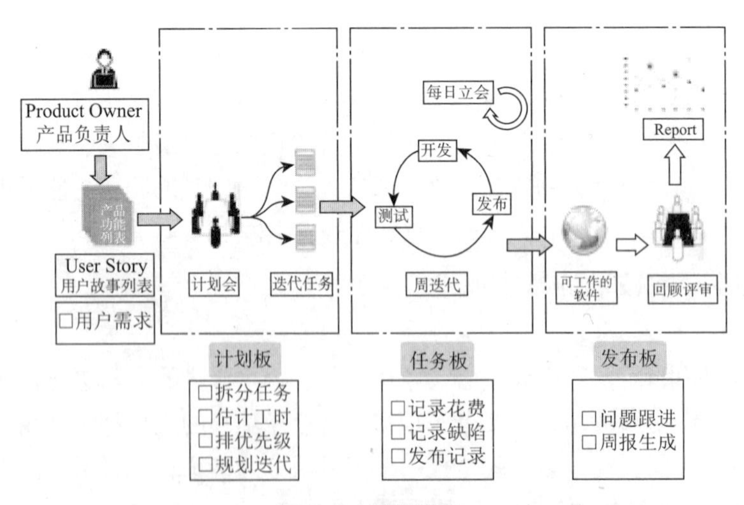

图 7–2　敏捷模型

优点：敏捷开发的高适应性，以人为本的特性；更加灵活并且更加充分地利用了每个开发者的优势，调动了每个人的工作热情。

缺点：由于其项目周期很长，所以很难保证开发的人员不更换，而没有文档就会造成在交接的过程中出现很大的困难。

3. 敏捷软件开发原则

①尽早地、不断地交付有价值的软件来满足客户需要，努力在项目刚开始的几周内就交付具有一定基本功能的系统，然后努力坚持每两周就交付一个功能渐渐增加的系统版本。

②团队努力保持软件结构的灵活性，敏捷过程能够驾驭变化，保持对客户的竞争优势。只有保持了软件结构的灵活性，当需求变化时，才不至于对系统造成太大的影响。因此，要学习面向对象设计的原则和模式，这会帮助我们实现这种灵活性。

③要经常交付可以工作的软件，周期越短越好，从几个星期到几个月。交付的必须是可以工作的软件，并且尽早地、经常性地交付它，不赞成交付大量的文档或者软件开发计划。

④业务人员和开发人员必须在整个项目过程中频繁交互，并一起工作。为了能够以敏捷的方式进行项目的开发，从业人员、开发人员以及项目涉及的人员之间必须进行有意义、频繁的交互，在整个项目开发过程中，必须要对软件项目进行持续不断的引导。

⑤围绕被激励起来的个人来构建项目。给开发者提供适宜的环境和支持，满足他们的需要，并信任他们能够完成任务。敏捷软件开发中，人被认为是项目取得成功的重要因素，所有其他的因素，如过程、环境、管理等都被认为是次要的，并且当它们对于人有负面影响时，就必须改变它们。

⑥在开发团队内部，最有效率也最有效果的信息传达方式是面对面地进行交谈。敏捷开发中，人们首要的沟通方式就是交谈。当然也许会编写文档，但不会企图在文档中包含所有的项目信息。敏捷团队不需要书面的规范、计划或者设计等。

⑦可以工作的软件是进度的主要度量标准。敏捷项目通过度量当前软件满足客户需求的数量来度量开发进度，而不是根据所处的开发阶段、已经编写的文档数量、代码数量来度量开发进度。

⑧敏捷过程提倡可持续的开发速度。责任人、开发人员和用户应该总是维持不变的工作节奏。跑得过快会导致团队精力耗尽，出现短期行为以至于崩溃。敏捷团队会测量自己的速度，他们不允许自己过于疲惫。他们工作在一个可以使在整个项目开发周期内保持高质量标准的速度上。

⑨不断追求卓越技术与良好设计将有助于提高敏捷性。高的开发质量是获得高的开发速度的关键。保持软件尽可能简洁、健壮是快速开发软件的途径。编写高质量的代码，如果代码出现问题，不要拖到明天去处理，要对代码进行重构。

⑩简单。敏捷团队不会试图去构建那些华而不实的系统，他们总是更愿意采用和目标一致的最简单的方法，不会预测明天的问题，高质量完成今天的工作，深信如果明天发生了问题，也会很容易处理。

⑪最好的架构、需求和设计都源自于自组织的团队。敏捷团队是自组织的团队，任务不是从外部分配给单个团队成员，而是分配给整个团队，然后再由团队来确定完成任务的最好方法。团队成员共同解决项目中所有问题，每一个成员都具有项目中所有方面的参入权。不存在单个成员对系统架构、需求、设计或者测试负责的情况，整个团队共同承担责任。

⑫每隔一段时间，团队会总结如何才能更有效率，然后相应地调整自己的行为。敏捷团队会不断地对团队的组织方式、规则、规范等进行调整。为了保持团队的敏捷性，敏捷团队会随其所处的环境的不断变化而变化。

7.5.2 极限编程

极限编程（Extreme Programming，XP）被列入敏捷开发方法，下面将对极限编程的一些基本内容进行简单描述。

1. 极限编程的起源

极限编程是由Kent Beck、Ward Cunningham和Ron Jeffries在1996年提出的。Kent Beck一直倡导软件开发的模式定义。早在1993年，他就和Grady Booch（UML之父）发起了一个团队进行这方面的研究，希望能使软件开发更加简单而有效。Kent仔细观察和分析了各种简化软件开发的前提条件、可行性以及面临的困难。1996年三月，Kent终于在为Daimler Chrysler所做的一个项目中引入了新的软件开发观念——XP（极限编程）。

2. 极限编程的概念

极限编程是一种软件开发管理模式，是一种软件工程方法学，是敏捷软件开发中最富有成效的几种方法学之一。

极限编程强调的重点是：

（1）角色定位

极限编程把客户非常明确地加入到开发团队中，并参与日常开发工作。客户是软件的最终使用者，软件的使用是否满意一定以客户的意见为准。不仅让客户参与设计讨论，而且让客户负责编写用户故事，也就是功能需求，包括软件要实现的功能以及完成功能的业务操作过程，设置实现功能的优先级。用户在软件开发过程中拥有与软件开发人员同等重要的作用。

（2）敏捷开发

敏捷开发追求协作、沟通与响应变化。缩短版本的发布周期，可以快速测试并及时展现给客户，以便及时反馈。缩略版本（或者功能简化版本）加快了客户沟通反馈的频率，功能简单，大大简化了设计、文档环节（极限编程中文档不再重要的原因是因为每个版本功能简单，不需要复杂的设计过程）。由于客户的新需求随时可以被添加进来，因此，极限编程追求设计简单，实现客户要求即可，而无须考虑太多扩展问题。

（3）追求价值

极限编程追求沟通、简单、反馈、勇气、尊重，体现开发团队的人员价值，激发参与者的热情，最大限度地调动开发者的积极性。只有在开发人员情绪高涨、认真投入的情况下，开发的软件质量才会大幅提高。

3. 极限编程的目标

极限编程的主要目标在于降低因需求变更而带来的成本增加。极限编程透过引入基本价值、原则、方法等概念来降低变更成本的目的。与传统的在项目起始阶段就定义好所有需求再费尽心思地控制变化的方法相比，极限编程希望有能力在项目周期的任何阶段去适应变化。

4. 极限编程的极致思维

极限编程的“极致”思维体现在以下七个方面：

①如果程序代码检查对我们有好处，我们应反复地检查（结对编程，Pair Programming）。

②如果测试对我们有好处，每个人都应该经常做测试（单元测试，Unit Testing），即使是客

户也不例外（功能测试，Function Testing）。

③如果设计对我们有好处，则应被当作每个人每天工作的一部分（重整，Reforming）。

④如果简洁对我们有好处，我们应该保持在能够实现目前所需功能的最简单状态（能够运作的最简单架构）。

⑤如果架构对我们很重要，每个人都应该常常反复琢磨架构（对整个系统定义一个隐喻、象征或概念）。

⑥如果整合测试对我们很重要，我们每天都要做上好几次（持续整合）。

⑦如果短的开发周期对我们有益，我们就把它缩短到非常短。

根据极限编程的极致思维，可以保证两件事：

①对程序员而言，极限编程可以保证他们每天都做些真正有意义的事。他们能做出自己最佳的决定，不必再独自面对那些会令人惊慌的情况；可以自己把握每件事，成功地开发出系统。

②对客户和经理人而言，极限编程保证他们每个工作周，都可以获得最大的利益。每隔几周，就会看到他们所要求目标的具体进度。也可以在不至于引起高费用的状况下，在项目进行到一半时改变其行进方向。

5. 极限编程的核心实践

极限编程把软件开发过程重新定义为策划、测试、编码、设计的反馈、迭代循环过程，确立了测试—编码—重构（设计）的软件开发管理思路，如图7-3所示。

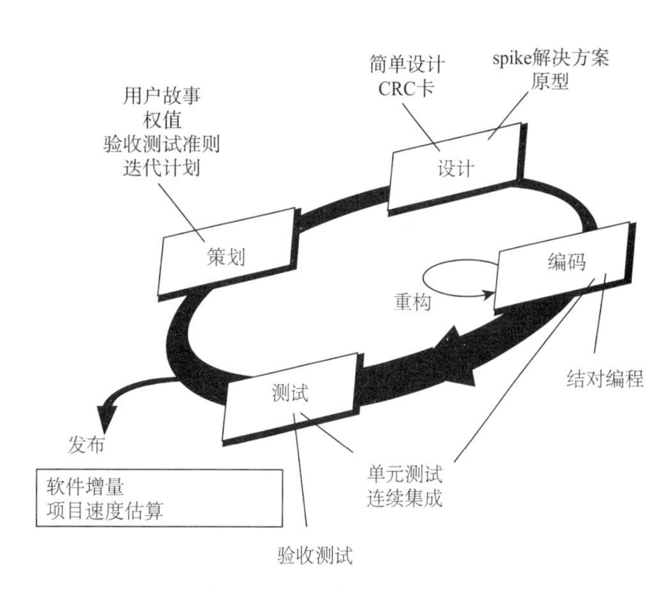

图7-3 极限编程的过程模型

结合极限编程的过程模型，把极限编程的核心实践划分成四个部分。

第一部分：小规模反馈

（1）测试

在极限编程中，没有经过测试的程序代码没有任何用处。如果一个函数没有经过测试就不能认为它可以工作。单元测试是用来测试一小段程序代码的自动测试，需要在编写程序代码前就编写单元测试，其目的是要激励程序员思考自己的代码在何种条件下会出错。在极限编程中，只有当程序员无法再想出更多能使代码出错的情况时，这段程序代码才算完成。

（2）结对设计

所有的软件都是由两个程序员并排坐在一起，在同一台计算机上构建的。一个程序员控制计算机并主要考虑编码细节，另一个程序员主要注意整体结构，不断地对第一个程序员编写的程序代码进行反馈。结对的方式不是固定的，极限编程甚至建议程序设计师尽量交叉结对。这样，每个人都可以把别人跟自己的想法看得更清楚，都可以知道其他人的工作，都对整个系统非常熟悉。结对程序设计加强了团队内成员之间的沟通，同时也加快了编写程序的速度。

(3) 客户（现场客户）作为团队成员

在极限编程中，客户并不是为系统付账的人，而是真正使用该系统的人。极限编程认为客户应该时刻在现场解决问题，例如，团队在开发一个工程造价系统时，开发小组内应包含一位工程造价师。一个小组理论上需要一位用户在身边，制定软件的工作需求和优先等级，并且能在出现问题时马上给予回应（实际工作中，这个角色由客户代理商来完成）。

实际上，极限编程项目的所有参与者（开发人员、业务分析师、测试人员、客户等）一起工作在一个开放的场所，他们是同一个团队的成员。这个场所的墙壁上随时悬挂着大幅的、显眼的图表以及其他一些显示进度的东西。

(4) 策划游戏

策划游戏分为两部分：发布策划和反复状态。

①发布策划。这一阶段涉及成本、利润和计划影响三个因素，包含四部分内容：

- 按价值排序：业务人员按照商业价值为用户需求排序。
- 按风险排序：开发者按风险为用户需求排序。
- 设置周转率：开发者决定以怎样的速度开发项目。
- 选择范围：挑选在下一个版本（工作点）中需要被完成的用户需求，基于用户需求决定完成日期。

②反复状态。这个阶段又分为三个子阶段，每个子阶段完成相应的作业内容。

a. 探索阶段。这个阶段建立任务和预估实施时间，主要是：

- 收集用户需求：收集并编辑下一个发布版本的所有用户需求。
- 组合/分割任务：如果程序设计师因为任务太大或太小而不能预估任务完成时间，则需要组合或分割该任务。
- 预估任务：预测需要实现该任务的时间。

b. 约定阶段。以不同需求作为参考的任务被指派给程序员。主要是：

- 接收任务：每个程序员都挑选一个所需负责的任务。
- 预估任务：由于程序员对此任务负责，所以必须给出一个完成该任务的估计时间。
- 设置负载系数：负载系数表示每个程序员在一个周期中理想的开发时间。例如：一周工作40小时，其中5小时用于开会，则负载系数不会超过35小时。
- 平衡任务：当团队中所有的程序员都已经被分配了任务时，便会在预估时间和负载系数间做出比较，使得任务分配在程序员之间到达平衡。如果有的程序员开发任务过重，其他的程序员必须分担这个程序员的一部分任务，反之亦然。

c. 作业阶段。各个任务在这个阶段一步步被实现。

- 取得一张任务卡片：程序员取得一张由自己负责的任务卡片。
- 找寻一名同伴：这个程序员将和另一个程序员一同完成开发工作，也就是结对设计。
- 设计这个任务：如果需要，两个程序员会设计这个任务所要达成的功能。
- 编写单元测试：在程序员开始编写实现某功能的程序代码之前，首先要编写自动测试程序。

- 编写程序代码：两个程序员开始编写程序代码。
- 执行测试：执行单元测试来确定程序代码能否正常工作。
- 执行功能测试：基于相关用户需求和任务卡片中的需求执行功能测试。

注意：在作业阶段开发人员和业务人员可以“操纵”整个程序。意思是，他们可以做出任何改变某个用户需求，或者不同用户需求间相对优先等级，都有可能改变；预估时间也可能出现误差。也就是说在整个策略中，允许做出相应的调整。

第二部分：反复持续性过程

（1）持续整合

团队总是使系统完整地被集成。开发工作需要使用最新的版本同步开发，然而，每一个程序员在他们的个人计算机中，都可能做出了一些修改或添加了新功能，极限编程要求每个人需要在固定的短时间内上传；或者发现重大错误时或成功时上传，这可以有效避免因为周期太长而导致延迟或者浪费。

（2）软件重构

由于极限编程提倡编码时只满足目前的需求，以尽可能简单的方式实现。及时改进糟糕的代码，不保留到第二天，保持代码尽可能的干净，具有很强的表达力。

（3）小型发布

把整个项目分成好几个段落进行发布，在项目的开发阶段就决定何时要发布哪个段落。这样的小型发布可以增进客户对整个项目的了解和信心。这些小型发布，只是测试版，并不会继续存在，这也使得用户可以在各部分提出自己的意见，并加以修改。

第三部分：达成共识

（1）简单的设计

极限编程的第一个观念就是“简单就是最好的”。简单的设计包含两个部分：一是为已定义的功能进行设计，而不是为潜在地未来可能的功能进行设计；二是创建最佳的可以实现功能的设计。换句话说，不用管未来会是怎样，只创建一个目前为止可以实现的最好的设计。如果相信未来是不确定的，并且相信可以很方便地改变主意，那么对未来功能的考虑是危险的。

软件重构也是用来完成简单化工作。

（2）代码集体所有

项目组中的每个人都可以在任何时候修改其他项目成员的代码，这就是极限编程（XP）中所定义的代码共享。对许多程序员以及项目经理而言，共有代码的想法会引起一些疑虑，诸如“我不想让那些笨蛋改我的代码”“出现问题我应该怪谁？”，等等。共享代码从另一个层面提供了对配对编程中协作的支持。

配对编程鼓励两个人紧密协作：每个人促使另一个人更加努力以图超越。共同所有鼓励整个团队更加紧密协作：每个人和每两人相互鼓励、协作生产高质量设计、代码和测试集。

（3）程序设计标准

极限编程需要相互支持。这就要求在项目开始之前，整个团队必须制定且同意一些标准的规则，包括代码的格式、语言的选择、客户的要求等。有了统一的标准，系统中所有的代码看起来就好像是由单个程序员编写的一样。同样，这也可以保证软件开发的质量。

第四部分：程序员之间——尊重

尊重的价值体现在很多方面。在极限编程中，团队成员间的互相尊重体现在每个人保证提交的任何改变不会导致编译无法通过，或者导致现有的测试案例失败，或者以其他方式导致工作延期。团队成员对于他们工作的尊重体现在他们总是坚持追求高质量，坚持通过重构的手段来为手头的工作找到最好的解决设计方案。

极限编程技术是一种开发软件的轻量级的方法。XP适用于小型或中型软件开发团队，并且客户的需求模糊或需求多变。XP是一种螺旋式的开发方法，它将复杂开发过程分解为一个相对比较简单的小周期。通过交流和反馈，可以根据实际情况及时地调整开发过程。但是，世界上还有很多大型或超大型项目，那么这种重视人甚于重视软件工程理论的方法，能不能跟其他重视软件工程方法论的开发方法相抗衡呢？极限编程方法如何应用到大型软件项目以及超大型软件项目中呢？有待进一步研究。

7.6 案例——“尚品购书网站”系统编码设计

7.6.1 导言

1. 目的

该文档的目的是描述尚品购书网站系统的编码规范和对代码的说明，其主要内容包括：编码规范、命名规范、注释规范、语句规范、声明规范、目录设置、代码说明。

本文档的预期读者是：开发人员、项目管理人员和质量保证人员。

2. 范围

该文档定义了本项目的代码编写规范，以及部分代码描述和相关代码的说明。

3. 术语定义

① class（类）：Java程序中的一个程序单位，可以生成很多实例。

② packages（包）：由很多类组成的工作包。

4. 引用标准

① 《企业文档格式标准》，湖北电力科技开发有限公司。

② 《ASP.NET及C#语言编写规范》，湖北电力科技开发有限公司软件工程过程化组织。

5. 参考资料

① 《实战Structs》，Ted Hustes，机械工业出版社。

② 《软件重构》，清华大学出版社。

6. 版本更新信息

本文档的更新记录（略）。

7.6.2 编码书写格式规范

严格要求编码书写格式是为了使程序整齐美观、易于阅读、风格统一，程序员对规范书写的必要性有明确认识。建议源程序使用Visual Studio 2010的工具开发，格式规范预先在工具中设置。

1. 缩进排版

四个空格作为缩进排版的一个单位。

2. 行长度

尽量避免一行的长度超过80个字符，用于文档中的例子应该使用更短的行长，长度一般不超过70个字符。

3. 断行规则

当一个表达式无法容纳在一行内时，可以依据如下一般规则断开：

①在一个逗号后面断开。

②在一个操作符前面断开。

③尽量选择较高运算级别处断开，而非较低运算级别处断开。

④新的一行应该与上一行同一级别表达式的开头处对齐。

⑤如果以上规则导致代码混乱或者使代码都堆挤在右边，那就代之以缩进8个空格。

以下是两个断开算术表达式的例子。前者属于在更高级别处断开，因为断开处位于括号表达式的外边。

```
longName1=longName2 * (longName3 + longName4 一 longName5)
+ 4 * longname6;                                    //推荐
longName1=longName2 * (longName3 + longName4
-longName5) + 4 * longname6;                        //避免
```

以下是两个缩进方法声明的例子，前者是常规情形，后者若使用常规的缩进方式将会使第二行和第三行移得很靠右，所以代之以缩进8个空格。

```
//规范的缩进
someMethod(int anArg, Object anotherArg, String yetAnotherArg,
Object andStillAnother){
...
}
//以8个空格来缩进，以避免非常纵深的缩进
private static synchronized horkingLongMethodName(int anArg,
Obj ect anotherArg, String yetAnotherArg,
Object andStillAnother){
...
}
```

if语句的换行通常使用8个空格的规则，因为常规缩进（4个空格）会使语句体看起来比较费劲。例如：

```
//不可取的缩进方法
if((condition1 && condition2)
    ||condition3 && condition4)
    ||(condition5 && condition6)){
```

```
doSomethingAboutIt();
}
//可取的缩进方法一
if((conditionl && condition2)
    ||(condition3 & condition4)
    ||! (condition5 && condition6)){
            doSomethingAboutIt();
}
//可取的缩进方法二
if((conditionl && condition2)||(condition3 && condition4)
    ||! (condition5 && condition6)){
dosometningAboutIt();
}
//三种可取的三元运算符的缩进格式
alpha=(aLongBooleanExpression)? beta: gamma;
alpha=(aLongBooleanExpression)? beta
                               : gamma;
alpha"(aLongBooleanExpression)
        ? beta
        : gamma;
```

4. 空行

空行将逻辑相关的代码段分隔开，以提高可读性。下列情况应该总是使用两个空行：

①一个源文件的两个片段（section）之间；

②类声明和接口声明之间。

下列情况应该总是使用一个空行：

①两个方法之间。

②方法内的局部变量和方法的第一条语句之间。

③块注释或单行注释之前。

④一个方法内的两个逻辑段之间。

7.6.3 命名规范

命名规范使程序更易读，从而更易于理解。它们也可以提供一些有关标识符功能的信息，以助于理解代码。

1. 包（Package）

一个唯一包名的前缀总是全部小写的ASCII字母并且是一个顶级域名，通常是com、edu、gov、mil、net、org，或1981年ISO 3166标准所指定的标示国家的英文双字符代码。包名的后续部分根据不同机构各自内部的命名规范而不尽相同。这类命名规范可能以特定目录名的组成来区分部门（Department）、项目（Project）、机器（Machine）或注册名（Login Names）。例如：

```
Com.sun.eng
```

```
Com.apple.quicktime.v2
edu.cmu.cs.bovik.cheese
```

2. 类（Class）

类名是个一名词，采用大小写混合的方式，每个单词的首字母大写。尽量使类名简洁而富于描述性。使用完整单词，避免缩写词（除非该缩写词被更广泛使用，如URL、HTML）。

3. 接口（Interface）

大小写规则与类名相似。

4. 方法（Method）

方法名是一个动词，采用大小写混合的方式，第一个单词的首字母小写，其后单词的首字母大写。

5. 变量（Variable）

采用大小写混合的方式，第一个单词的首字母小写，其后单词的首字母大写。变量名不应以下画线或美元符号开头，尽管这在语法上是允许的。变量名应简短且富于描述性。变量名应该易于记忆，且能够指出其用途。尽量避免单个字符的变量名，除非是一次性的临时变量。临时变量通常取名为i、j、k、m、n（它们一般用于整型）和c、d、e（它们一般用于字符型）。

6. 实例变量（Instance Variable）

大小写规则和变量名相似，除了前面需要一个下画线，如int-employeeId 。

7. 常量（Constant）

类常量和ANSI常量的声明应该全部大写，单词间用下画线隔开。

7.6.4 声明规范

程序中定义的数据类型，在计算机中都要为其开辟一定数量的存储单元，为了避免资源的不必要浪费，按需定义数据的类型、声明包、类和接口。

1. 每行声明变量的数量

推荐一行一个声明，因为这样有利于写注释。例如：

```
int level;        //缩进级别
int size;         //表的尺寸
```

要优于：

```
int level, size;
```

不要将不同类型变量的声明放在同一行。例如：

```
int foo, fooarray [ ];    //错误!
```

注意：上面的例子中，在类型和标识符之间放了一个空格。空格可使用制表符替代。

2. 初始化

尽量在声明局部变量的同时初始化，唯一不这么做的理由是变量的初始值依赖于某些先前发生的计算。

3. 布局

只在代码块的开始处声明变量（一个块是指任何被包含在大括号“{”和“}”中间的代

码）。不要在首次用到该变量时才声明，这会妨碍代码在该作用域内的可移植性。

```
void myMethod(){
int int1=0;                     //方法块的开始
if(condition){
int int2=0;                     //“if”块的开头
...
}
}
```

该规则的一个例外是for循环的索引变量：

```
for(int i=0; i<maxLoops; i++){…}
```

4. 包的声明

在多数Java源文件中，第一个非注释行是包语句。我们的综合信息管理平台包的声明采用如下规范：

```
package cn.com.zmanager;
```

5. 类和接口的声明

当编写类和接口时，应该遵守以下格式规则：

①在方法名与其参数列表之前的左括号“（”间不要有空格。

②左大括号“{”位于声明语句同行的末尾。

③右大括号“}”另起一行，与相应的声明语句对齐，除非是一个空语句，这种情况下“}”应该紧跟在“{”之后。

④方法与方法之间以空行分隔。

7.6.5 语句规范

规范的语句可以改善程序的可读性，让程序员尽快而彻底地理解新的代码。

1. 简单语句

每行至多包含一条语句，例如：

```
argv++;                         //推荐
argc--;                         //推荐
argv++; argc--;                 //避免
```

2. 复合语句

复合语句是包含在大括号中的语句序列，形如“{语句}”。复合语句遵循如下原则：

①被括其中的语句应该比复合语句缩进一个层次。

②左大括号“{”应位于复合语句起始行的行尾，右大括号“}”应另起一行并与复合语句首行对齐。

③大括号可以用于所有语句，包括单条语句，只要这些语句是诸如if... else或for控制结构的一部分，这样便于添加语句而无须担心由于忘了加括号而引入bug。

7.6.6 注释规范

Java程序有两类注释：实现注释和文档注释。实现注释使用/*…*/和//界定。文档注释是Java独有的，并由/**…*/界定。文档注释可以通过javadoc工具转换成HTML文件，描述Java的类、接口、构造器、方法及字段（Field)。一个注释对应一个类、接口或成员。若想给出有关类、接口、变量或方法的信息，而这些信息又不适合写在文档中，则可使用实现块注释或紧跟在声明后面的单行注释（关于块注释及单行注释的信息见下面的小节)。例如，有关一个类实现的细节，应放入紧跟在类声明后面的实现块注释中，而不是放在文档注释中。

注释应用来给出代码的总括，并提供代码自身没有提供的附加信息。

在注释里，对设计决策中重要的或者不是显而易见的地方进行说明是可以的，但应避免重复提供代码中已清晰表达出来的信息。

1. 注释的方法

程序可以有四种实现注释的风格：块注释、单行注释、尾端注释和行末注释。

(1) 块注释

块注释通常用于提供对文件、方法、数据结构和算法的描述。块注释通常置于每个文件的开始处以及每个方法之前，也可以用于其他地方，如方法内部。在功能和方法内部的块注释应该和它们所描述的代码具有一样的缩进格式。块注释之首应该有一个空行，用于把块注释和代码分割开。例如：

```
/*
 *这是块注释
 */
public class Example{......
```

注意：顶层的类和接口是不缩进的，而其成员是缩进的。描述类和接口的文档注释的第一行(/**）不需要缩进，随后的文档注释每行都缩进1格。成员，包括构造函数在内，其文档注释的第一行缩进4格，随后每行都缩进5格。

(2) 单行注释

短注释可以显示在一行内，并与其后的代码具有一样的缩进层级。如果一个注释不能在一行内写完，就该采用块注释。单行注释之前应该有一个空行。以下是一个Java代码中单行注释的例子：

```
if(condition){
/*处理条件*/
...
}
```

(3) 尾端注释

极短的注释可以与它们所要描述的代码位于同一行，但是应该有足够的空白来分开代码和注释。若有多个短注释出现于大段代码中，它们应该具有相同的缩进。以下是一个Java代码中尾端注释的例子：

```
if(input==2){
```

```
    return TRUE;                    /* 特殊处理 */
    }else{
    return isMine(input);           /* 调用函数isMine() */
}
```

(4) 行末注释

注释界定符“//”可以注释掉整行或者一行中的一部分，它一般不用于连续多行的注释文本，但可以用来注释掉连续多行的代码段。

注意：

①频繁的注释有时反映出代码质量低。当觉得被迫要加注释时，建议考虑一下重写代码使其更清晰。

②注释不应写在用星号或其他字符画出来的大框里，不应包括诸如制表符和回退符之类的特殊字符。

2. 开头注释

所有的源文件都应该在开头有一个类似C语言风格的注释，其中列出文件名、版本信息、日期、作者以及文件描述等。例如：

```
/ * *
* 文件名: ***.Java
*@author  汪某某
* 版本: 1.0
* 描述: 登录操作类
* 创建时间: 2009-10-11上午10:49:30
* 文件描述:
* 修改者:
* 修改日期:
* 修改描述:
*/
```

3. 类和接口的注释

①类／接口文档注释（／**…* ／）：该注释中所需包含的信息。

②类／接口实现注释（／*…* ／）：如果有必要，该注释应包含任何有关整个类或接口的信息，而这些信息又不适合作为类／接口文档注释。

7.6.7 代码范例

下面以登录管理模块代码为例进行描述。

1. 视图层

平台登录页面（login.jsp）：

```
<HTML >
  <HEAD>
    <TITLE >尚品购书网站< / TITLE>
    <META http一equiv="Content一Type" content="text/html; charset=gb2312">
```

```
</HEAD>
<BODY>
<TABLE style="MARGIN一TOP: 10px"width=700 align=center border=0 >
    <TBODY>
    <TR >
    <TD align=middle><IMG SRC="images / logo.Jpg" BORDER=O ></TD>
    </TR >
     < TR >
    <TD aLign=middLe> < IMG height=3 src="images/white . gif" width=10></TD>
  < /TR >
 </TBODY>
</TABLE>
<TABLE width=800 align=center border=0 >
  <TBODY>
   < TR >
    <TD width=99>  </TD>
    <TD>
      <TABLE height=107 cellSpacing=0 cellPadding=0 width=636 border=0>
      <FORM name=FromLogin action="login.do" method=post>
        <TBODY>;
        <TR >
          <TD background="images/202.jpg" colSpan=2 >
          <IMG height=107 src="images /201.gif"width=21 >
          </TD>
          <TD vAlign=top background="images/202.jpg">
            <TABLE style="MARGIN一TOP: 25px" cellSpacing=0 cellPadding=0
              width="100%" border=0 >
                <TBODY>
                <TR>
              <TD width=210 height=24>用户名: <INPUT class=input2
              style="WIDTH: 140px"maxLength=20 name=username></TD>
                <TD></TD></TR>
            <TR>
          <TD HEIGHT=24>密码: <INPUT class=input2 style="WIDTH: 140px"
            type=paeeword maxLength=20 name=password></TD>
            <TD><INPUT type=image height=17 width=38
              Src="images/button.gif" value=登录
          name=image></TD ></TR></TBODY></TABLE></TD>
          <TD vAlign=top background="images/202.jpg">
          <TABLE cellSpacing=0 cellPadding=0 width="100%" border=0>
          <TBODY>
          <TR>
```

```
            <TD></TD>
            <TD align=middle>
            <A href="login.do?username=guest"><IMG
              Height=66 src="images/b012.gif" width=47 border=0
              Name=Image11></A> </TD>
            <TD align=middle>
            <A href="regist.do"><IMG height=66
              Src="images/b022.gif" width=58 border=0 name=Image12></A>
            </TD>
            </TR></TBODY>
          </TABLE>
        </TD>
        <TD vAlign=top align=right width=25 background=images/202.jpg>
        <IMG height=107 src="image/203.jpg" width=19></TD>
        </TR></FORM></TBODY></TABLE></TD></TR></TBODY></TABLE>
<DIV align=center>**版权所有</DIV>
</BODY>
</HTML>
```

2. 控制层以及模型层

相关代码略。

7.6.8 目录规范

开发环境是Visual Studio 2010或者Eclipse，开发之后需要部署到服务器环境上，所以开发环境的目录结构与运行环境的目录结构是一致的，只是在部署的运行环境中，可以不设置源代码的目录。

编码过程应该按照详细设计的规划进行，在伪代码的基础上，按照编码标准和规范进行分模块编码。如果开发环境是Eclipse，首先开发人员在开发过程中按照开发的目录将相应的文件存放在指定的目录下，然后再进行调试，如果调试完成，代码评审通过后放入基线库，再从基线库中将代码放入运行环境中（Tomcat）。如果开发环境是Visual Studio 2010，也可遵循相关操作规范进行操作。

习　　题

1. 传统的程序设计语言如何分类？
2. 结构化程序设计有时被错误地称为“无GOTO语句”的程序设计。请说明为什么会有这样的说法，并讨论围绕着这个问题的一些争论。
3. 传统的程序设计风格主要有哪些？
4. 选择编程语言主要应考虑哪些因素？
5. 面向对象语言有哪些主要特征？
6. 什么是软件复用技术？

第8章 用户界面设计

本章要点

- 用户分类
- 用户界面的设计目标
- 用户界面的设计方法
- 本阶段文档：用户界面设计方案

用户界面又称人机界面，是用于实现用户与计算机之间的通信，以实现人机之间交互以及数据传送的系统部件。

8.1 用户分类

要进行界面设计，首先应知道面对的用户有哪几类，有什么特点。根据使用频率粗略地可以把用户分为初级用户、中级用户和高级用户等几类：

①初级用户：第一次使用或使用次数很少，不要求高效，这类用户需要容易使用、操作简单的界面。

②中级用户：使用相对频繁，任务范围不涉及高级的功能，不是专业操作人员，但未来可能成为专业用户。

③高级用户：也是专业用户，这类用户熟悉高级功能，曾经熟练使用以前的版本，是专业从事计算机系统操作的用户。

8.2 用户界面的设计目标

用户界面设计的目标是：界面友好；增加系统可用性。

人机界面友好的界面应该具有以下特征：

①操作简单，容易学、容易掌握。

②界面美观大方，操作舒适。

③反应快速，响应合理。

④用语通俗易懂，语义一致。

一个用户界面设计质量的优劣，最终的判定者是用户，因为软件开发出来是供用户使用的，软件的最终使用者才是最有发言权的。

8.3 用户界面设计方法

软件开发在进入到界面设计这个阶段，应该让用户参与进来，共同进行界面设计方案的制定。

为适应不同程度的用户群体，一般把界面分为“高级功能”和“常用功能”来布置界面元素。

①高级功能一般放在比较隐秘的位置。

②常用功能一般放在很醒目的位置。

8.3.1 界面的一致性

在界面设计中，应该保持界面设计的一致性。一致性既包括使用标准的控件，也包括使用相同的信息表现方法，如字体、标签风格、颜色、术语、显示错误信息等方面确保一致。

①标签的提示。字体为不加重、宋体、黑色、灰底或透明、无边框、右对齐、不带冒号，一般情况为五号字。

②日期。正常字体、宋体、白底黑字、3-D lowered。

③对齐方法。

- 左对齐：一般文字、单个数字、日期等。
- 右对齐：数字、时间、日期加时间。

④分辨率为800× 600像素，增强色为16色。

⑤字体默认为宋体、五号、黑色。

⑥底色默认为灰色。

以上这些信息的排列显示风格仅供参考，在同一个应用中，这些信息的表现方式不一致，会使得用户分散注意力，影响这一软件的使用，因此开发者应当注意在同一个软件中表现形式的一致性。

8.3.2 菜单的一致性

菜单一般分为下拉式菜单和快捷菜单，其创建过程一般分为规划与设计、创建、确定任务、生成和运行测试五步。

菜单的规划与设计应当按需要完成任务的性质、要求，以及用户处理问题的一般习惯分层次地进行。既要注意涵盖每一项操作，又要尽量简洁明快，不要出现重复选项。

1．快捷键的设计

在菜单项中使用快捷键可以让使用键盘的用户操作得更快一些，快捷键在各个配置项上语义必须保持一致。常用的快捷键和功能键设置对照表如表8-1所示。

表8-1 常用快捷键和功能键设置对照表

分类	快捷键	功能
面向事务的	Ctrl+D	删除
	Ctrl+F	寻找
	Ctrl+I	插入
	Ctrl+N	新记录
	Ctrl+S	保存
查询/列表	Ctrl+O	查询
	Ctrl+R	列表
其他	Ctrl+C	复制
	Ctrl+H	帮助
	Ctrl+P	打印
	Ctrl+V	粘贴
	Ctrl+W	关闭
	Ctrl+X	剪切
MS Windows保留键	Ctrl+Tab	下一窗口
	Ctrl+Esc	任务列表
	Ctrl+F4	关闭窗口
	Alt+F4	结束应用
	Alt+Tab	下一应用
	Enter	默认按钮/确认操作
	Esc	取消按钮/取消操作
	Shift+F1	上下文相关帮助

快捷菜单也叫弹出式菜单，是针对某个特定对象设计的，因此在菜单中集中了对该对象的各种操作命令，所以使用方便，操作快捷。一般只要在指定对象上右击，就会弹出该对象的快捷菜单。一个典型的快捷菜单如图8-1所示。

2. 工具栏的设计

工具栏可以让用户更方便地使用软件，为软件操作提供了一种快捷方式。其设计要简单易用，并且应符合用户的使用习惯。

3. 对话框的设计

对话框是最常见的人机交互界面，它既可以作为系统显示提示或警告信息的窗口，又可以作为人机交流的窗口。图8-2所示为某系统登录的对话框。

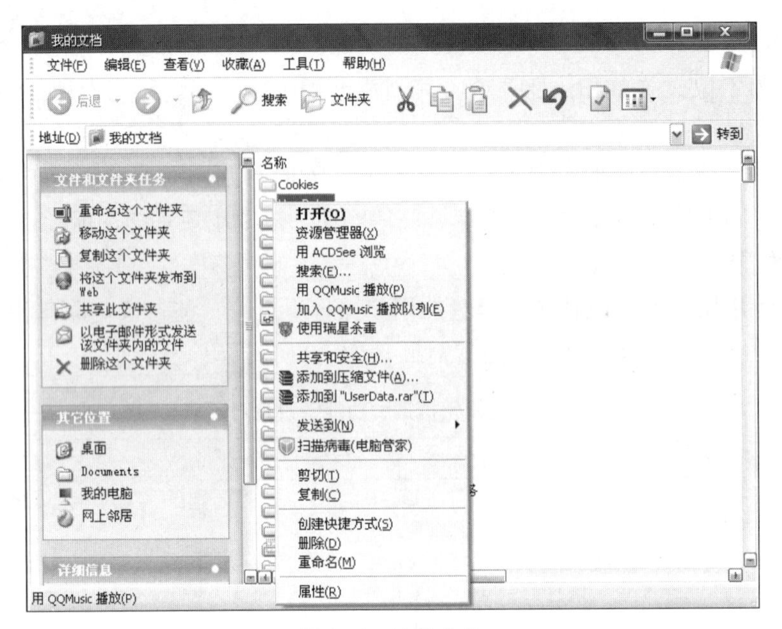

图 8–1　快捷菜单

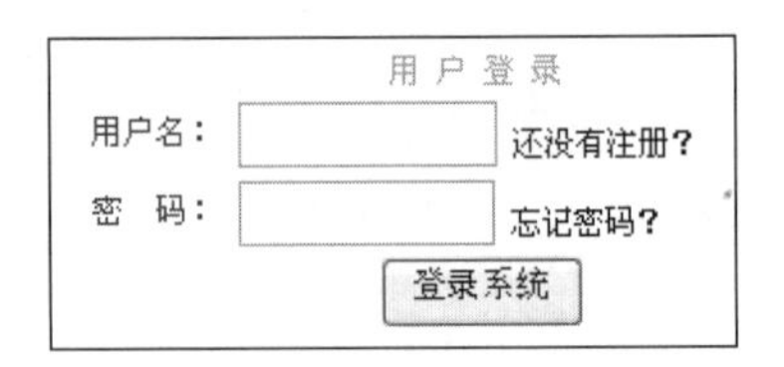

图 8–2　某系统登录对话框

8.3.3　鼠标与键盘的对应原则

设计中应遵循不用鼠标的原则，但是，许多鼠标的操作（如双击、拖动对象等）并不能简单地用键盘来模拟实现。例如，在一个列表框中用鼠标双击其中一项表示选中该项内容。为了用键盘也能实现这一功能，必须在窗口中定义一个表示选中的按钮，以作为实现双击功能的替代。又如，在一个窗口中有两个数据窗口，可以用鼠标从一个数据窗口中将一项拖出然后放到另一个数据窗口中。如果只用键盘，就应当在菜单中设置复制或移动的菜单项。

8.3.4　向导使用原则

由于应用中某些部分的处理流程是固定的，用户必须按照指定的顺序输入操作信息，为了使用户操作得到必要的引导，应该使用向导，但是向导必须用在固定处理流程中，并且处理流程应该不少于3个处理步骤。

8.3.5　系统响应时间

系统响应时间包括两个方面：时间长度和时间的不确定性。用户响应的时间应该适中，系统响应时间过长，用户就会感到不安和沮丧，而响应时间过短会造成用户加快操作节奏，从而导致错误。系统响应时间的不确定性是指相对于平均响应时间的偏差。即使响应时间比较长，低的响应时间不确定性也有助于用户建立稳定的节奏。

系统响应时间可参考表8-2和表8-3。

表8-2　响应时间长度

响应时间长度	界面设计
0～10 s	鼠标显示成为沙漏
10～18 s	由微帮助来显示处理进度
18 s以上	显示处理窗口，或显示进度条
一个长时间的处理完成	应给予完成警告信息

表8-3　响应时间不确定性

响应时间的不确定性	界面设计
用户感觉不到	不考虑
用户稍微感觉到	由微帮助提供说明
时间差别比较大的	显示提示

8.3.6　用户帮助设施

常用的帮助设施有两种：集成的和附加的。集成的帮助设施一开始就设计在软件中，它与语境有关，用户可以直接选择与所要执行操作相关的主题。通过集成帮助设施可以缩短用户获得帮助的时间，增加界面的友好性。附加的帮助设施是在系统建好以后加进去的。

对于这两种帮助设施，在设计时应遵循以下原则：

①进行系统交互时，提供主要操作的帮助功能。

②用户可以通过帮助菜单、F1键或帮助按钮访问帮助。

③用户通过返回键和功能键回到正常的交互方式。

④采用分层式帮助信息进行帮助查询。

8.3.7　出错信息和警告

出错信息和警告是指出现问题时系统给出的消息。对于出错信息和警告应该遵循以下原则：

①信息以用户可以理解的术语描述。

②信息应提供如何从错误中恢复的建设性意见。

③信息应指出错误可能导致的不良后果，以便用户检查是否出现了这些情况或帮助用户进行改正。

④信息应伴随着视觉上的提示，如特殊的显示信息，图像、颜色或信息闪烁。

⑤信息不能带有判断色彩，即任何情况下不能指责用户。

8.3.8　输入界面设计

1. 输入界面设计的原则

系统输入界面也是人机交互的重要界面。在进行输入界面设计时，一般应注意以下几个方面：

①可靠性高、容错性好。为参数设置默认值，并且容易容错、纠错和各种校验，允许用户出错，在用户出错时要加以提示。

②操作简单，易学易用。输入界面的色彩不应太单调，也不应太复杂；输入的信息反馈时间

不要过长；适当增加帮助功能，可以让用户边用边学；操作应该简单明确。

③风格一致，布局合理，要符合用户的使用习惯。

2．使用实例

输入界面采用的具体方式主要有填表式、菜单式和问答式等三种。图8-3所示为填表式输入示例。

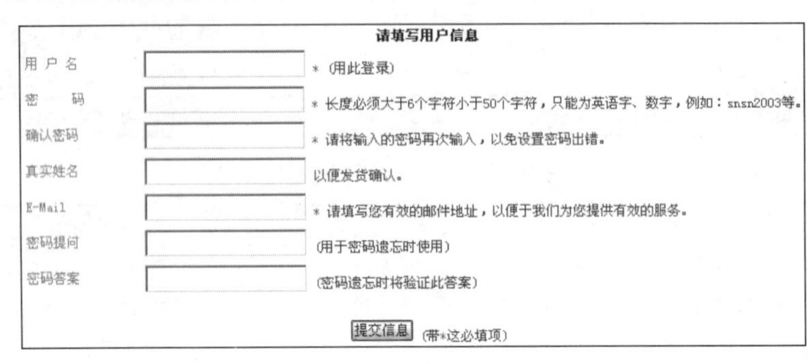

请填写用户信息

用 户 名 ＊（用此登录）

密　　码 ＊长度必须大于6个字符小于50个字符，只能为英语字、数字，例如：snsn2003等。

确认密码 ＊请将输入的密码再次输入，以免设置密码出错。

真实姓名 以便发货确认。

E-Mail ＊请填写您有效的邮件地址，以便于我们为您提供有效的服务。

密码提问 （用于密码遗忘时使用）

密码答案 （密码遗忘时将验证此答案）

提交信息 （带*这必填项）

图8-3　填表式输入示例图

8.3.9　输出界面设计

软件系统输出界面直接影响着系统的使用效果，所以能够针对用户的需求，以最适当的方式，准确、及时地输出最需要的信息，是输出界面设计要解决的问题。

1. 输出方式的选择

①选择输出设备。常见的输出设备有显示器、打印机、绘图仪、网络或者存储设备以及扬声器等。应当根据用户的不同需求选择不同的输出设备。

②选择输出形式。不同的输出设备会有不同的输出形式。一般用报表、标签输出，也有用提示、报警输出等形式。此外，输出也可以是文字、图表、图形、声音、影像等形式。

③确定合适的输出内容。根据用户使用目的的不同，可以分类设计各类输出内容。例如，公司的高层需要的是综合性的统计内容；一般的业务人员需要具体的、详细的、可操作性的信息。每一个报表应该集中输出一方面的内容，不要大而全，同时也不要将本来相关的内容分散到多个表格中。

2. 输出报表界面的设计

报表是最常用的输出格式。在公司和单位里，在各种数据库管理系统中，用户可以根据需要迅速创建输出报表。图8-4所示为一个输出报表的示例。

您最多只能收藏十种图书

选择	图书名称	市场价	会员价	折扣	删除
☑	新东方GRE全真试题20套（新）	65.00元	52.00元	80.00%	
☑	蜡笔小新宝典	16.80元	13.10元	78.00%	
☑	博弈论与信息经济学	38.00元	34.20元	90.00%	
☑	背叛	19.80元	15.40元	78.00%	
☑	雪山飞狐	18.60元	16.60元	78.00%	
☑	数据结构（用面向对象方法与C++描述）	26.00元	20.30元	78.00%	
☑	我的野蛮女友	26.80元	20.90元	78.00%	

去下订单　继续采购

图8-4　输出报表的示例

8.3.10 基于Web界面设计

在企业级应用开发中，Web应用系统可以在任何时间、任何地点使用，在很多应用领域都有巨大需求。因此，Web界面（网页）的设计十分重要。

1. Web界面的类型

Web界面的主要形式有以下6种：

①信息查询类。具有代表性的是各种搜索引擎，如百度、雅虎、Google等。

②大众传媒类。广播、电视和报刊的电子版，主要以发布和报道新闻事件为主，如搜狐网，如图8-5所示。

图8-5 搜狐网

③宣传窗口类。该类网页必须具有新颖、时尚等企业文化特征，企业事业单位和政府机构等组织性机构的网页都属于这一类的。

④电子商务类。电子商务主要是一种商业服务媒介，通过电子商务网站实现网络交互，如淘宝网（见图8-6）、京东商城等。

⑤交流平台类，各种论坛性质的网络。

⑥网络社区类。网络社区主要指虚拟现实社区生活网页，如天涯虚拟社区，如图8-7所示。

2. Web界面设计的特征

Web界面设计有如下特征：

①设计以功能为主。Web界面设计需要充分体现功能第一的原则，其功能性特征主要体现在两个方面：信息传递功能和审美功能。信息还必须以清晰、准确为主，并具有时效性。

②形象明确，容易接受。网页设计的形象要适应大众的口味。例如，百事可乐的网页，就给人带来快乐的感觉。

图 8-6　淘宝网

图 8-7　天涯虚拟社区

③形式简洁。简洁是各种艺术形式必须遵循的原则。网页设计要体现这种“此处无声胜有声”的境界。

3. Web界面设计工具

Web界面设计工具常用的有Photoshop、Fireworks 和Dreamwaver，这些工具与HTML一级各类脚本语言结合使用，可以设计出各种功能的Web界面。

（1）基于HTML

超文本标记语言（HTML）和CSS相互结合是通用的界面设计方式。下面给出示例：

```
<!DOCTYPE HTML PUBLIC "-//W3C//DTD HTML 4.0 Transitional//EN">
<HTML><HEAD><TITLE></TITLE>
<META http-equiv=Content-Type content="text/html; charset=gb2312">
<STYLE type=text/css>
BODY {
    PADDING-RIGHT: 0px;
    PADDING-LEFT: 0px;
    BACKGROUND: #6591be;
    PADDING-BOTTOM: 0px;
    MARGIN: 0px;
    PADDING-TOP: 0px;

}
#apDiv1 {
    position:absolute;
    left:409px;
    top:20px;
    width:73px;
    height:27px;
    z-index:1;
}
.STYLE1 {color: #FFFFFF}
A:link {
    FONT-SIZE: 16px; COLOR: #ffffff; LINE-HEIGHT: 20px; TEXT-DECORATION: none
}
A:visited {
    FONT-SIZE: 16px; COLOR:#ffffff; LINE-HEIGHT: 20px; TEXT-DECORATION: none
}
A:hover {
    FONT-SIZE: 16px; COLOR: red; LINE-HEIGHT: 20px; TEXT-DECORATION: underline
}
</STYLE>

<META content="MSHTML 6.00.2900.3020" name=GENERATOR></HEAD>
<BODY>
<TABLE cellSpacing=0 cellPadding=0 width="100%" border=0 style="BACKGROUND:
url(images/topbg.jpg)repeat-x; WIDTH: 100%; background-repeat: no-repeat; ">
<TBODY>
<TR>
  <TD vAlign=top>
    <TABLE width="100%" border=0 cellPadding=0 cellSpacing=0 background=
"image/topbg.jpg">
```

```
        <TBODY>
        <TR>
          <TD vAlign=top align=middle width=349 height=61><img src="image/logo.
jpg" width="338" height="59"></TD>
          <TD width="414" align="center" valign="bottom"><table width="100%"
border="0" align="right">
            <tr>
              <td width="82%" align="right"><span class="STYLE1"><a href=
"right2.htm" target="right">管理首页</a></span></td>
              <td width="18%" align="right"><span class="STYLE1"><a href=
"exit.aspx" target="_parent" onClick=' return confirm("确实要退出登录吗?")' >
退出登录</a></span></td>
              </tr>
          </table></TD>
    </TR></TBODY></TABLE></TD></TR></TBODY></TABLE></BODY></HTML>
```

运行效果如图8-8所示。

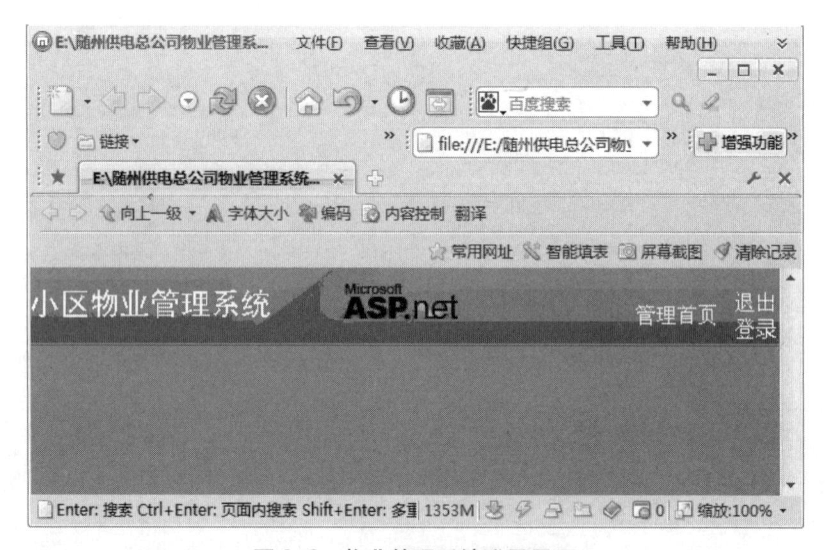

图8-8 物业管理系统登录界面

(2) 脚本语言

脚本语言可以是VBScript 或JavaScript，使用脚本语言可以快速确认输入、制作简单动画，设计出生动的网页效果。

使用脚本语言，一般先使用HTML文档语言做开头说明，也就是脚本语言嵌入到HTML语言中。

下面给出使用JavaScript语言结合HTML设计界面的代码。

```
[javascript] view plaincopyprint?
<html>
<head>
```

```
<title>JavaScript如何实现动态网页交互</title>
</head>
<script language="javascript">
function welcome()
{
    window.alert("欢迎光临");
}
</script>
<body>
<p>
<form>
单击弹出欢迎对话框&nbps;
<input type=button value="welcome" onclick="welcome()">
</form>
</body>
</html>
```

习　　题

1. 用户界面设计的目标是什么？
2. 用户界面设计的原则是什么？
3. Web界面设计有哪些类型？
4. 使用HTML为某网站的论坛设计一个会员注册的界面。

第9章 软件测试

本章要点

- 软件测试的基本概念
- 软件测试技术
- 软件测试策略
- 本阶段文档：软件测试报告

9.1 软件测试的基本概念

视频

软件测试的基本概念

实践证明，在软件工程中，程序正确性证明是非常困难的，事实上是不可行的，主要技术和方法还是软件测试。

在软件的生命周期中，软件测试横跨两个阶段，编码与单元测试属于软件生命周期的同一阶段，通常在编写出每个模块后就对它做必要的测试（即单元测试），模块的作者与测试者是同一个人；在编码阶段结束后，对软件系统还应该进行各种综合测试，这是软件生命周期另一个独立的阶段，通常由专门的测试人员承担。

9.1.1 软件测试的目标

对于什么是软件测试，有人以为“软件测试是证明程序中没有错误”，也有人认为“测试是证明程序能执行它的功能”，也有人认为“成功的测试是没有发现错误的测试”，等等。那么，什么是软件测试呢？G.Myers给出了关于测试的一些规则，这些规则也可以看作是软件测试的目标或定义：

①测试是为了发现程序中的错误而执行程序的过程。

②好的测试方案是极可能发现迄今为止尚未发现的错误的测试方案。

③成功的测试是发现了至今为止尚未发现的错误的测试。

从上述规则可以看出，软件测试的目标是尽可能暴露程序中的错误，而不是证明程序是正确的。所以从心理学角度看，完全由软件设计人员负责测试工作是不合适的。大型软件系统的测试分为单元测试和综合测试两个阶段。多数场合，设计者与测试者共同完成单元测试任务；专门机构负责软件产品的综合测试，有时设计人员也加入进来。

值得注意的是，不能保证通过测试的程序一定正确，也不能证明程序中没有错误。

9.1.2 测试阶段的信息流程

测试阶段的信息流程如图9-1所示。其中输入流分为软件配置和测试配置两项。软件配置由需求说明书、设计说明书和源代码组成；测试配置包含测试计划、测试工具、测试用例和期望结果（所谓测试用例即为测试而设计的输入数据和与之对应的预期输出结果）。有时测试配置也作为软件配置的一个组成部分。

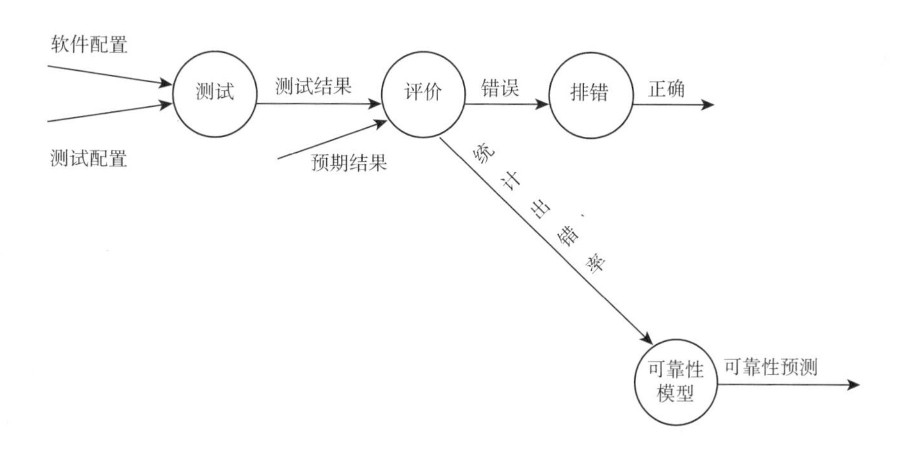

图9-1 测试阶段的信息流程

测试人员根据上述输入信息测试软件，当测试结果与期望结果存在差异时，往往软件有错。设法确定错误的准确位置并且改正，即调试程序。与测试不同，调试工作通常由软件的编写者负责。

通过对测试结果的收集和评价，软件质量的一些定性指标即能逐步被明确下来。显然，若通过测试发现了严重错误并经常需要修改设计的软件，质量一定不高，需要进一步测试；而一个软件若看似功能完善，测试所发现的错误也易于改正，则可能为两种情况：一是软件的质量和可靠性确实令人满意；二是所做测试尚不完备，未能发现隐藏着的严重错误。若测试没发现任何错误，则极有可能是测试配置选择不当，致使问题深藏不露，而这些问题最终会在用户使用过程中暴露，故仍然要求开发者予以纠正。但此时定位一个错误的代价将是开发阶段的数十倍甚至更多，所以应当尽早地和不断地进行测试。

测试积累的结果可用于构造软件可靠性模型，该模型通过使用错误率数据，对未来可能的出错率进行预测。

9.1.3 测试用例的设计

软件测试大致可以分为人工测试和基于计算机的测试，而基于计算机的测试又可分为白盒测试和黑盒测试。

顾名思义，所谓黑盒测试即不知产品内部工作过程，测试仅在程序界面上进行，设计的测试用例旨在说明程序的每个功能是否都能正常使用；所谓白盒测试即已知产品内部工作过程，把测试对象看作一个打开的盒子，允许测试人员利用程序内部的逻辑结构和有关信息设计测试用例，对程序所有逻辑路径进行测试，以证实每种内部操作是否符合设计规格要求。

显然，在一般情况下，出于时间和资源上的考虑，黑盒测试不可能把所有可能的输入数据拿来进行测试，白盒测试也不可能覆盖程序中所有的逻辑路径。即不论黑盒测试还是白盒测试，都不可能进行穷举测试。测试时必须从数量极大的可用测试用例中精心挑选少量的测试用例，能够尽可能多地揭露隐藏的错误。

9.1.4 软件测试的步骤

软件工程的开发过程和测试过程应该是对应的，如图9-2所示。

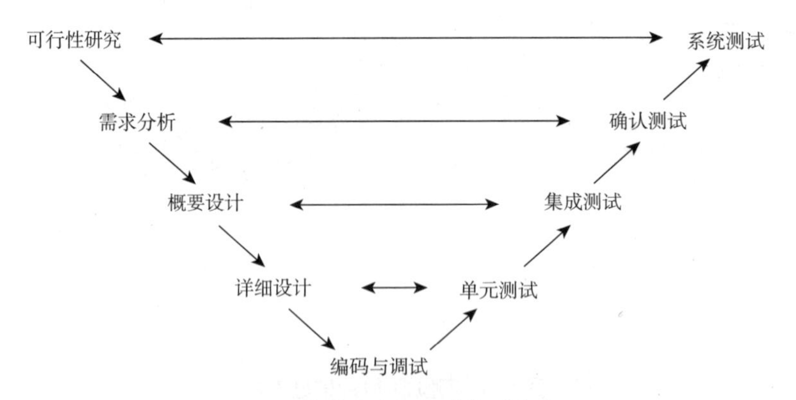

图9-2 软件开发与测试的对应关系

对照图9-2可以看出，最初的可行性研究定义出软件的作用范围，进入需求分析阶段，逐步确定软件的信息域、功能、行为、性能、约束和验收标准，再接着是概要设计、详细设计，然后是编码。这几个步骤构成了软件开发的全过程（即图9-2中左边的部分），每向前推进一个步骤，软件的抽象级别就降低一次。

为测试软件，首先进行单元测试，测试源程序的每一模块单独运行是否正确，单元测试一般在编码之后进行，多采用白盒法；下一步是集成测试（或称综合测试），测试软件总体结构，因测试建立在软件各模块间的接口上，故多为黑盒测试，适当辅以白盒法，以便能对主要的逻辑路径进行测试；再下一步是确认测试（或称验收测试），测试软件是否满足需求，这一步完全采用黑盒法；最后一步是系统测试，检查软件与系统中其他元素是否协调，严格地说，这一步已经超出软件工程的范围。

9.2 静态测试

静态分析的对象可以是需求文件、设计文件或程序，目的是找出其中的错误或有疑问之处。静态分析时不执行被分析的程序。

9.2.1 文档审查

文档审查是一种手工分析技术，由一组人员召开会议、对某个程序的程序说明文档、程序设计的编码、测试等工作进行评议，在评议过程中检查出错误。“审查”是指被评议的软件设计的相关文档都要以逐步检查的方式虚拟地执行一遍。统计表明，这种方式能够找出典型程序中30%～70%的逻辑设计错误以及编码上的错误。

在软件设计的每个阶段工作完成之后就要进行文档审查，如果每次都审查，所花的时间会少一些。在每次审查之前要确定文档审查的内容。

9.2.2 代码审查

代码审查是通过分析程序的流程图来实现的，它只分析代码的结构以及代码段的功能而不执行代码，因此代码审查比较适合于编码实现阶段。代码审查所能得到的信息主要有：

①语法错误信息。

②每条语句中标识符的引用分析，如变量、参数等。

③每个例行程序调用的子例行程序和函数。

④未给出初值的变量。

⑤已定义但未使用的变量。

⑥未经说明或无用的标号。

⑦对任何一组输入数据均不可能执行到的代码段。

使用代码审查分析比较直观，而且能为动态测试产生测试数据，并显示各种测试数据执行的路径，便于分析测试结果。

9.3 动态测试

为了找出程序的缺陷，使用最普遍的方法还是动态测试技术。可以把被测试的程序看成是一个函数，此函数描述了输入和输出之间的关系。输入的全体称为程序的定义域，输出的全体称为程序的值域。

视频

动态测试

一个动态测试过程可分为5步：

①选取定义域中的有效值，或定义域中的无效值。

②对于已选取的值决定预期的结果。

③用选取的值执行程序。

④观察程序的行为，并获取其结果。

⑤将结果与预期的结果进行对比，如果不吻合，则证明程序存在错误。

理论上，可以通过对定义域中的每个元素执行上述测试过程，从而证明程序有无错误，这就是“穷举测试”。但实际上，测试方法只能是一种抽样检查，为此先要寻找一个合适的定义域中具有代表性的元——测试数据集。

按产生测试数据的方式不同，动态测试可分为功能测试和结构测试。功能测试又称“黑盒测试”，它从需求分析的系统说明书出发，按程序的输入、输出特性和类型选择测试数据。结构测试又称“白盒测试”，测试数据的产生涉及程序的具体结构，所以它反映程序的结构性质。例如，产生的测试数据应使程序的所有语句至少执行一次；或使程序的所有通路至少通过一次，即使程序的每个分支至少通过一次。

9.3.1 白盒测试

白盒测试方法又称逻辑覆盖法，其基本思想是把程序看作是路径的集合，这样，对程序的测试便转化为对程序中某些路径的测试，要设法让被测试的程序的“各处”均被执行到，使潜伏在程序每个角落的错误具有机会暴露出来。因此，白盒法实际上是一种选择通过指定路径的输入数据的分析方法。

1. 逻辑覆盖

所谓逻辑覆盖是对一系列测试过程的总称，从覆盖源程序语句的详尽程度来看，大致有以下几类覆盖标准，它们覆盖源程序语句的详尽程度是依次增大的。

(1) 语句覆盖

语句覆盖即选择足够多的测试数据，使被测程序中每条语句至少执行一次。

图9-3所示为一个被测模块的流程图。

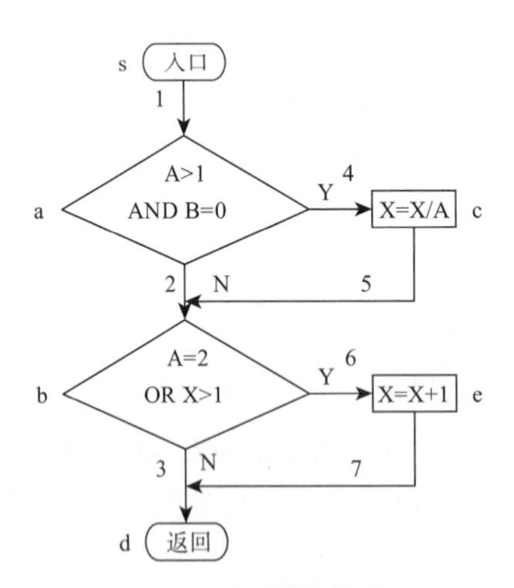

图9-3 被测模块的流程图

它的源程序用Pascal语言写出如下：

```
PROCEDURE  EXAMOLE(A, B:REAL; VAR X:REAL);
  BEGIN
    IF(A>1)AND(B=0)
```

```
      THEN  X:=X/A;
    IF(A=2)OR(X>1)
      THEN X:=X+1
  END;
```

为使每条语句都执行一次，程序的执行路径应该是sacbed，为此只需要输入下面的测试用例（X可以是任何实数）：

```
A=2，B=0，X=4
```

语句覆盖对程序的逻辑覆盖很少，在上面的例子中两个判定条件都只测试了条件为真的情况，如果条件为假时处理有错则不能发现。此外，语句覆盖只关心判定表达式的值，而没有分别测试判定表达式中每个条件取不同值时的情况。上例中，为了执行sacbed路径，以测试每个子句，只需要两个判定表达式（A>1）AND（B=0）和（A=2）OR（X>1）都取真值，因此使用上述一组测试用例就够了。但如果程序中第一个判定表达式中的AND错写成OR，或第二个判定表达式中的X>1错写成X<1，使用上面的测试用例则不能查出这些错误。

语句覆盖是最弱的逻辑覆盖标准，为了更充分地测试，可以采用下述逻辑覆盖标准。

（2）判定覆盖

判定覆盖又称分支覆盖，它的含义为：不仅每条语句至少执行一次，而且每个判定的每种可能的结果都至少执行一次，即每个判定的每个分支都至少执行一次。

对于上例，能够分别覆盖路径sacbed和sabd的两组测试数据，或者可以分别覆盖路径sacbd和sabed的两组测试数据，都满足判定覆盖标准。例如，以下两组测试用例即可做到判定覆盖。

```
I.  A=3，B=0，X=3(覆盖路径sacbd)
II.  A=2，B=1，X=1(覆盖路径sabed)
```

判定覆盖对程序的逻辑覆盖程度仍不高，如上面的测试用例只覆盖了程序全部路径的一半。

（3）条件覆盖

条件覆盖的含义是，不仅每条语句至少执行一次，而且使判定表达式中的每个条件都取到各种可能的结果。图9-3中共有两个判定表达式，每个表达式中有两个条件，为了做到条件覆盖，应该选取测试用例使得在a点有下述各种结果出现：

```
A>1，A≤1，B=0，B≠0
```

在b点有下述各种结果出现：

```
A=2，A≠2，X>1，X≤1
```

只需要使用下列两组测试用例即可达到上述覆盖标准：

```
I.  A=2，B=0，X=4
(满足A>1，B=0，A=2和X>1的条件，执行路径sacbed)
II.  A=1，B=1，X=1
(满足A≤1，B≠0，A≠2和X≤1的条件，执行路径sabd)
```

条件覆盖通常比判定覆盖强，因为它使判定表达式中每个条件都取到了两个不同的结果，判定覆盖却只关心整个判定表达式的值。例如，上面两组测试用例也同时满足判定覆盖的标准。但也可能有相反的情况：虽然每个条件都取到了两个不同的结果，判定表达式却只取到一个值。例如，使用下面两组测试用例，则仅满足条件覆盖标准而不满足判定覆盖标准（第二个判定表达式的值总为真）：

```
I.   A=2，B=0，X=1
(满足A>1，B=0，A=2和X≤1的条件，执行路径sacbed)
II.   A=1，B=1，X=2
(满足A≤1，B≠0，A≠2和X>1的条件，执行路径sabed)
```

（4）判定-条件覆盖

判定覆盖不一定包含条件覆盖，条件覆盖也不一定包含判定覆盖，有没有一种既包含条件覆盖又包含判定覆盖的覆盖标准呢？有的，这就是判定-条件覆盖。它的含义是：选取足够多的测试用例，使判定表达式中每个条件都取到各种可能的值，且每个判定表达式都取到各种可能的结果。

对于图9-3的例子，下面两组测试用例满足判定-条件覆盖标准：

```
I.   A=2，B=0，X=4
II.   A=1，B=1，X=1
```

但这两组测试用例也就是为了满足条件覆盖标准最初选取的两组测试用例，故有时判定-条件覆盖并不比条件覆盖更强。

（5）条件组合覆盖

条件组合覆盖要求选取足够多的测试用例，使得每个判定表达式中条件的各种可能组合都至少出现一次。

对于图9-3的例子，共有8种可能的条件组合，分别是：

① A>1，B=0；

② A>1，B≠0；

③ A≤1，B=0；

④ A≤1，B≠0；

⑤ A=2，X>1；

⑥ A=2，X≤1；

⑦ A≠2，X>1；

⑧ A≠2，X≤1。

与其他逻辑覆盖标准中的测试数据一样，条件组合⑤~⑧中X的值是指在程序流程图第二个判定框（b点）的X值。

下面的测试用例可以使上述8种条件组合每种至少出现一次。

```
I.   A=2，B=0，X=4
(针对1、5两种组合，执行路径sacbed)
II. A=2，B=1，X=1
```

```
(针对2，6两种组合，执行路径sabed)
III.  A=1，B=0，X=2
(针对3，7两种组合，执行路径sabed)
IV. A=1，B=1，X=1
(针对4，8两种组合，执行路径sabd)
```

显然满足条件组合覆盖标准的测试用例，也一定满足判定覆盖、条件覆盖和判定-条件覆盖标准。因此，条件组合覆盖是前述几种覆盖标准中最强的，但是满足条件组合覆盖标准的测试用例并不一定使程序中的每条路径都执行到，例如，上述4组测试用例都没有测试到路径sacbd。

（6）路径覆盖

路径覆盖即选取足够多的测试用例，使程序中每条可能路径都至少执行一次（如果程序图中有环，则要求每个环至少经过一次）。

在图9-3的例子中共有4条可能的执行路径，分别是1—2—3、1—2—6—7、1—4—5—3、1—4—5—6—7，因此对于这个例子而言，为做到路径覆盖，必须设计4组测试数据，如下列4组测试用例可以满足路径覆盖的要求：

```
I.  A=1，B=1，X=1(执行路径1 2 3)
II.  A=1，B=1，X=2(执行路径1 2 6 7)
III.  A=3，B=0，X=1(执行路径1 4 5 3)
IV.  A=2，B=0，X=4(执行路径1 4 5 6 7)
```

路径覆盖是很强的逻辑覆盖标准，暴露错误的能力在前述几种覆盖标准中是最强的。但是，为了做到路径覆盖只考虑每个判定表达式的取值，并没有考虑判定表达式中条件的各种可能组合情况。如果把路径覆盖和条件组合覆盖结合起来，可以设计出检错能力更强的测试用例，在图9-3的例子中，只要把路径覆盖的第三组测试用例和前面给出的条件组合覆盖的4组测试数据联合起来，就可做到既满足路径覆盖标准又满足条件组合覆盖标准。

此外，当程序中的路径数目很多时，做到完全覆盖是很困难的，必须把覆盖的路径数目压缩到一定程度。例如，当测试人员把覆盖的路径数目压缩到一定程度，使程序中的循环体只执行零次和一次，就成为基本路径测试，它是在程序控制流图的基础上，通过分析控制构造的环路复杂性，导出基本可执行路径集合，从而设计测试用例的方法。关于基本路径测试，大家可以进一步查阅相关书籍。

9.3.2 黑盒测试

1. 等价类划分

等价类划分属于黑盒测试法，通过黑盒测试法进行穷举测试往往是不可能的，所以只能选取少量最有代表性的输入数据，以期用最小的代价暴露出程序中尽可能多的错误。

通常黑盒法旨在揭露以下几类错误：

①不正确或遗漏的功能。

②界面错误。

③数据结构或外部数据库访问错误。

④性能错误。

⑤初始化和终止条件错误。

必须指出的是，黑盒测试法和白盒测试法不能相互替代，而是应互为补充，在测试的不同阶段为发现不同类型的错误而灵活运用。

等价类划分法把数目极多的输入数据（有效的和无效的）划分为若干等价类，所谓等价类，是指某个输入域的子集合，在该子集合中，各个输入数据对于揭露程序中的错误都是等效的。故可认为，测试某等价类的代表值就等价于对这一类其他值的测试。因此，可把全部输入数据合理划分为若干等价类，在每个等价类中取一个数据作为测试的输入数据，即可用少量的数据，取得较好的测试效果。

等价类的划分有两种不同的情况：

①有效等价类：对于程序规格说明来说，是合理的、有意义的输入数据构成的集合。通过它可以测试程序是否实现了规格说明预先规定的功能。

②无效等价类：对于程序规格说明来说，是不合理的、无意义的输入数据构成的集合。通过它，可以测试程序中功能的实现是否有不符合程序规格说明的地方。

在设计测试用例时，要同时考虑有效等价类和无效等价类的设计。软件不但能全部接收合理的数据，还要能经受意外的考验，即接受无效的或不合理的数据，这样获得的软件才具有较高的可靠性。划分等价类可按以下原则：

①按区间划分：如果可能的输入数据属于一个取值范围或值的个数限制范围，则可确立一个有效等价类和两个无效等价类。

②按数值划分：如果规定了输入数据的一组值，而且程序要对每个值分别进行处理，则可为每个输入值确立一个有效等价类。此外，针对这组值确立一个无效等价类，它是所有不允许的输入值的集合。

③按数值集合划分：如果可能的输入数据属于一个值的集合，或者需满足“必须如何”的条件，则可确立一个有效等价类和一个无效等价类。

④按限制条件或规则划分：如果规定了输入数据必须遵守的规则或限制条件，则可确立一个有效等价类（符合规则）和若干个无效等价类（从不同角度违反规则）。

在确立了等价类之后，建立等价类表，列出所有划分出的等价类，如图9-4所示。

输入条件	有效等价类	无效等价类
…	…	…
…	…	…

图9-4　等价类表

再从划分出的等价类中按以下原则选择测试用例：

①设计尽可能少的测试用例，覆盖所有的有效等价类。

②针对每一个无效等价类，设计一个测试用例来覆盖它。

2. 边界值分析

通过经验得知，大量的错误是发生在输入或输出范围的边界上，而不是在内部。因此，针对

各种边界情况设计测试用例，可以查出更多的错误。例如，在做三角形计算时，要输入三角形的三条边长A、B和C。这三个数值应满足$A>0$、$B>0$、$C>0$、$A+B>C$、$A+C>B$、$B+C>A$，才能构成三角形，但若将6个不等式中的任何一个大于号错写成大于等于号，则不能构成三角形。问题恰好出现在容易被疏忽的边界附近。这里所说的边界是指，相当于输入等价类和输出等价类而言，等于及稍高于和稍低于其边界值的一些特定情况。

使用边界值分析（Boundary Value Analysis，BVA）方法设计测试用例，首先应确定边界情况。通常输入等价类与输出等价类的边界是应着重测试的，应当选取正好等于、刚好大于或刚好小于边界的值作为测试数据。

边界值分析方法是最有效的黑盒测试方法。

3. 错误推测法

人们也可以通过经验和直觉推测程序中可能存在的各种错误，从而有针对性地编写测试用例，这就是错误推测法。错误推测法属于黑盒测试法。

错误推测法的基本思想是：列举出程序中所有可能发生错误的特殊情况，根据它们选择测试用例。

例如，针对一个排序程序，可以通过输入空的值（没有数据）、输入一个数据、让所有的输入数据都相等、让所有输入数据有序排列、让所有输入数据逆序排列等来进行错误检测。

4. 因果图

前面介绍的等价类划分法和边界值分析法，都是着重考虑输入条件，但未考虑输入条件之间的联系。若在测试时必须考虑输入条件的各种组合，可能的组合数将很可能是天文数字。因此，必须使用一种适合于描述多种条件的组合，相应产生多个动作的形式来设计测试用例，这就需要使用因果图。因果图方法也属于黑盒测试法。

因果图方法最终生成的是判定表，它适合于检查程序输入条件的各种组合情况。

利用因果图生成测试用例的基本步骤如下：

①分析软件规格说明中，哪些是原因（即输入条件或输入条件的等价类），哪些是结果（即输出条件），并给每个原因和结果赋一个标识符。

②分析软件规格说明中的语义，找出原因和结果之间、原因和原因之间的对应关系，根据这些关系，画出因果图。

③由于语法或环境限制，有些原因与原因之间、原因与结果之间的组合情况不可能出现。为了表明这些特殊情况，在因果图上用一些记号标明约束或限制条件。

④把因果图转换成判定表。

⑤把判定表的每一列拿出来作为依据，设计测试用例。

通常在因果图中，用C_i表示原因，E_i表示结果，其基本符号如图9-5所示。各结点表示状态，可取值“0”或“1”，“0”表示某状态不出现，“1”表示某状态出现。

图中四种关系的含义如下：

①恒等：原因和结果同时出现或不出现。

②非：原因出现则结果不出现，原因不出现结果反而出现。

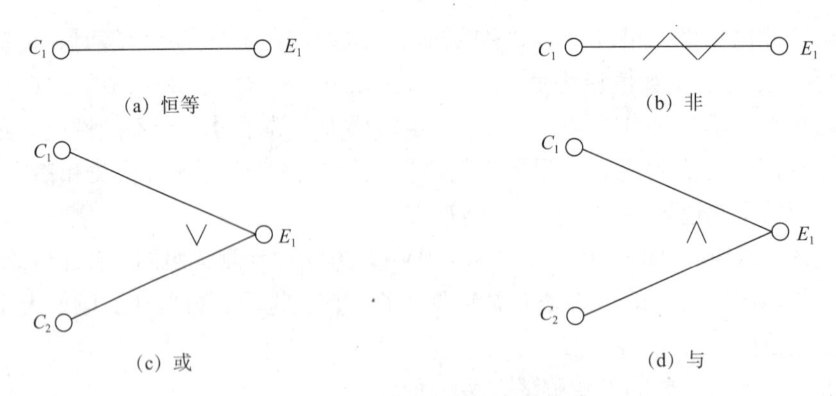

图 9-5　因果图的基本图形符号

③或：几个原因中只要有一个出现，结果就出现；所有原因均不出现，结果才不出现。

④与：几个原因都出现，结果才出现；几个原因中只要有一个不出现，结果就不出现。

在因果图中可能存在一些约束条件，从原因方面考虑有四种约束，从结果方面考虑，有一种约束，如图9-6所示。

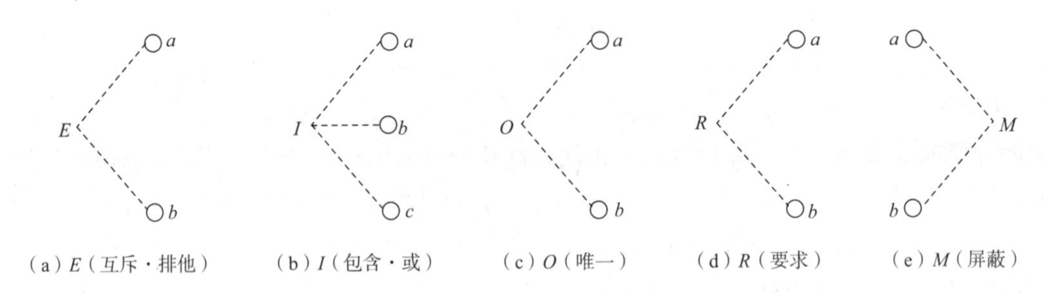

（a）E（互斥・排他）　（b）I（包含・或）　（c）O（唯一）　（d）R（要求）　（e）M（屏蔽）

图 9-6　因果图的约束符号

各符号含义如下：

①E（互斥・排他）：a、b两个原因不会同时成立，最多只有一个成立。

②I（包含・或）：a、b、c三个原因中至少有一个必须成立。

③O（唯一）：a、b中必须有一个且仅有一个成立。

④R（要求）：a出现时b必须也出现。

⑤M（屏蔽）：a是1时，b必须是0；而a是0时，b的值不定。

9.3.3　选择测试技术的综合策略

以上简介了设计测试用例的几种技术，没有任何一种技术是可以单独完成全部测试任务的。这是因为，不同方法各有所长，发现错误的类型也不尽一致。

因此，在对软件进行实际测试时，应联合使用各种技术或方法。通常的做法是：用黑盒法设计基本的测试方案，再用白盒法补充一些必要的测试方案。具体实施时，可参照Myers提出的使用各种测试技术的综合策略：

①任何情况下都必须使用边界值分析方法，经验表明用这种方法设计出的测试用例发现错误的能力最强。

②必要时用等价类划分方法补充一些测试用例。

③必要时用错误推测法再补充一些测试用例。

④对照程序逻辑，检查已设计出的测试用例的逻辑覆盖程度。若没有达到要求的覆盖标准，则应再补充足够的测试用例。

⑤如果程序的功能说明中含有输入条件的组合情况，则开始时就可以使用因果图法。

9.4 软件测试过程

软件测试过程按测试阶段的先后顺序可分为：单元测试、集成测试、确认测试和系统测试。

9.4.1 单元测试

单元测试即对软件的基本组成单位进行的测试，测试的依据是详细设计描述。单元测试多采用白盒法设计测试用例，检查程序的内部结构，确保各单元模块被正确编码。单元测试除了保证测试代码的功能性，还需要保证代码在结构上具有可靠性和健全性。进行全面的单元测试，可以减少系统级所需要的工作量，并且彻底减少系统产生错误的可能性。

1. 单元测试任务

单元测试任务包括：

①模块接口测试。

②模块局部数据结构测试。

③模块边界条件测试。

④模块中所有独立执行通路测试。

⑤模块的各条出错处理通路测试。

以上每个任务都要考虑多种出错情况，在此不详细指出，可进一步参阅其他书籍。

2. 单元测试过程

通常单元测试应紧接在编码之后，当源程序编制完成并通过复审和编译时，即可开始进行单元测试。测试用例的设计应与复审工作相结合，在确定测试用例的同时应给出对应的期望结果。

应当为测试模块开发一个驱动模块（Driver）和（或）若干个桩模块（Stub）。图9-7所示为单元测试的环境。

驱动模块在大多数场合被称为“主程序”，它接收测试数据并将其传递到被测试模块，被测试模块被调用后，主程序打印相关结果；桩模块用于替代那些真正附属于被测试模块（即由被测试模块调用）的模块，桩模块的界面与其替代的真实模块完全一致，但是内部只做少量的数据处理工作，其主要任务是打印“进入-退出”消息。

提高模块的内聚度可简化单元测试，这是因为，若每个模块的功能单一，则模块中的错误将更容易被发现，需要的测试用例数目亦将显著减少。

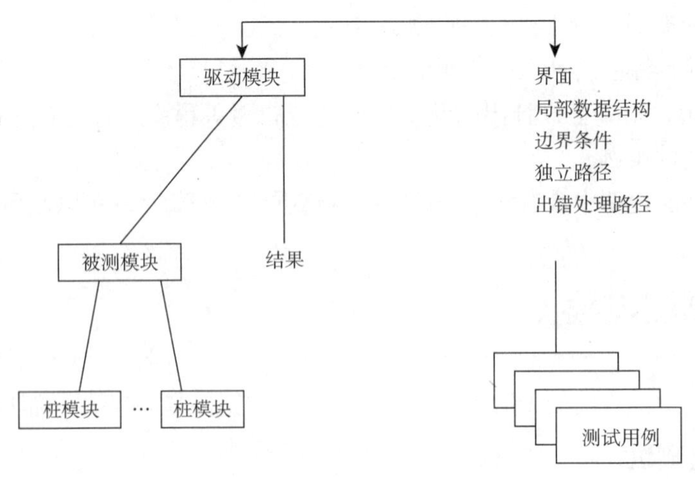

图 9-7　单元测试的环境

9.4.2　集成测试

时常发生这样的情况，每个模块均能单独工作，但将它们集成到一起却不能正常工作。这是因为，模块间相互调用时会引入许多新问题，例如，数据经过接口丢失，一个模块对别的模块产生不良的影响，全局数据结构混乱等。综合测试即按设计要求把通过单元测试的各模块组装在一起，进行集成测试以便发现与接口有关的各种错误。综合测试又称集成测试。

一般来说，一次性将软件的所有模块全部组装起来进行测试是困难的，因为这样做容易在测试的过程中引入新的错误。通常采用增量式集成方法，下面介绍两种增量式集成方法。

1. 向下集成

即从主控模块开始，按照软件的控制层次结构，以深度优先或广度优先的策略，逐步把各个模块集成在一起。深度优先策略首先把主控路径上的模块集成在一起，至于选择哪一条路径作为主控路径，则需要灵活地根据问题的特性确定。图 9-8 所示为一个自顶向下集成的例子。

在图 9-8 中，若选择最左一条路径，首先将模块 M1、M2、M5、M8 集成，再将 M6 集成起来，然后考虑中间和右边的路径。

广度优先策略则不然，它沿着控制层次结构水平地向下移动。仍以图 9-8 为例，它首先将 M2、M3、M4 与主控模块集成起来，再将 M5、M6 和其他模块依次集成起来。

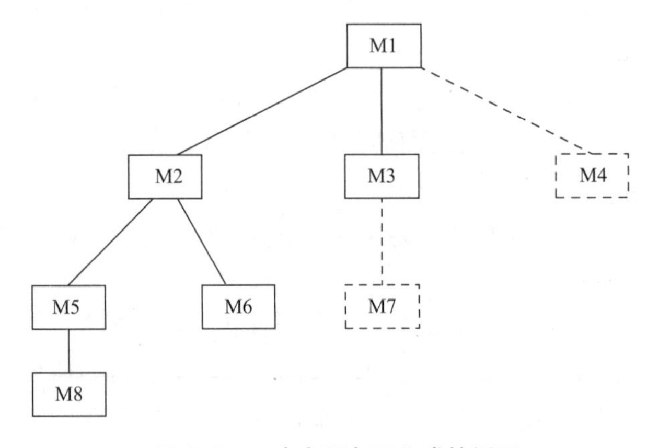

图 9-8　一个自顶向下集成的例子

自顶向下集成测试的步骤如下：

①将主控模块作为测试驱动模块，把对主控模块进行单元测试时引入的所有桩模块用实际模块替代。

②依据所选的集成策略（深度优先或广度优先），每次只替代一个桩模块。

③每集成一个模块立即测试一遍。

④每组测试完成后，才着手替换下一个桩模块。

⑤为了避免引入新错误，须不断进行回归测试（即全部或部分地重复已做过的测试）。

从第二步开始，循环执行上述步骤，直至整个程序结构构造完毕。在图9-8中，实线表示已部分完成的结构，若采用深度优先策略，下一步将用模块M7替代桩模块S7，当然M7本身也可能又带有桩模块，随后将被实际的模块一一替代。

自顶向下集成的优点在于能尽早地对程序的主要控制和决策机制进行检验，故能较早地发现错误。不足之处在于在测试较高层模块时，低层处理采用桩模块替代，因此不能反映真实情况，重要数据不能及时回送到上层模块，测试并不充分。为解决这个问题，可以采用自底向上集成。

2. 自底向上集成

自底向上集成测试是从“原子”模块（即软件结构最底层的模块）开始组装和测试，因此测试到较高层模块时，所需的低层模块功能均已具备，所以不再需要桩模块。

自底向上集成测试的步骤如下：

①把低层模块组织成实现某个子功能的模块群（Cluster）。

②开发一个测试用驱动模块，控制测试数据的输入和测试结果的输出。

③对每个模块群进行测试。

④删除测试使用的驱动模块，用较高层模块把模块群组织成为完成更大功能的新模块群。

从第一步开始循环执行上述各步骤，直至整个程序构造完毕。

自底向上集成测试不用桩模块，测试用例的设计相对简单，但不足之处是软件的最后一个模块加入时才成为一个整体。它与自顶向下集成测试的优缺点正好相反。因此在测试软件时，应根据软件的特点及工程的进度，选择适当的测试策略，有时应将两种策略结合起来，上层模块用自顶向下的方法，下层模块用自底向上的方法。

此外，在综合测试过程中要特别关注关键模块，所谓关键模块一般具有下述一个或多个特征：

①对应几条需求。

②具有高层控制功能。

③复杂、易出错。

④有特殊的性能要求。

对于关键模块应尽早测试，并反复进行回归测试。

3. 综合测试文档

测试说明书应给出软件集成的总体规划和某些特殊测试的描述。综合测试文档将作为软件配置的一部分交给用户。具体的测试说明书提纲可进一步参阅其他书籍。

9.4.3 确认测试

确认测试应测试软件能否满足软件需求说明书中的确认标准。

1. 确认测试标准

确认测试阶段要通过一系列黑盒测试。确认测试的结果有两种可能：一种是功能满足软件需求说明的要求，用户可以接受；另一种是功能不满足软件需求说明的要求，因此必须与用户协商，以妥善解决问题。

2. 配置复审

确认测试的另一个重要环节是配置复审，目的在于保证软件配置齐全、分类有序，并且包括软件维护必需的细节。

3. α、β 测试

软件开发人员不可能完全预见用户使用软件的情况，因此为使软件能真正满足最终用户的需求，应当由用户进行一系列“验收测试”，一般采用 α 测试和 β 测试。

α 测试是指软件开发公司组织内部人员模拟各类用户行为对即将面市的软件产品（称为 α 版本）进行测试，试图发现错误并改正。α 测试应尽可能逼真地模拟实际运行环境和用户对软件产品的各种操作方式。α 测试的目的是评价软件产品的FURPS（Function Usability Reliability Performance Support，即功能、可使用性、可靠性、性能和支持），尤其关注产品的界面和特色。

经过 α 测试的软件产品称为 β 版本。紧随其后的 β 测试是指软件开发公司组织各方面的典型用户在日常工作中实际使用 β 版本，并要求用户报告异常情况、提出改进建议。β 测试主要衡量产品的FURPS，尤其关注产品的支持性，包括文档、客户培训和支持产品的生产能力。

9.4.4 系统测试

通过确认测试的软件，作为整个计算机系统的一个元素，应与计算机硬件、外国设备、某些支持软件、数据和人员等系统元素集成在一起。在实际运行环境下，对计算机系统进行一系列的组装测试和确认测试。通过与系统的需求定义做比较，发现软件与系统需求定义不符合的地方。严格来说，系统测试已超出了软件工程的范围。

9.4.5 排错

排错（Debug，即调试）是在进行了成功的测试之后开始的工作。排错之所以重要，是因为软件测试的任务是尽可能多地发现软件中的错误，但进一步诊断（即确定错误的原因和准确位置）和纠正软件中的错误，则是排错的任务。由此可见，测试是排错的基础，而排错则是测试的必要补充。

1. 排错过程

排错过程大致如下：执行一个测试用例，若测试结果与期望结果不一致，即出现了错误征兆，则排错工作首先要找出错误的原因和准确位置，然后纠正错误。当无法确定错误原因和位置时，只能通过推测，然后设计测试用例证实该推测。若第一次推测失败，则再做第二次推测，直到最终找出错误的原因和准确位置，并进行改正。

排错是一个极为艰辛的工作，这是因为程序中的错误可能具有下列性质：

①错误的征兆是远离错误的真实原因，对于高度耦合的程序尤其如此。

②纠正了一个错误造成另一个错误征兆的暂时消失。

③某些错误征兆只是假象。

④因操作人员一时疏忽造成的某些错误征兆不易追踪。

⑤错误是由于并发执行而不是程序引起的。

⑥输入条件难以精确地再构造。

⑦错误征兆时有时无，此现象在嵌入式系统尤其普遍。

⑧错误是由于把任务分布在若干不同处理机上运行而造成的。

2. 排错方法

常用的排错方法有四类：

（1）强行排错

强行排错也称为原始类排错，是效率最低的排错方法，主要思想是希望通过计算机找错。例如，输出存储器、寄存器的内容，在程序中安排若干输出语句等，凭借大量的现场信息，找到出错的线索，为排错花费的代价往往很大。

（2）回溯法排错

回溯法排错是指从出现错误征兆的地方开始，人工地沿着控制流程往上追溯，直至找到出错的根源。但当程序较大时，回溯路线的数目显著增加，人工进行完全回溯将变得十分困难。

（3）归纳法排错

归纳法是一种从特殊推断一般的思维方法，归纳法排错的基本思想是从一些线索（即错误征兆）着手，分析它们之间的关系来找出错误。

（4）演绎法排错

演绎法是一种从一般原理或前提出发，经过排除和精化，来推导结论的思维方法。演绎法排错即测试人员根据已有的测试用例，提出所有可能出错的原因作为假设，再通过测试逐个排除不可能成立的假设，最后用测试数据验证余下的假设确实出错的原因。

上述每一种方法均可辅以排错工具。目前，调试编译器、动态调试器、测试用例自动生成器、存储器映像及交叉访问视图等一系列工具已广泛地被使用，但它们所起的作用相对于软件开发人员来说只能是辅助性的。

9.5 面向对象的软件测试

尽管常用的面向对象的软件测试方法和技巧与面向过程的软件相同，或者可以从传统的测试方法和技巧中演化而来，但实践和研究表明，它们之间还是存在很多不同之处。

视频

面向对象的软件测试

9.5.1 面向对象测试的特点

面向对象技术不但给编程的语言带来了变化，而且给软件开发的很多方面带来了变化。面向对象技术中特有的封装、继承和多态机制，给面向对象的测试带来了一些新的特点，增加了测试和调试的难度。

在面向对象的程序中，对象是属性和操作的封装体。对象之间通过发送消息启动相应的操作，并且通过修改对象的状态达到转换系统运行状态的目的。但是，对象并没有明显地规定用什么次序启动它的操作才是合法的。因此，在测试类的实现时，测试人员面对的不是一段顺序的代码，所以传统的测试方法（即选择一组输入数据，运行待测的程序处理，通过比较实际结果与预期的输出结果判断程序是否有错）就不完全适用了。

在传统的程序中，复用就是从已有的程序中复制一段代码放到当前的程序中，或者调用标准的库函数。而在面向对象的程序中不仅要测试父类，对于继承的子类也需要展开测试。随着继承层次的加深，虽然可复用的构件越来越多，但是测试的工作量和难度也随之增加。

面向对象的开发是渐进式的迭代开发，并且从分析、设计到实现使用相同的语义结构，如类、属性、操作、消息等。复审对面向对象方法来说显得特别重要，面向对象的测试必须扩大到面向对象的分析和面向对象的设计阶段。

分析和设计模型不能进行传统意义上的测试，因为它们不能被执行。然而，正式的技术复审可以用于检查分析和设计模型的正确性和一致性。为了保证分析和设计模型的正确性和一致性，分析人员和业务人员应该对分析和设计模型中的主要内容（类图、交互图、活动图和接口描述、架构描述、界面描述）进行仔细的讨论，确定正确的分析和设计模型。

为了保持模型之间的一致性，应该检查每个类以及类之间的连接，如果一个类在模型的某一部分有表示，而在模型的其他部分没有正确地反映，则一致性存在问题。检查一致性可从分析模型开始，采用深度优先的策略，一直跟踪到设计模型，配合正确性检查，保持模型间的一致性。

每一次的开发迭代都要进行单元测试和集成测试，测试设计人员要规划每一次迭代需要的测试工作。迭代的每一个构造都需要进行集成测试，迭代结束时进行系统测试。设计和实现测试采取的方法是创建测试规程和测试用例，测试规程说明如何执行一个测试。有时可能还需要构建使测试自动化的测试构件。按照测试程序执行各种测试，并系统地处理每个测试的结果，当发现有缺陷的构造时，要重新测试，甚至可能需要送回给其他核心工作流，以修复严重的缺陷。

出于开发工作的迭代性，一些早期创建的测试用例也可以在后续用作回归测试用例。在迭代中对回归测试的需要逐步增长，这意味着后期迭代将包括大量的回归测试。

9.5.2 面向对象测试的步骤

测试活动的主要目的是执行并评估测试模型所描述的测试。测试设计人员首先要规划每次迭代中与测试相关的事宜，制订测试的目标和测试计划，设计测试用例以及执行这些测试用例的测试规程。如果需要，还要通知构件工程师建立使测试自动化的测试构件。然后，按照测试计划由集成测试人员和系统测试人员用这些测试用例、测试规程以及测试构件作为输入，测试每一个构件并捕获所有缺陷。最后，将这些缺陷反馈给测试设计人员和其他工作流的负责人，由测试设计人员对测试结果进行系统的评估。

测试阶段具体包括如下活动：

1. 制订测试计划

由测试人员根据用况模型、分析模型、设计模型、实现模型，以及架构描述和补充需求来制订测试计划，目的是为了规划一次迭代中的测试工作，包括描述测试策略、估计测试工作所需要的人力和系统资源、制订测试工作的进度。测试设计人员在准备测试计划时应该考虑用况模型和补充需求等，来制订测试进度、预算测试的工作量。由于比较大的系统是不可能完全被测试的。

因此，一般的测试设计准则是：设计的测试用例和测试规程能以最小的代价来测试最重要的用况，并且对风险性最大的需求进行测试。

2. 设计测试用例

面向对象测试的关键是设计合适的操作序列及测试类的状态。由于面向对象方法的核心技术是封装、继承和多态，故本活动由测试人员根据用况模型、分析模型、设计模型、实现模型，以及架构描述和测试计划来设计测试用例和测试规程，具体如下：

①设计集成测试用例。该用例用于验证被组装构造的构件之间是否能够正常交互。测试人员设计集成测试用例时，首先要考虑用况的交互图，从中选择若干组场景——参入者、输入信息、输出结果和系统初始状态的组合。

②设计系统测试用例。该用例用于测试系统功能整体上是否正确，在不同条件下的用况组合的运行是否有效。这些条件包括不同的硬件配置、不同程度的系统负载、不同数量的参入者，以及不同规模的数据库。测试设计人员在设计系统测试用力时，应优先考虑以下问题：

- 执行并行功能时需要的用况组合。
- 可能被执行的用况组合。
- 在对象并行运行时，有可能相互影响的用况组合。
- 包含多进程的用况组合。
- 经常性的，并且可能以复杂的不可预知的方式消耗系统资源的用况组合。

③设计回归测试用例。一个构造如果在前面已经通过了集成测试和系统测试，在后续的迭代开发中产生的构件可能会与其有接口或依赖关系，为了验证将它们集成在一起是否有缺陷，除了添加一些必要的测试用例进行接口的验证外，充分利用前面已经使用过的测试用例来验证后续的构造是非常有效的。

3. 实现测试

实现测试有两种方法：第一，依赖于测试自动化工具。构件工程师根据测试规程，在测试自动化工具环境中执行测试规程所描述的动作，测试工具会自动记录这些动作，构件工程师整理这些记录，并做适当的整理，生成一个测试构件。第二，由构件工程师以测试规程为需求规格说明，进行分析和设计后，使用编程语言开发测试构件。

4. 执行集成测试

该项工作的主要工作步骤如下：

①对每一个测试用例执行测试规程，实现与构造有关的集成测试。

②将测试结果和预期结果进行比较，研究二者的偏离原因。

③把缺陷报告给相关工作流的负责人员，由他们对构件的缺陷进行修改；

④把缺陷报告给测试设计人员，由他们对测试结果和测试缺陷类型进行统计分析，评估整个测试结果。

5. 执行系统测试

根据测试用例、测试规程、测试构建和实现模型对迭代开发的结果进行系统测试，并且将测试中发现的问题反馈给测试设计人员和相关工作流的负责人员。

6. 评估测试

测试设计人员将测试工作的结果和测试计划拟定的目标进行对比，并准备了相应的度量标准，用来确定软件的质量水平，并确定是否还需要进一步做多少测试工作。测试人员要遵循两条标准：

①测试完全性。测试人员分析测试用例，统计功能覆盖率和结构覆盖率。为了使测试更加完全，还应该检查是否考虑了其他方面的测试用例，如压力测试、安装测试和配置测试等。

②可靠性。根据已经发现的缺陷进行缺陷趋势分析，测试人员创建缺陷趋势图，分析特定缺陷的分布情况。测试人员还要创建能够描述在时间跨度上测试成功率的趋势图，即已经达到预期结果的测试比例图。

9.5.3 面向对象软件测试的设计

类是面向对象测试用例设计的目标。因为属性和操作是被封装的，对类之外操作的测试通常是徒劳的。虽然封装是面向对象的本质设计概念，但是它可能成为测试的障碍，测试需要对象的具体和抽象状态的报告。然而，封装使得这些信息难以获得。继承也造成了对测试用例设计者的挑战。尤其是多重继承增加了需要测试的语句数量，从而使测试进一步复杂化。

1. 传统测试用例设计方法的可用性

白盒测试方法用于为类定义的操作进行测试，基本路径、循环测试和数据流技术可以帮助测试操作的每一条语句。黑盒测试方法对面向对象系统同样适用，例如可以为黑盒及基于状态测试的设计提供有用的输入。

2. 基于故障的测试设计

在面向对象的系统中，基于故障测试的目标是设计最有可能发现故障的测试。因为产品或系统必须符合客户需求，因此完成基于故障的测试所需要的初步计划是从分析模型开始。测试人员查找可能的故障，为了确定是否存在这些故障，设计测试用例以测试设计或代码。当然，这些技术的有效性依赖于测试人员如何感觉“可能的故障”。

集成测试在消息的连接中查找似乎可能的故障，会遇到三种类型的故障：未预期的结果、错误的操作/消息的使用、不正确的调用。为了在函数（操作）调用时确定可能的故障，必须检查操作的行为。

对象的“行为”通过其属性被赋予的值而定义，集成测试应该检查属性以确定是否对对象行为的不同类型产生合适的值。集成测试的关注点是确定调用代码中是否存在错误，而不是关注被调用的代码。

3. 基于场景的测试设计

基于故障的测试忽略了两种主要的错误类型：不正确的规约；子系统间的交互。

当不正确的规约关联的错误发生时，产品不做用户希望的事情，而可能做错误的事情，或可能省略了重要的功能。在任何情形下，质量均受到影响。当一个子系统建立环境（如事件、数据流）的行为使得另一个子系统失败时，发生和子系统交互关联的错误。

基于场景的测试关心用户做什么而不是产品做什么。它意味着捕获用户必须完成的任务（通过使用实例），然后应用它们或它们的变体进行测试。

通过场景揭示交互错误，为了达到目标，测试用例必须比基于故障的测试更复杂、更现实。

4. 测试表层结构和深层结构

表层结构指面向对象程序的外部可观察的结构，即对终端用户立即可见的结构。不是处理函数，而是很多面向对象系统的用户可能被给定一些以某种方式操纵的对象。但是，不管接口是什么，测试仍然基于用户任务进行。捕获这些任务涉及理解、观察，以及和代表性用户的交谈。

深层结构指面向对象程序的内部技术细节，即通过检查设计和代码而理解的结构。深层结构测试被设计用以测试作为面向对象系统的子系统和对象设计的一部分而建立的依赖、行为和通信机制。分析和设计模型被用来作为深层结构测试的基础。例如，对象－关系图或子系统协作图描述了在对象和子系统间的可能对外不可见的协作。

9.6 案例——“尚品购书网站”系统测试方案及文档

9.6.1 软件确认测试计划

本文档说明对需求规格说明规定的各种功能需求的确认测试方案（黑盒测试）。

9.6.2 功能测试种类

1. 用等价划分法进行输入有效性测试

主要测试程序中各种输入数据的语法是否符合其规范定义，即是否有效。例如：用户输入的用户名、密码等，只有字符组成、字符数等符合一定规则，才可存入数据库或用作程序中的合法变量，等等。

2. 用边界值分析法对输入有效性测试进行补充

在用等价划分法进行输入有效性测试的基础上，使输入为边界条件进行测试。

3. 用错误推测法进行功能健壮性测试

主要测试程序中各种功能性操作是否正确。例如，用户注册成功或修改信息后，其信息是否正确存入数据库；用户购买图书后，库存中的图书数量和销售历史是否做了正确的改变、用户信息中的经验值是否做了相应的增加，等等。

9.6.3 功能测试的测试用例设计

1. 输入有效性测试（等价划分法、边界值分析法）

需要建立等价类表，如表9-1所示。

表9-1 等价类表

输入条件		有效等价类	无效等价类
用户名：Username	首字符	字母（1）	非字母（2）
	其他字符组成	字母或数字（3）	非字母或数字（4）
	字符数	4~10个（5）	<4个（6），>10个（7）
密码：Password	字符组成	字母或数字（8）	非字母或数字（9）
	字符数	6~15个（10）	<6个（11），>15个（12）

续表

输入条件		有效等价类	无效等价类
××编号/××数量：ID_××/Count_××	字符组成	数字（13）	非数字（14）
	位数	1～10位（15）	0位（16），>10位（17）
××日期：Date_××	字符组成	四位数字“-”两位数字“-”两位数字（18）	非前述组成（19）
	月部分数值	在1～12之间（20）	0或>12（21）
	日部分数值	在1～31之间（22）	0或>31（23）
原价/售价/总价/×金：Price/Cost/TotalCost/Money_××/Finance_××	字符组成	数字（“.”数字）（24）	非前述组成（25）
	小数点后位数	0～2位（26）	>2位（27）
书名/出版商/作者：BookName/Publisher/Author	字符数	0～100（28）	>100（29）
图片路径：PicturePath	字符数	0～200（30）	>200（31）
内容简介：Comment	字符数	0～500（32）	>500（33）
推荐程度：RecomLevel	字符组成	数字（34）	非数字（35）
	数值	0～5（36）	非0～5（37）
分类：classify	字符组成	数字（38）	非数字（39）
	数值	0～4（40）	非0～4（41）

注：“()”中标注的是各等价类的编号

2. 设计测试用例

根据该等价类表，设计以下测试用例，如表9-2所示。

表9-2 测试用例

编号	测试用例	用例覆盖的等价类
1	在用户名输入框中输入“aa3a”	(1)、(3)、(5) 边界
2	在用户名输入框中输入“1a”	(2)
3	在用户名输入框中输入“aaa”	(6)
4	在用户名输入框中输入“a/a”	(4)
5	在用户名输入框中输入“a2345678901”	(7) 边界
6	在密码输入框中输入“abc123”	(8)、(10) 边界
7	在密码输入框中输入“a???bc”	(9)
8	在密码输入框中输入“a234567890123456”	(12) 边界

续表

<table>
<tr><th>编号</th><th>测试用例</th><th>用例覆盖的等价类</th></tr>
<tr><td>9</td><td>在密码输入框中输入“a2345”</td><td>(11) 边界</td></tr>
<tr><td>10</td><td>管理员向图书库存中加入一个图书条目：
<table>
<tr><th>数据项</th><th>备注</th><th>数值</th></tr>
<tr><td>ID_Book</td><td>书号</td><td>45678</td></tr>
<tr><td>Classify</td><td>分类</td><td>1</td></tr>
<tr><td>BookName</td><td>书名</td><td>多情剑客无情剑</td></tr>
<tr><td>Author</td><td>图书作者</td><td>古龙</td></tr>
<tr><td>Publisher</td><td>出版商</td><td>百花文艺出版社</td></tr>
<tr><td>Date_Publish</td><td>出版日期</td><td>1988-12-5</td></tr>
<tr><td>PicturePath</td><td>图片路径</td><td>../BookImage/45678.gif</td></tr>
<tr><td>Count_Page</td><td>页数</td><td>650</td></tr>
<tr><td>Comment</td><td>内容简介</td><td>古龙经典</td></tr>
<tr><td>Count_Total</td><td>库存数量</td><td>10</td></tr>
<tr><td>Count_Buy</td><td>已购买数量</td><td>0</td></tr>
<tr><td>RecomLevel</td><td>推荐程度</td><td>1</td></tr>
<tr><td>Cost</td><td>价格</td><td>24.30</td></tr>
<tr><td>Price</td><td>出版价</td><td>35</td></tr>
<tr><td>Date_Add</td><td>上架日期</td><td>2003-11-28</td></tr>
</table></td><td>(13)
(15)
(18)
(20)
(22)
(24)
(26)
(28)
(30)
(32)
(34)
(36)
(38)
(40)</td></tr>
<tr><td>11</td><td>管理员向图书库存中加入图书条目，其中ID_Book项为：
<table>
<tr><th>数据项</th><th>备注</th><th>数值</th></tr>
<tr><td>ID_Book</td><td>书号</td><td>A678</td></tr>
<tr><td>…</td><td></td><td></td></tr>
</table></td><td>(14)</td></tr>
<tr><td>12</td><td>管理员向图书库存中加入图书条目，其中Publisher项为：
<table>
<tr><th>数据项</th><th>备注</th><th>数值</th></tr>
<tr><td>Publisher</td><td>出版商</td><td>百花…（大于100字符）</td></tr>
<tr><td>…</td><td></td><td></td></tr>
</table></td><td>(29)</td></tr>
<tr><td>13</td><td>管理员向图书库存中加入图书条目，其中PicturePath项为：
<table>
<tr><th>数据项</th><th>备注</th><th>数值</th></tr>
<tr><td>PicturePath</td><td>图片路径</td><td>../Book…（大于500字符）</td></tr>
<tr><td>…</td><td></td><td></td></tr>
</table></td><td>(31)</td></tr>
<tr><td>14</td><td>管理员向图书库存中加入图书条目，其中Date_Publish项为：
<table>
<tr><th>数据项</th><th>备注</th><th>数值</th></tr>
<tr><td>Date_Publish</td><td>出版日期</td><td>88/01/21</td></tr>
<tr><td>…</td><td></td><td></td></tr>
</table></td><td>(19)</td></tr>
</table>

续表

<table>
<tr><th>编号</th><th>测试用例</th><th>用例覆盖的等价类</th></tr>
<tr><td>15</td><td>管理员向图书库存中加入图书条目，其中Date_Publish项为：
<table>
<tr><th>数据项</th><th>备注</th><th>数值</th></tr>
<tr><td>Date_Publish</td><td>出版日期</td><td>1988-00-21（或1988-20-21）</td></tr>
<tr><td>…</td><td></td><td></td></tr>
</table></td><td>(21)</td></tr>
<tr><td>16</td><td>管理员向图书库存中加入图书条目，其中Date_Publish项为：
<table>
<tr><th>数据项</th><th>备注</th><th>数值</th></tr>
<tr><td>Date_Publish</td><td>出版日期</td><td>1988-01-00（或1988-01-41）</td></tr>
<tr><td>…</td><td></td><td></td></tr>
</table></td><td>(23)</td></tr>
<tr><td>17</td><td>管理员向图书库存中加入图书条目，其中Count_Page项为：
<table>
<tr><th>数据项</th><th>备注</th><th>数值</th></tr>
<tr><td>Count_Page</td><td>页数</td><td>（空），或650…（大于10位）</td></tr>
<tr><td>…</td><td></td><td></td></tr>
</table></td><td>(16)
或（17）</td></tr>
<tr><td>18</td><td>管理员向图书库存中加入图书条目，其中Comment项为：
<table>
<tr><th>数据项</th><th>备注</th><th>数值</th></tr>
<tr><td>Comment</td><td>内容简介</td><td>古龙经典…（大于500字符）</td></tr>
<tr><td>…</td><td></td><td></td></tr>
</table></td><td>(33)</td></tr>
<tr><td>19</td><td>管理员向图书库存中加入图书条目，其中RecomLevel项为：
<table>
<tr><th>数据项</th><th>备注</th><th>数值</th></tr>
<tr><td>RecomLevel</td><td>推荐程度</td><td>A</td></tr>
<tr><td>…</td><td></td><td></td></tr>
</table></td><td>(35)</td></tr>
<tr><td>20</td><td>管理员向图书库存中加入图书条目，其中RecomLevel项为：
<table>
<tr><th>数据项</th><th>备注</th><th>数值</th></tr>
<tr><td>RecomLevel</td><td>推荐程度</td><td>7</td></tr>
<tr><td>…</td><td></td><td></td></tr>
</table></td><td>(37)</td></tr>
<tr><td>21</td><td>管理员向图书库存中加入图书条目，其中Cost项为：
<table>
<tr><th>数据项</th><th>备注</th><th>数值</th></tr>
<tr><td>Cost</td><td>价格</td><td>A4.3</td></tr>
<tr><td>…</td><td></td><td></td></tr>
</table></td><td>(25)</td></tr>
<tr><td>22</td><td>管理员向图书库存中加入图书条目，其中Cost项为：
<table>
<tr><th>数据项</th><th>备注</th><th>数值</th></tr>
<tr><td>Cost</td><td>价格</td><td>4.312</td></tr>
<tr><td>…</td><td></td><td></td></tr>
</table></td><td>(27)</td></tr>
</table>

续表

<table>
<tr><th>编号</th><th>测试用例</th><th>用例覆盖的等价类</th></tr>
<tr><td>23</td><td>管理员向图书库存中加入图书条目，其中Classify项为：<table><tr><th>数据项</th><th>备　注</th><th>数　值</th></tr><tr><td>Classify</td><td>分类</td><td>小说</td></tr><tr><td>…</td><td></td><td></td></tr></table></td><td>(39)</td></tr>
<tr><td>24</td><td>管理员向图书库存中加入图书条目，其中Classify项为：<table><tr><th>数据项</th><th>备　注</th><th>数　值</th></tr><tr><td>Classify</td><td>分类</td><td>10</td></tr><tr><td>…</td><td></td><td></td></tr></table></td><td>(41)</td></tr>
</table>

3. 功能健壮性测试（错误推测法）

程序中需要测试以下功能，如表9-3所示。

表9-3　健壮性测试表

输入条件	测试标准
用户登录	①正确检查是否存在该用户名(1) ②若存在该用户名且密码正确，是否能正确登录(2) ③若不存在该用户名或密码错误，是否能给出错误提示(3)
用户注册	①正确检查用户名是否已存在(4) ②若用户名不存在，是否能正确添加该用户(5) ③若用户名已存在，是否能给出错误提示(6)
用户修改信息	①再次登录时，可用修改后的密码登录(7) ②再次登录后，看到的信息均为修改后的(8)
用户提交订单后	正确判断该订单是否可满足(9)
用户订单可满足	正确开具发货票（即收款单）(10)
用户购书	①图书库存做相应修改(11) ②用户经验值做相应增加(12) ③图书销售历史做相应修改，推荐程度做相应修改(13) ④应收款明细账做相应修改(14)
用户订单不可满足	①产生暂存订单（15） ②发出订货通知（16）
接到订货通知	正确分类合计，产生订货单，发给厂商（17）
接到厂方发货单	正确核对发货单和原订单（18）
发货单核对正确	①图书库存做相应修改（19） ②正确发出到货通知（20） ③应付款明细账做相应修改（21）
接到到货通知	核对到货通知和暂存订单，判断暂存订单是否可满足（22）

注：“()”为功能编号。

4. 设计测试用例

根据表9-3，可设计以下测试用例，表9-4所示。

表9-4 测试用例

编号	测 试 用 例	用例覆盖的功能
1	用户信息数据库中不存在用户Jack，用该用户名登录； 或存在用户Jack，密码为greatJack，但用Jack用户名登录所用密码不是greatJack。	(3)
2	用户信息数据库中还没有用户Jack，用Jack名注册	(4)(5)
3	用户信息数据库中已存在用户Jack，密码为greatJack，用该用户名和密码登录	(1)(2)
4	用户信息数据库中已有用户Jack，用Jack名注册	(6)
5	用户信息数据库中已存在用户Jack，密码为greatJack，用该用户名和密码登录后，修改某些信息，并修改密码为greatJacky，再次登录	(7)(8)
6	（接上例）用用户名Jack和密码greatJacky登录后，选择几本书产生订单（事先已经知道该订单可满足），并提交	(9)(10)
7	（接上例）假设用户购买所订图书	(11) ~ (14)
8	正确登录后，选择几本书产生订单（事先已经知道该订单不可满足），并提交	(15)(16)(17)
9	（接上例）假设已得到了厂方的发货单，且该发货单核对正确	(18) ~ (22)

9.6.4 程序模块测试计划

针对主要模块，从接口上进行检验/查错。(黑盒测试)

①针对系统结构的控制层次，确定模块测试的顺序和资源。

②确认每一个算法实现的前置条件和后置条件，设计相应测试用例，特别注重非法的输入条件。

1. 用户注册/登录/修改信息模块（见表9-5）

表9-5 用户注册/登录/修改信息模块

输 入 条 件	模块测试项
用户注册	①能在数据库中正确查找该用户名(1) ②若存在该用户名且密码正确，应能使用户登录(2) ③若不存在该用户名或密码错误，应能给出错误提示(3)
用户登录	①能在数据库中正确查找该用户名是否已存在(4) ②若用户名不存在，数据库应能正确添加该用户(5) ③若用户名已存在，应能给出错误提示(6)
用户修改信息	数据库相应信息应更新为用户的输入(7)

2. 测试用例（见表9-6）

表9-6 测试用例（一）

编号	测 试 用 例	用例覆盖的测试项
1.1	用户信息数据库中不存在用户Jack，用该用户名登录；或存在用户Jack，密码为greatJack，但用Jack用户名登录所用密码不是greatJack	(3)
1.2	用户信息数据库中还没有用户Jack，用Jack名注册	(4)(5)

续表

编号	测试用例	用例覆盖的测试项
1.3	用户信息数据库中已存在用户Jack，密码为greatJack，用该用户名和密码登录	(1)(2)
1.4	用户信息数据库中已有用户Jack，用Jack名注册	(6)
1.5	用户信息数据库中已存在用户Jack，密码为greatJack，用该用户名和密码登录后，修改某些信息，并修改密码为greatJacky	(7)

3. 用户选书/提交订单模块（见表9-7）

表9-7 用户选中/提交订单模块

输入条件	模块测试项
用户浏览图书	用户浏览到的图书应在库存数据库中有记录(1)
用户搜索图书	可分类搜索，可按照书名关键字、出版年、作者等进行搜索(2)
用户将图书放入购物车	“购物车”中应正确记录用户“放入”的图书信息(3)
用户下订单	订单中正确记录用户ID、所购书的书号和购买的数量等信息(4) (以下进入“检查订单子模块”)

4. 测试用例（接用例1.5）（见表9-8）

表9-8 测试用例（二）

编号	测试用例	用例覆盖的测试项
2.1	单击某本书的图片链接	(1)
2.2	填写所查内容后单击“立即查询”执行查询；或单击“高级查询”按钮进入高级查询页面，填写所查内容后执行查询	(2)
2.3	单击某本书的“购物车”按钮；或单击某本书的图片链接后，在弹出的页面中单击“放入购物车”按钮	(3)
2.4	单击某本书的“购买”按钮；或单击某本书的图片链接后，在弹出的页面中单击“我要立即购买”按钮	(4)

5. 销售模块

（1）检查订单子模块（见表9-9）

表9-9 订单子模块

输入条件	模块测试项
用户提交订单	在库存数据库中检索订单中图书的存量，看是否能满足订单(1)
用户订单不可满足	(进入“订单不可满足子模块”)
用户订单可满足	(进入“订单可满足子模块”)

（2）测试用例（接用例2.4）（见表9-10）

表 9-10 测试用例（三）

编号	测试用例	用例覆盖的测试项
3.1.1	对用例2.4中下的订单，在库存数据库中搜索核对，得到核对结果。若订单可满足，则进入“订单可满足子模块”，否则进入“订单不可满足子模块”	(1)

（3）订单不可满足子模块（见表9-11）

表 9-11 订单不可满足子模块

输入条件	模块测试项
用户订单不可满足	①程序应能产生暂存订单(1) ②程序应能发出订货通知(2)
接到到货通知	核对到货通知和暂存订单，判断暂存订单是否可满足(3)
暂存订单不可满足	(进入“订单不可满足子模块”)
暂存订单可满足	(进入“订单可满足子模块”)

（4）测试用例（接用例3.1.1）(见表9-12)

表 9-12 测试用例（四）

编号	测试用例	用例覆盖的测试项
3.2.1	已判定订单不可满足，程序应得到正确的暂存订单和订货通知	(1) (2)
3.2.2	进入“采购模块”，得到“到货通知”，核对到货通知和暂存订单，判断暂存订单是否可满足。若可满足则进入“订单可满足子模块”，否则进入“订单不可满足子模块”	(3)

（5）订单可满足子模块（见表9-13）

表 9-13 订单可满足子模块

输入条件	模块测试项
用户订单可满足	程序产生发货票（也是收款单）(1)
用户购书	①图书库存数据库中，修改库存数量(2) ②图书库存数据库中，修改图书销售历史和推荐程度(3) ③用户信息数据库中，增加用户经验值(4) ④收款单为有效(5)

（6）测试用例（接用例3.1.1或用例3.2.2）（见表9-14）

表 9-14 测试用例（五）

编号	测试用例	用例覆盖的测试项
3.3.1	已判定订单可满足，程序应得到正确的发货票	(1)
3.3.2	假设用户购书，得到了有效收款单，程序应对相应数据库做出相应更新	(2) (3) (4) (5)

6. 采购模块（见表9-15）

表9-15 采购模块

输入条件	模块测试项
接到订货通知	程序进行分类合计，产生订货单（发给厂商）(1)
接到厂方发货单	程序核对发货单和原订单(2)
发货单核对正确	①图书库存数据库中，对库存数量等做相应修改(3) ②程序发出到货通知(4) ③程序产生付款单，厂商确认后付款单为有效(5)

7. 采购模块对应的测试用例（接用例3.2.2）（见表9-16）

表9-16 采购模块对应的测试用例

编号	测试用例	用例覆盖的测试项
4.1	根据订单，程序进行分类合计，应产生订货单（并假设发给了厂商）	(1)
4.2	自制“厂方发货单”，程序核对发货单和原订单，得到核对结果	(2)
4.3	假设核对正确，程序应对相应数据库做出相应更新，并产生付款单	(3)(4)(5)

8. 结算模块（见表9-17）

表9-17 结算模块

输入条件	模块测试项
有效的收款单	应收款明细账数据库做相应修改(1)
有效的付款单	应付款明细账数据库做相应修改(2)
定期（或实时）结算	汇总应收款明细账和应付款明细账，更新总账数据库(3)

9. 结算模块对应的测试用例（接用例3.3.2或用例4.3）（见表9-18）

表9-18 结算模块对应的测试用例

编号	测试用例	用例覆盖的测试项
5.1	根据有效收款单，更新应收款明细账数据库	(1)
5.2	根据有效付款单，更新应付款明细账数据库	(2)
5.3	根据应收款明细账和应付款明细账，更新总账	(3)

习　题

1. 能否通过测试保证程序的绝对正确？为什么？
2. 何谓白盒测试及黑盒测试？两者有何区别？你认为两者能相互替代吗？为什么？
3. 简述软件测试的步骤。

4．如图9-9所示，程序中有4条不同的路径，分别为L1（a→c→e）、L2（a→b→d）、L3（a→b→e）、L4（a→c→d），或简写为ace、abd、abe及acd。从备选项中选择适当的测试用例与各种覆盖标准匹配：（　　）属于语句覆盖；（　　）、（　　）属于判定覆盖；（　　）、（　　）属于条件覆盖；（　　）、（　　）属于判定-条件覆盖；（　　）属于条件组合覆盖；（　　）属于路径覆盖，并分别说明理由。

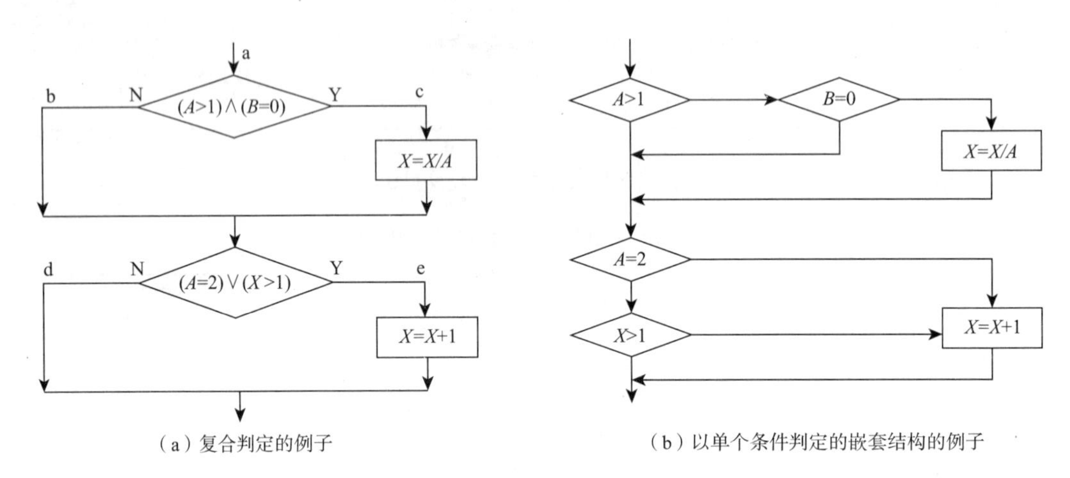

（a）复合判定的例子　　（b）以单个条件判定的嵌套结构的例子

图9-9　第4题图示

备选项如下：

①［（2，0，4），（2，0，3）］覆盖ace；
［（1，1，1），（1，1，1）］覆盖abd。

②［（1，0，3），（1，0，4）］覆盖abe；
［（2，1，1），（2，1，2）］覆盖abe。

③［（2，0，4），（2，0，3）］覆盖ace。

④［（2，1，1），（2，1，2）］覆盖abe；
［（3，0，3），（3，1，1）］覆盖acd。

⑤［（2，0，4），（2，0，3）］覆盖ace；
［（1，0，1），（1，0，1）］覆盖abd；
［（2，1，1），（2，1，2）］覆盖abe。

⑥［（2，0，4），（2，0，3）］覆盖ace；
［（1，1，1），（1，1，1）］覆盖abd；
［（1，1，2），（1，1，3）］覆盖abe；
［（3，0，3），（3，0，1）］覆盖acd。

⑦［（2，0，4），（2，0，3）］覆盖ace；
［（1，1，1），（1，1，1）］覆盖abd；
［（1，0，3），（1，0，4）］覆盖abe；
［（2，1，1），（2，1，2）］覆盖abe。

5. 根据下面给出的规格说明，利用等价类划分的方法，给出足够的测试用例。

一个程序读入三个整数，把这三个数看成一个三角形的三条边的长度值。这个程序要打印出信息，说明这个三角形是不等边的、等腰的，还是等边的。

6. 要对一个自动饮料售货机软件进行黑盒测试，该软件的规格说明如下:

有一个处理单价为一元五角的盒装饮料的自动售货机软件。若投入一元五角硬币，按下“可乐”、“雪碧”或“红茶”按钮，相应的饮料就送出来；若投入的是两元硬币，则在送出饮料的同时退还五角硬币。

（1）试利用因果图法，建立该软件的因果图。

（2）设计测试该软件的全部测试用例。

7. 对软件进行综合测试时有哪几种集成方法？分别简述之。各自的优缺点是什么？

8. 何谓 α 测试和 β 测试？

9. 排错属于测试吗？为什么？

10. 简述各种排错方法。

第10章

软件项目管理

本章要点

- 软件项目的特点和软件管理职能
- 成本估算
- 进度计划
- 人员管理
- 质量保证
- 项目计划
- 软件管理工具

随着信息技术的飞速发展和推广应用，软件产品的规模也越来越庞大，个人作坊式开发方式已经越来越不适应应用发展的需要。各软件企业都在积极将软件项目管理引入到软件开发过程中，对软件开发过程实施有效的管理，软件项目管理是整个项目管理中的一个重要组成部分。

从概念上讲，软件项目管理是为了使软件项目能够按照预定的成本、进度、质量顺利完成，而对成本、人员、进度、质量、风险等进行管理的活动。实际上，软件项目管理的意义不仅仅如此，进行软件项目管理有利于将开发人员的个人开发能力转化成企业的开发能力。企业的软件开发能力越高，表明该企业的软件生产越趋向于成熟，企业越能够稳定发展，也就能够有效地减少开发风险。软件开发不同于其他产品的制造，软件开发的整个过程都是设计过程而没有明显的制造过程。此外，软件开发不需要使用大量的物质资源，而主要是人力资源；并且，软件开发的产品只是程序代码和技术文档，并没有其他的显见的物质结果。

10.1 软件项目的特点和软件管理职能

10.1.1 项目与项目管理

项目是指在一定的约束条件下（主要是限定时间、限定资源），具有明确目标的一次性任务。项目是一系列具有特定目标、有明确开始和终止日期、资金有限、消耗资源的活动和任务。项目也就是指为创造独特的产品或服务而进行的一次性工作过程。显然，一个项目是：一次性完成的一系列活动，一次性不意味着项目历时短。项目所提供的产品或服务通常不是一次性的，如建造武汉长江大桥就是一个项目，京沪高铁工程也是一个项目，承办一届奥运会都是一个项目。

一般来说，项目具有如下基本特点：

①具有明确的目标：其结果只可能是一种期望的产品，也可能是一种所希望得到的服务。

②具有独特的性质，每一个项目都是唯一的。

③项目资源成本的约束。每一个项目都需要运用各种资源来实施，而资源总是有限的。

④项目实施的一次性：项目具备重复特征，而往往是实施结束即表示项目结束。

⑤项目的不确定性：在项目的具体实施中，外部和内部因素总是会发生一些变更，因此项目也会出现不确定性的特征。

⑥特定的委托人：它既是项目结果的需求者，也是项目实施的经费提供者。

⑦项目成果的不可逆转性：不论结果如何，一个项目结束了，结果也就确定了。

所谓项目管理，指在项目活动中运用专门的知识、技能、工具和方法，使项目能够在有限资源限定条件下，实现或超过设定的需求和期望的过程。项目管理是对一些成功地达成一系列目标相关的活动（譬如任务）的整体监测和管控。这包括项目策划、进度计划和维护组成项目的活动的进展。进一步说，项目管理就是利用系统的管理方法将职能人员（垂直体系）安排到特定的项目中（水平体系）去，对项目涉及的全部工作进行有效的管理。即从项目的投资决策开始到项目结束的全过程进行计划、组织、指挥、协调、控制和评价，以实现项目的目标。

项目管理作为一门应用科学，经过了几十年的发展，已经具有一套系统的理论体系和方法体系，这些技术和工具能够帮助项目管理工作者有效地实现项目管理的目标。

项目管理中所使用到的主要技术包括：

①工作分解结构技术：工作分解结构（Work Breakdown Structure，WBS）技术是用来将一个整体的项目按照一定的原则进行分解，能够对项目进行灵活和有效的控制。

②甘特图（Gantt Chart）：甘特图是应用最广泛的项目进度计划管理方法之一，是由19世纪一个叫Henry Gantt的人发明的，因此，为了纪念这位创始人就将此方法命名为甘特图，在我国被称为横道图。它以一些条形图表示基本的任务信息，便于查看任务的日程，检查和计算资源的需求情况，简洁明了，所以在项目工具管理软件系统如Microsoft Project中被作为默认视图，并使用此视图来创建初始计划，查看日程和调整计划。

③项目评审技术：项目评审技术（Program Evaluation and Review Technique，PERT）是由美国海军特别项目办公室提倡的一种项目管理技术。由于海军的某些项目历时较长，投资很大，很

难为每一个活动制订一个确定的计划，因此，他们采用了概率统计计算工期期望的方法，这是一种非肯定网络分析方法。随着计算机技术的发展，人们已经开始采用概率分布函数通过计算机来进行模拟计算分析。

④关键路径法：项目管理中最基本的调度分配方法是关键路径法（Critical Path Method，CPW）。这是1957年在美国路易斯维化工厂建设中发明的。它的意思是先把项目需要进行的活动列出来，然后根据单个任务的工期和依赖关系计算整个项目的工期。关键任务是指那些对保证整个项目按期完成影响最大的任务，由这些任务组成的序列就是关键路径。

关键路径也就是在为每个活动估计了时间后，根据活动的路径关系和持续时间计算每条路径上总的持续时间，其中持续时间最长的路径就是关键路径。如果用户或项目建设方需要缩短整个项目的工期，就必须将注意力集中到那些关键任务上，而不是非关键任务。压缩非关键任务的时间对缩短整个项目的工期没有任何作用。所以，关键路径法是项目时间管理中最重要的方法。

归纳起来，项目管理的主要内容包括：

①项目范围管理：为了实现项目的目标和任务，以及为了完成这些目标和任务所需要的工时，包括软件开发、测试、集成、培训和项目实施等，输出的结果就是工作分解结构技术。它包括范围的界定、范围的规划、范围的调整等。

②项目时间管理：时间管理也称进度管理，是为了确保项目最终按时完成的一系列管理过程。它包括具体活动界定、活动排序、时间估计、进度安排及时间控制等项工作。

③项目成本管理：也称费用管理，包括设计费用计划、估算、预算、控制的过程。它包括资源的配置，成本、费用的预算，以及费用的控制等工作。

④项目质量管理：是为了确保项目达到客户所规定的质量要求所实施的一系列管理过程。它包括质量规划、质量控制和质量保证等。

⑤人力资源管理：是为了保证所有项目关系人的能力和积极性都得到最有效地发挥和利用所做的一系列管理措施。它包括组织的规划、团队的建设、人员的选聘和项目的班子建设等一系列工作。

⑥项目风险管理：涉及项目可能遇到各种不确定因素。它包括风险识别、风险量化、制定对策和风险控制等。

⑦项目采购管理：是为了从项目实施组织之外获得所需资源或服务所采取的一系列管理措施。它包括采购计划、采购与征购、资源的选择，以及合同的管理等项目工作。

⑧项目集成管理：是对于整个项目的范围、时间、费用和资源等进行综合管理和协调的过程。它包括项目集成计划的制订、项目集成计划的实施、项目变动的总体控制等。

10.1.2 软件项目的规模

由于软件产品生产过程的特殊性，所以不像其他工程项目那样易于确定其项目规模，通常只能采用规模估计的方法来估算软件项目的规模。但是，软件项目的规模估算历来就是一件比较复杂的事情，因为软件本身的复杂性、历史经验的缺乏、估算工具的缺乏，以及一些人为失误等因素，常常导致软件项目的规模估算往往和实际情况相差甚远。因此，规模估算错误已被列入软件项目失败的四大原因之一。

常用的几种软件项目规模的估计方法有Delphi法、类比法、功能点估计法和PERT估计法等，在这些估算方法中，通常都需要使用到代码行（LOC）来进行估算。LOC（Line of Code）是一个衡量软件项目规模最常用的术语，它是指所有的可执行的源程序代码行数，包括可交付的工作控制语言（Job Control Language，JCL）语句、数据定义、数据类型声明、等价声明、输入/输出格式声明等。一代码行（1 LOC）的价值和人月均代码行数可以体现一个软件生产组织的生产能力。可以根据对历史项目的审计来核算组织的单行代码价值。

例如，某软件公司统计发现该公司每一万行C语言源代码形成的源文件（.c和.h文件）约为280 KB。某项目的源文件大小为4.20 MB，则可估计该项目源代码大约为12万行，该项目累计投入工作量为180人·月，每人月费用为8 000元（包括人均工资、福利、办公费用公摊等），则该项目中1LOC的价值为：

$$(180 \times 8000)/120000=12\text{元}/\text{LOC}$$

那么该项目的人·月均代码行数为：120000/180=667 LOC/人·月。

下面简要的介绍几种常用的软件项目规模估算方法。

1. 规模估算方法之一——Delphi法

Delphi法是最流行的专家评估技术，适用于在没有历史数据的情况下评定过去与将来、新技术与特定程序之间的差别。但专家“专”的程度及对项目的理解程度是估算工作中的难点，尽管Delphi技术可以减轻这种偏差，专家评估技术在评定一个新软件实际成本时通常用得不是很多，但这种方式对决定其他模型的输入时特别有用。Delphi法鼓励参加者就问题相互讨论。该技术要求有多种软件相关经验人员的参与，互相说服对方。

Delphi法的步骤如下：

①协调人们向专家提供项目规格和估计表格。

②协调人们召集小组会，讨论与规模相关的因素。

③各专家匿名填写迭代表格。

④协调人们整理出一个估计总结，以迭代表的形式返回给专家。

⑤协调人们召集小组会，讨论较大的估计差异。

⑥专家复查估计总结并在迭代表上提交另一个匿名估计。

⑦重复④～⑥步，直到最低估计和最高估计的一致为止。

2. 规模估算方法之二——类比法

类比法适合评估一些与历史项目在应用领域、环境和复杂度的相似的项目，通过新项目与历史项目的比较得到规模估计。类比法估计结果的精确度取决于历史项目数据的完整性和准确度，因此，用好类比法的前提条件之一是组织建立起较好的项目后评价与分析机制，对历史项目的数据分析是可信赖的。

其基本步骤如下：

①整理出项目功能列表和实现每个功能的代码行。

②标识出每个功能列表与历史项目的相同点和不同点，特别要注意历史项目做得不够的地方。

③通过步骤①和②得出各个功能的估计值。

④生产规模估计。

软件项目中用类比法，往往还要解决可重用代码的估算问题。估计可重用代码量的最好办法就是由程序员或系统分析员详细地考查已存在的代码，估算出新项目可重用的代码中需重新设计的代码百分比、需重新编码或修改的代码百分比，以及需要重新测试的代码百分比。根据这三个百分比，可用下面的计算公式计算等价新代码行：

```
等价代码行 = [(重新设计% +重新编码% +重新测试%)/3] ×已有代码行
```

例如，有100 000行代码，假定35%需要重新设计，65%需要重新编码，75%需要重新测试，那么其等价的代码行可以计算为：[（35% + 65% + 75%)/3] × 100 000 =58 333 等价代码行。也就是说：重用这100 000代码相当于编写58 333代码行的工作量。

3. 规模估算方法之三——功能点估计法

功能点测量估计法是在需求分析阶段基于系统功能的一种规模估计方法。通过研究初始应用需求来确定各种输入、输出、计算和数据库需求的数量和特性。

通常的步骤如下：

①计算输入、输出、查询、主控文件和接口需求的数目。

②将这些数据进行加权乘。

③估计者根据对复杂度的判断，总数可以用+25%、0或−25%调整。

事实证明，对一个软件产品的开发，功能点对项目早期的规模估计很有帮助。然而，在了解产品较多后，功能点可以转换为软件规模测量更常用的LOC。

4. 规模估算方法之四——PERT估计法

PERT对各个项目活动的完成时间按三种不同情况估计：一个产品的期望规模、一个最低可能估计、一个最高可能估计。这三个估计用来得到一个产品期望规模和标准偏差的Pert统计估计。Pert估计可得到代码行的期望值E和标准偏差SD等。

10.1.3 软件项目的特点

软件项目的成果体现于软件产品项目类型，但是软件项目和其他项目相比有其特殊性。主要体现在以下几个方面：

1. 软件产品是一种特殊的、不可见产品

因为软件产品是一种逻辑型产品，没有明显的物理产品特征，表现为不可见。

2. 不存在标准的软件过程

因为软件的生产完全是一个智力过程的沉淀，没有明显的规模化生产过程，所以很难实现软件生产过程的标准化和规模化。

3. 大型软件项目往往是一次性项目，一般无经验可以借鉴

通常大型的软件项目几乎都是史无前例的、针对具体环境应用的、表现具体用户商业逻辑的、帮助用户实现既定功能的逻辑产品，所以几乎没有相同的经验可供借鉴，都只能是通过技术的、管理的方法来进行可行性评估，所以对软件项目的管理比其他项目的管理更加困难。

10.1.4 软件项目管理的职能及存在的困难

软件项目管理就是为了使软件项目能够按照预定的成本、进度、质量顺利完成，而对成本、人员、进度、质量、风险等进行分析和管理的活动。毋庸置疑，组织是管理过程中不可替代的角色。在软件工程中，组织为项目提供长期的保证和资源并协调项目管理过程中的各种矛盾。

从软件工程的角度看，软件开发主要分为六个阶段：需求分析阶段、概要设计阶段、详细设计阶段、编码阶段、测试阶段、安装及维护阶段。在软件项目开发中，无论是作坊式开发方式，还是团队协作开发方式，上述六个阶段都是不可缺少的。软件企业在进行软件项目管理时，重点是将软件配置管理、软件质量管理、软件风险管理及开发人员管理四方面内容导入软件开发的整个过程中。具体来说，软件项目管理的主要职能可以归纳如下：

人员的组织与管理、软件度量、软件项目计划、风险管理、软件质量保证、软件过程能力评估和软件配置管理等。

这几个方面都是贯穿、交织于整个软件开发过程中的，其中人员的组织与管理把注意力集中在项目组人员的构成和优化上，软件度量把关注用量化的方法评测软件开发中的费用、生产率、进度和产品质量等要素是否符合期望值，包括过程度量和产品度量两个方面。软件项目计划主要包括工作量、成本、开发时间的估计，并根据估计值制定和调整项目组的工作；风险管理预测未来可能出现的各种危害到软件产品质量的潜在因素并由此采取措施进行预防；质量保证是保证产品和服务充分满足消费者要求的质量而进行的有计划、有组织的活动；软件过程能力评估是对软件开发能力的高低进行衡量；软件配置管理针对开发过程中人员、工具的配置、使用提出管理策略。

在软件项目管理过程中，主要存在以下几个困难：

首先，软件是一种智力型逻辑产品，其项目的进度和项目质量都难以度量，生产效率也难以保证；其次，软件系统的复杂程度也超乎人们的想象，大型的软件系统，如宇宙飞船的软件系统源程序代码多达2 000万行，如果按过去的生产效率一个人一年只能写1万行代码，那么需要2 000人·年的工作量，这是非常惊人的。正因为软件如此复杂和难以度量，所以软件研发项目管理的发展还很不成熟，这恰恰是软件能力成熟度（CMM）得以发展和应用的客观需要。

10.2 成本估算

项目成本估算则是从项目开发费用的角度对项目进行规划。其中，费用应理解为一个笼统概念，它可以是工时、材料或人员等。成本估算是对完成项目所需费用的估计和计划，是项目计划中的一个重要组成部分。要实行成本控制，首先要进行成本估算，最理想的就是完成某项任务所需费用可根据历史标准估算。但对软件业来说，由于项目和计划变化多端，把以前的活动与现实对比几乎是不现实也是不可能的。费用的信息，不管是否根据历史标准，都只能将其作为一种估算。而且，在开发周期较长的大型项目中，还应考虑到今后几年的职工工资结构是否会发生变化，今后几年原材料费用的上涨情况如何，经营基础及管理费用在整个项目寿命周期内是否会变化等问题。所以，成本估算显然是在一个无法以高度可靠性预计的环境下进行。在项目管理过程中，为了使时间、费用和工作范围内的资源得到最佳利用，人们开发出了不少成本估算方法，以尽量得到较好的估算。在此只简要介绍以下几种成本估算方法。

10.2.1 经验估算法

进行估计的人应有专门知识和丰富的经验，据此提出一个近似的数字。这种方法是一种最原始的方法，实际上还称不上是真正的估算方法，只是一种近似的猜测。它对要求很快拿出一个大概数字的项目是可以的，但对要求详细的估算显然不能满足要求的。

10.2.2 因素估算法

这是目前较为科学的一种传统估算方法。它以过去为根据来预测未来，并利用数学方法。它的基本方法是利用规模和成本图。如图10-1所示，图上的线表示规模和成本的关系，图上的点是根据过去类似项目的资料而描绘，根据这些点描绘出的线体现了规模和成本之间的基本关系。这里画的是直线，但实际也有可能是曲线。成本包括不同的组成部分，主要有材料、人工和运费等，这些都可以有不同的曲线。知道项目规模以后，就可以利用这些线找出成本各个不同组成部分的近似数字。

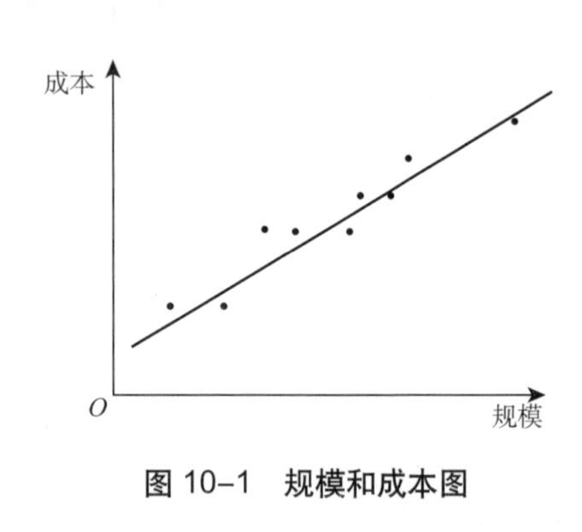

图 10-1 规模和成本图

这里要注意的是，找这些点要有一个基准年度，目的是消除经济上的通货膨胀等因素的影响。画在图上的点应该是经过调整的数字。例如以2010年为基准年，其他年份的数字都以2010年为准进行调整，然后才能描点画线。项目规模确定之后，从线上找出相应的点，但这个点是以2010年为基准的数字，还需要再调整到当年，才是估算出的成本数字。此外，如果项目周期较长，还应考虑到今后几年可能发生的通货膨胀、材料涨价等因素。

做这种成本估算，前提是有过去类似项目的资料，而且这些资料应在同一基础上具有可比性。

10.2.3 WBS基础上的全面详细估算

这是利用WBS（工作分解结构图）方法，先把项目任务进行合理的细分，分到可以确认的程度，如某种材料、某种设备、某一活动单元等，然后估算每个WBS要素的费用。采用这一方法的前提条件或先决步骤如下：

①对项目需求做出一个完整的限定。

②制定完成任务所必需的逻辑步骤。

③编制WBS表。

项目需求的完整限定应包括工作报告书、规格书以及总进度表。工作报告书是指实施项目所需的各项工作的叙述性说明，它应确认必须达到的目标。如果有资金等限制，该信息也应包括在内。规格书是对工时、设备以及材料标价的根据。它应该能使项目人员和用户了解工时、设备，以及材料估价的依据。总进度表应明确项目实施的主要阶段和分界点，其中应包括长期订货、原型试验、设计评审会议，以及其他任何关键的决策点。如果可能，用来指导成本估算的总进度表应含有项目开始和结束的日历时间。

一旦项目需求被勾画出来，就应制定完成任务所必需的逻辑步骤。在现代大型复杂项目中，通常是用箭头图来表明项目任务的逻辑程序，并以此作为下一步绘制CPM或PERT图以及WBS表的根据。编制WBS表的最简单方法是依据箭头图，把箭头图上的每一项活动当作一项工作任务，在此基础上再描绘分工作任务。

进度表和WBS表完成之后，就可以进行成本估算。在大型项目中，成本估算的结果最后应以下述的报告形式表述出来：

①对每个WBS要素的详细费用估算。

②每个部门的计划工时曲线。

③逐月的工时费用总结。

④逐年费用分配表。

⑤原料及支出预测，它表明供货商的供货时间、支付方式、承担义务，以及支付原料的现金流量等。

采用这种方法估算成本需要进行大量的计算，工作量较大，所以就计算本身也需要花费一定的时间和费用。但这种方法的准确度较高，用这种方法做出的这些报表不仅仅是成本估算的表述，还可以用来作为项目控制的依据。最高管理层则可以用这些报表来选择和批准项目，评定项目的优先性，以上介绍了三种成本估算的方法。除此之外，在实践中还可将几种方法结合起来使用。例如，对项目的主要部分进行详细估算，其他部分则按过去的经验或用因素估算法进行估算。

10.3 进度计划

项目进度计划是从时间的角度对项目进行规划。在项目经理与客户签订软件项目开发合同之后，接下来的工作就是组织项目团队、绘制专业领域技术编制表、建立工作分解结构以及项目组成员的责任矩阵，并在此基础上进行工期和预算的分摊，也就是制定项目的进度和成本计划。

10.3.1 成员能力评估

为了让项目组成员各负其责，行文确定他们在项目组里分担的责任是很重要的。通常采用的较为有效的方法就是绘制技术编制表及责任表。在项目开始时就要恰当地搭配好人员、技术及工作任务。随着项目的进展，有可能必须把已分配工作再细分或进行新的调整，为此，项目经理应该清楚地了解项目组成员各自掌握的技术。

首先，可以绘制专业领域技术编制表（见表10-1），为项目组人员打分，其方法是按照对专业领域的熟悉程度打分。例如，将本项目开发需要的专业领域分为五个方向：系统分析员、程序员、测试工程师、硬件工程师、数据库管理员，并将最高分定为5分。随后根据每个成员对上述专业领域的熟悉程度打分，熟悉程度越高，打分越高。如此一来，就可以对项目组人员及技术状况一目了然，并据此分配工作。

表 10–1　专业领域技术编制表

项目组成员	系统分析员	程序员	测试工程师	硬件工程师	数据库管理员
王芳	5	4	5	2	1
赵卓	5	5	4	3	2
张三	2	5	4	4	3
崔恒	2	5	5	3	4
邓文	3	4	5	2	4
陈溪	2	2	3	5	3
李诗意	3	4	3	3	5

技术编制表绘制完成之后，项目经理就可以根据项目的实际需求来绘制责任表，如表10–2所示。该表是项目主管与项目组成员之间的工作合同文件，也是进行人员任用或让其承诺某项工作的重要手段。

在表10–2中，P表示负主要责任，S表示负辅助责任。每项任务只需要一个人负主要责任，但可以安排几个项目组成员辅助他。

表 10–2　项目组成员责任表

项　目	项目组成员						
	王芳	赵卓	张三	崔恒	邓文	陈溪	李诗意
系统分析	P	S			S		S
数据库设计				S	P		S
编程实现	S	S	P	S	S		S
设备采购			S		S	P	
系统测试		S	S	P			

10.3.2　工期与预算分摊

责任表一旦建立，就可以进行项目各建设活动的工期估计和预算分摊估计。工期估计和预算分摊估计可以采用两种方法：一种是自上而下法，即在项目建设总时间和总成本之内按照每一工作包的相关工作范围来考察，按项目总时间或总成本的一定比例分摊到各个工作包中；其二是自下而上法，由每一工作包的具体负责人进行工期和预算估计，然后再进行平衡和调整。

经验表明，让某项工作的具体负责人进行估计是较好的方法，因为这样做既可以得到该负责人的承诺，对他产生有效的参与激励，又可以减少由项目经理独自估计所有活动的工期所产生的偏差，在上述估计的基础上，项目经理完成各工期的累计和分摊预算的累计，并与项目总建设时间和总成本进行比较，根据一定的规则进行调整。

10.4 人员管理

众所周知，人是决定组织和项目成败的关键。尤其在软件开发领域，合格人选很难找到和保留在某个项目中。有效地管理人力资源，是项目经理认为最为困难的一件事情。不少人认为，项目管理成功的一个标准：时间、成本和效益这三项应该达到客户满意。但是除了管理好时间、成本、范围及质量外，在项目管理中“人”的因素也极为重要，因为项目中所有活动均由人来完成。如何充分发挥“人”的作用，对于项目的成败起着至关重要的作用。它包括组织计划编制、人员募集和团队建设三部分。

10.4.1 组织计划编制

组织计划编制也可以看作战场上的排兵布阵，即确定、分配项目中的角色、职责和项目界面。在进行组织计划编制时，需要参考资源计划编制中的人力资源需求子项，还需要参考项目中各种项目界面，如组织界面、技术界面、人际关系界面等。一般采用的方法包括：参考类似项目的模板、人力资源管理的惯例、分析项目干系人的需求等。

组织计划编制完成后将明晰以下几方面任务：

1. 角色和职责分配

项目角色和职责在项目管理中必须明确，否则容易造成同一项工作没人负责，最终影响项目目标的实现。为了使每项工作能够顺利进行，就必须将每项工作分配到具体的个人（或小组），明确不同的个人（或小组）在这项工作中的职责，而且每项工作只能有唯一的负责人（或小组）。同时，由于角色和职责可能随时间而变化，在结果中也需要明确这层关系。表示这部分内容最常用的方式为：职责分配矩阵（RAW），如表10-3所示。对于大型项目，可在不同层次上编制职责分配矩阵。

表 10-3 职责分配矩阵

项 目	项目组成员						
	刘玲	张华	胥肯	杜乐	王丽	陈元	…
需求	S	R	A	P	P		
功能	S		A	P		P	
设计	S		R	A	I		P
开发		R	S	A		P	P
测试			S	P	I	A	P

注：P——参与者；A——负责者；R——需求回顾；I——需求提出；S——需求确认

2. 人员配备管理计划

人员配备管理计划主要描述项目组什么时候需要什么样的人力资源。为了清晰地表明此部分内容，经常采用资源直方图，如图10-2所示。在此图中明确了高级设计者在不同阶段所需要的数目。

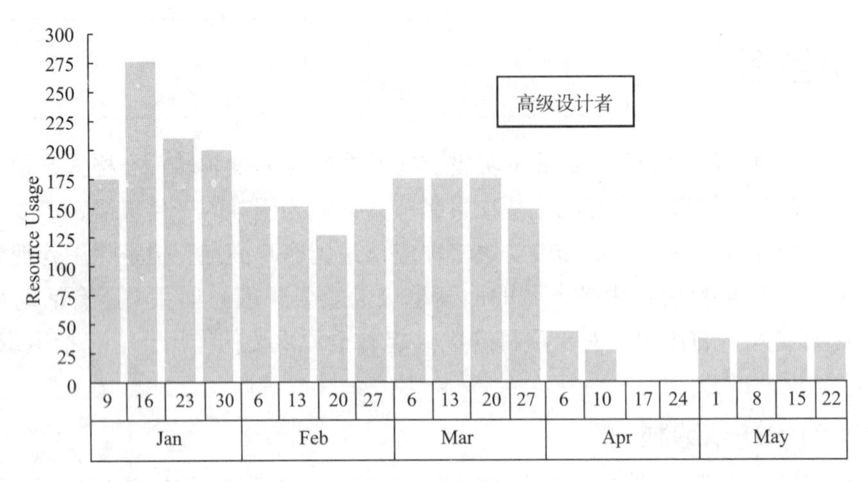

图 10–2 资源直方图

由于在项目工作中人员的需求可能不是很连续或者不是很平衡，容易造成人力资源的浪费和成本的提高。例如，某项目现有15人，设计阶段需要10人；审核阶段可能需要1周的时间，但不需要项目组成员参与；编码阶段是高峰期，需要20人，但在测试阶段只需要8人。如果专门为高峰期提供20人，可能还需要另外招聘5人，并且这些人在项目编码阶段结束之后，会出现没有工作安排的状况。为了避免这种情况的发生，通常会采用资源平衡的方法，将部分编码工作提前到和设计并行进行，在某部分的设计完成后立即进行评审，然后进行编码，而不需要等到所有设计工作完成后再执行编码工作。这样将工作的次序进行适当调整，削峰填谷，形成人员需求的平衡，会更利于降低项目的成本，同时可以降低人员的闲置时间，以防止成本增加。

3. 组织机构图

组织机构图是项目界面的图形表示，主要描述团队成员之间的工作汇报关系。

10.4.2 人员募集

在确定了项目组什么时候需要什么样的人员之后，接着需要做的就是确定如何在合适的时间获得这些人员，即人员募集工作，需要根据人员配备管理计划，以及组织当前的人员和招聘来进行。

项目中有些人员是在项目计划前就明确下来的，但有些人员需要和组织进行谈判才能够获得，特别是对于一些短缺或特殊的资源，可能每个项目组中都希望得到。如何使项目组能够顺利得到，就需要通过谈判来实现。谈判的对象可能包括职能经理和其他项目组的成员。另外，有些人员可能组织中没有或无法提供，这种情况下就需要通过招聘来获得。完成人员募集之后就会得到项目团队清单和项目人员分配表。

10.4.3 项目团队建设

项目团队是由项目组成员组成的、为实现项目目标而协同工作的组织。项目团队工作是否有效也是项目成功的关键因素，任何项目要获得成功就必须有一个有效的项目团队。团队建设涉及很多方面的工作，如项目团队能力的建设、团队士气的激励、团队成员的奉献精神等。团队成员个人发展是项目团队建设的基础。通常情况下，项目团队成员既对职能经理负责，又对项目经理负责，这样项目团队组建经常变得很复杂。对这种双重汇报关系的有效管理经常是项目成功的关键因素，也是项目经理的重要责任。进行项目团队建设通常会采用以下几种方式：

1. 团队建设活动

团队建设活动包括为提高团队运作水平而进行的管理和采用的专门的、重要的个别措施。例如，在计划过程中由非管理层的团队成员参加，或建立发现和处理冲突的基本准则；尽早明确项目团队的方向、目标和任务，同时为每个人明确其职责和角色；邀请团队成员积极参与解决问题和做出决策；积极放权，使成员进行自我管理和自我激励；增加项目团队成员的非工作沟通和交流机会，如工作之余的聚会、郊游等，提高团队成员之间的了解和交流。这些措施作为一种间接效应，可能会提高团队的运作水平。团队建设活动没有一个确定的定式，主要是根据实际情况进行具体的分析和组织。

2. 绩效考核与激励

这是人力资源管理中最常用的方法。绩效考核是通过对项目团队成员工作业绩的评价，来反映成员的实际能力以及对某种工作职位的适应程度。激励则是运用有关行为科学的理论和方法，对成员的需要予以满足或限制，从而激发成员的行为动机，激发成员充分发挥自己的潜能，为实现项目目标服务。

3. 集中安排

集中安排是把项目团队集中在同一地点，以提高其团队运作能力。由于沟通在项目中的作用非常大，如果团队成员不在相同的地点办公，势必会影响沟通的有效进展，影响团队目标的实现。因此，集中安排被广泛用于项目管理中。例如，可以设立一个作战室，队伍可在其中集合并张贴进度计划及新信息。在某些项目中，集中安排可能无法或难以实现，这时可以采用安排频繁的面对面的会议形式作为替代，以鼓励相互之间的交流。

4. 培训

培训包括旨在提高项目团队技能的所有活动。如果项目团队缺乏必要的管理技能或技术技能，那么这些技能必须作为项目的一部分来提高，或必须采取适当的措施为项目重新分配人员，培训的直接和间接成本通常由执行组织支付。

在项目的人力资源管理中，团队建设的效果会对项目的成败起到很大的作用，特别是某些较小的项目，项目经理可能是由技术骨干转换过来的，对于团队建设和一般管理技能掌握得不是很多，经常容易造成团队成员之间关系紧张，最终影响项目的实施。这就更加需要掌握更多的管理知识以适应项目管理的需要。

10.5 质量保证

软件质量是一个非常抽象的概念，对质量的评价可以从对多个方面来进行衡量和测度，不同的理解就会有不同的观点，可以大致归纳为以下几个方面：功能性、健壮性、可靠性、移植性(即对硬件系统的依赖性)、可维护性、可测试性和效率。软件质量保证就是从软件质量设计、管理和评审这三个方面来保证软件的质量符合用户的需要。

10.5.1 软件质量设计

软件质量设计就是在软件设计阶段为了保证软件质量所采取的措施。软件的层次结构可分为程序层和逻辑结构层，软件质量设计需要分别针对这两个结构进行设计。首先是要保证逻辑结构的正确性。为了保证软件的功能性，在划分功能模块时要注意科学、正确和边界清晰，为了保证软件的健壮性必须要保证软件的逻辑结构正确，最好设计冗错处理模块；要达到可靠性的目的，在设计阶段必须考虑到硬件、编码和逻辑结构三方面因素；在实现阶段必须提高软件的开放性，提高软件维护测试环境的广度和深度；对于可移植性，还要根据用户的具体情况进行设计，要考虑运行环境和开发环境的限制等因素。

10.5.2 软件质量管理

软件质量管理就是针对保证软件质量而进行的相对对立的管理手段。对于软件管理的方法，行业上众说纷纭，但大致可以归纳为如下几点：

①软件的开发主管要指定完善的计划，计划应以用户要求为基准，并落实相关的标准，定时进行检查。

②在管理制度上建立一套完整、科学的管理制度，制度机制涉及开发人员、管理阶层等各方面，而且要能够与时俱进，不断吸收经验，不断改进机制。

③提高开发人员的素质，培养良好的软件质量保证观念，明确成本和质量的关系，营造良好的团队合作环境。

④遇到问题时要根据具体证据（数据信息）进行逻辑分析，做出科学的决策。

10.5.3 软件质量评审

评审是软件质量保证中必不可少的手段。软件质量保证必须要对软件的程序和相关文档进行评审。

①对软件需求说明、设计说明等文档进行评审，要根据用户要求和行业标准制定评审标准，严格按照软件质量的几个方面（功能、健壮性、可靠性、移植性、可维护性、可测试性、效率）进行评审，给出科学的评审意见。

②对程序进行评审，保证程序的正确性，查明程序的结构和接口是否符合软件质量的要求，适当地提出优化意见。

10.5.4 软件质量保证过程

如何保证软件产品的高质量更是软件生产的目标。软件质量保证过程作为一种第三方的、独立的审查活动贯穿于整个软件生产过程。软件质量保证的目的是为管理者提供软件产品生产过程及软件产品的可视性。软件企业在实施软件质量保证过程中的一个明显的效果就是促进规范化过程的实施，保证了组织制定的软件过程得到项目人员的有效执行。

软件质量保证过程主要内容可概括为如下三个方面：

①通过监控软件的开发过程来保证产品的质量。

②保证生产出的软件和软件开发过程符合相应的标准与规程。

③保证软件产品、软件过程中存在的不符合问题得到处理，必要时将问题反映给高级管理者。

结合这三项内容，软件质量保证过程主要有审计、评审和处理不符合问题等三项主要活动。审计包括对软件工作产品、软件工具和设备的审计。审计是为了评估软件工作产品及工具设备是否符合组织和项目的标准，鉴别偏差及疏漏以便跟踪评价。评审是指对软件过程的评审，其主要任务是保证组织定义的软件过程在项目中得到了遵循。审计和评审的结果记录在相应的报告中。对于审计和评审过程中发现的不符合问题，软件质量保证负责人要进行跟踪和处理。一般处理问题的原则是发现问题首先进行项目内部处理，内部不能解决的，依据管理层次层层提升，直至问题得到解决。

软件质量保证过程的核心在于验证产品和活动的符合性，而软件质量保证过程并不对软件产品的质量负责。

软件质量保证的目的就是为管理人员提供软件项目所用流程和正在构建的产品的可见度。软件质量保证涉及审查和核实软件产品及其活动，以便验证它们与项目采用的过程与标准的一致性。软件质量保证是为了确保对项目进行客观、公正的审查。软件质量保证过程通常包含以下几项活动：

首先是建立SQA组；其次是选择和确定SQA活动，即选择SQA组所要进行的质量保证活动，这些SQA活动将作为SQA计划的输入；然后是制订和维护SQA计划，这个计划明确了SQA活动与整个软件开发生命周期中各个阶段的关系；还有执行SQA计划、对相关人员进行培训、选择与整个软件工程环境相适应的质量保证工具；最后是不断完善质量保证过程活动中存在的不足，改进项目的质量保证过程。

独立的SQA组是衡量软件开发活动优劣与否的尺度之一。SQA组的这一独立性，使其享有一项关键权利越级上报。当SQA组发现产品质量出现危机时，它有权向项目组的上级机构直接报告这一危机。这无疑对项目组起到相当的威慑作用，也可以看成是促使项目组重视软件开发质量的一种激励。这一形式使许多问题在组内得以解决，提高了软件开发的质量和效率。

选择和确定SQA活动这一过程的目的是策划在整个项目开发过程中所需要进行的质量保证活动。质量保证活动应与整个项目的开发计划和配置管理计划相一致。一般把该活动分为以下五类：

1. 评审软件产品、工具与设施

软件产品被称为无形产品，评审时难度更大。在此要注意的是：在评审时不能只对最终的软件代码进行评审，还要对软件开发计划、标准、过程、软件需求、软件设计、数据库、手册，以及测试信息等进行评审。评估软件工具主要是为了保证项目组采用合适的技术和工具。评估项目设施的目的是保证项目组有充足设备和资源进行软件开发工作。这也为规划今后软件项目的设备购置、资源扩充、资源共享等提供依据。

2. SQA活动审查的软件开发过程

SQA活动审查的软件开发过程主要有：软件产品的评审过程、项目的计划和跟踪过程、软件需求分析过程、软件设计过程、软件实现和单元测试过程、集成和系统测试过程、项目交付过程、子承包商控制过程、配置管理过程。特别要强调的是，为保证软件质量，应赋予SQA阻止交付某些不符合项目需求和标准产品的权利。

3. 参与技术和管理评审

参与技术和管理评审的目的是为了保证此类评审满足项目要求，便于监督问题的解决。

4. 做SQA报告

SQA活动的一个重要内容就是报告对软件产品或软件过程评估的结果，并提出改进建议。SQA应将其评估的结果文档化。

5. 做SQA度量

SQA度量是记录花费在SQA活动上时间、人力等数据。通过大量数据的积累、分析，可以使企业领导对质量管理的重要性有定量的认识，利于质量管理活动的进一步开展。当然，并不是每个项目的质量保证过程都必须包含上述这些活动或仅限于这些活动，还要根据项目的具体情况来定。

SQA计划中必须明确定义在软件开发的各个阶段是如何进行质量保证活动的。它通常包含以下内容：质量目标；定义每个开发阶段的开始和结束边界；详细策划要进行的质量保证活动；明确质量活动的职责；SQA组的职责和权限；SQA组的资源需求，包括人员、工具和设施；定义由SQA组执行的评估；定义由SQA组负责组织的评审；SQA组进行评审和检查时所参见的项目标准和过程；需由SQA组产生的文档。

选择合适的SQA工具并不是试图通过选择SQA工具来保证软件产品的质量，而是用以支持SQA的活动。选定SQA工具时，首先需要明确质量保证目标。根据目标制定选择SQA工具的需求并文档化，包括对平台、操作系统以及SQA工具与软件工程平台接口的要求等。

软件质量保证的基本流程可如图10-3所示。

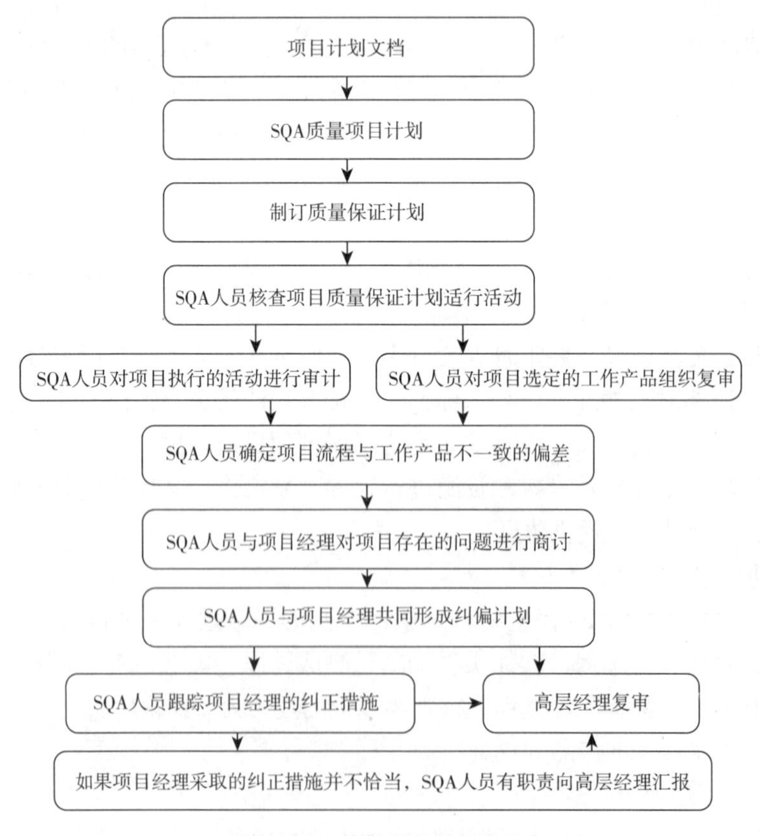

图10-3　软件质量保证流程

该流程描述了软件质量保证计划的形成与复审，SQA人员根据质量保证计划开展质量保证活动，发现问题，跟踪解决问题，并最终向高层管理者汇报项目的执行情况。质量保证计划一般包含项目过程采用的标准（如项目计划估算过程、计划过程、测试过程、复审过程、开发过程、风险管理等）以及软件工作产品的标准（如编码标准、接口定义标准等）。

在项目实际进行过程中，比较典型的情况就是：质量保证人员担心与项目组成员起冲突，以至复审和审计活动缺乏有效性和公正性；或者质量保证人员单纯重视软件产品（如文档、代码等）的审阅，而对项目执行的过程不够重视。

根据图10-3所示流程，在实施项目的质量保证活动时，结合实际开发情况，可确定如下的软件质量保证过程：

① 项目质量保证人员以Microsoft Word拟定项目质量保证计划文档，以Microsoft Project拟定项目质量保证活动的进度表。

② 由质量保证经理或高层管理者指定项目的质量保证人员。项目的质量保证人员在项目开发计划复审通过之后，拟定项目的质量保证计划，并提交给项目经理和质量保证经理或高层管理者复审。

③质量保证人员根据计划对项目执行的活动进行定期审计，记录与项目流程定义不一致的问题，并形成报告。

④质量保证人员组织人员对产出的工作产品进行复审，以验证其是否与项目采用的标准一致，并形成报告。

⑤将审计和复审发现的问题记录到项目的问题跟踪进度表中，跟踪并协调问题的解决情况，并定期向高层管理者汇报，不能解决的由高层管理者协助解决。

⑥ 项目经理或高层管理者定期检查质量保证人员的活动。

⑦ 实际项目中应用的文档有：项目质量保证流程定义、质量保证计划、流程审计报告、软件工作产品复审报告、质量保证计划进度表、SQA问题跟踪解决进度表。

10.6 项目计划

在一个软件项目的开发过程中，项目计划是一个极其重要的组成部分。项目计划在整个软件开发过程中之所以至关重要，这是因为软件项目活动繁多，且活动之间相互影响，需要采用项目管理的方式进行管理，而项目管理的基础就是项目计划。

10.6.1 项目计划内容

通常来说，项目组在软件开发合同签订以后开始制订项目计划（根据实际项目的情况不同，也有做完需求分析以后制订项目计划的情况）。《工作说明书》经常会作为项目计划一个主要的输入条件（当然不是所有的项目都有《工作说明书》，但应该有相应的文件提供类似的内容），项目计划的制订需要同时满足《工作说明书》给定的工作范围、进度、资源等方面的基本要求。项目计划通常包括以下内容：

①项目组织结构、职责描述与说明：说明项目组的组织结构、报告渠道、隶属关系、职位描述、人员与职位的对应关系等。

②资源计划：描述项目所需要的资源，包括硬件资源、软件资源、人力资源等，注明资源的到位时间与释放日期。如果是人力资源，还需要补充其他信息，如所属部门、兼职或全职等。

③项目质量保证计划：从质量保证的角度描述项目中所执行的质量保证活动，例如设定的质量目标、审计活动、日常活动等。

④测试计划：测试方法、测试阶段、测试的入口与出口条件等。

⑤配置管理计划：配置项标识、命名规范、变更流程等。

⑥培训计划：包含培训课程、时间、人员、费用、考核标准等信息。

⑦风险管理计划：风险标识、分类、严重度估计、发生概率估计等。

10.6.2 制订WBS计划

项目计划是如何体现工作范围的呢？常用的方式是通过工作分解的方式，将工作范围细分为活动，然后对每项活动分配时间和资源，而活动结果的总和就是工作范围，我们将这种分解的计划称为WBS（工作分解结构）计划。制订WBS计划是制订项目计划最主要的活动。

制订WBS计划主要分为以下三个步骤：

1. 分解工作任务

将一个总的工作范围（软件项目×××）逐渐细分到合适的粒度，以便对任务进行计划、执行和控制。对于软件项目来说，分解工作任务不是一项单纯的计划活动，而是要根据项目的特点决定工作任务的分解结构。实际工作中更多地会考虑技术因素来确定工作分解结构的形式。

2. 定义活动依赖关系

确定了项目中要完成哪些活动以后，需要对这些活动之间的依赖关系做出定义。活动之间的依赖关系取决于实际工作的要求，不同活动之间的依赖关系决定了活动的优先顺序及其重要性。活动依赖关系是确定项目关键路径和活动浮动时间的必要条件，定义活动间依赖关系的目的是确定每一项活动所需要的输入、输出关系。

3. 分配时间和资源

完成工作任务分解并定义了活动的依赖关系后，接下来就是为每项活动分配相应的时间和资源。

通常每个活动都会产生自己的交付物。为活动分配时间可以采用自下而上和自上而下两种不同的方法。自下而上是先估计最小粒度的活动所需要的时间，项目所需的时间则取决于所有项目活动的关键路径时间；自上而下则是确定完成项目所需要的总的时间，然后将时间分配给不同的活动。这两种方法在实际中都有应用，对于客户项目，很多情况下只能采取自上而下的方式，因为大多数项目都事先确定好了项目的交付时间。

在软件项目计划中，资源分配主要指人员的分配，指定了时间资源以后，应该指定人力资源。一项工作任务是否能够完成，所需要的时间和人员是两个最主要的变量。在一定的范围内，时间和人员是可以互换的。即增加人员会缩短工作时间；延长时间会降低对人员的需求量（但这种观点的害处在于管理者往往会认为所有的活动都可以互换时间和人力资源）。如果已经确定了活动的完成时间，则指定相应的人员作为完成活动的责任人。

10.6.3 项目时间管理

按时、保质地完成项目是每个项目最基本的目标。但事实表明：在软件项目中，工期拖延的情况却频繁发生。因而合理地安排项目时间是项目管理中一项关键内容，其目的是保证按时完成项目、合理分配资源、发挥最佳工作效率。主要工作包括定义项目活动、任务、活动排序、每项活动的合理工期估算、制订项目完整的进度计划、资源共享分配、监控项目进度等内容。

时间管理工作开始以前应该先完成项目管理工作中的范围管理部分。如果只图节省时间，把这些前期工作省略，后面的工作必然会走弯路，反而会耽误时间。项目一开始首先要有明确的项目目标、可交付产品的范围定义文档和项目的工作分解结构（WBS）。由于一些是明显的、项目所必需的工作，而另一些则具有一定的隐蔽性，所以要以经验为基础，列出完整的完成项目所必需的工作，同时要有专家审定过程，以此为基础才能制订出可行的项目时间计划，进行合理的时间管理。

1. 项目活动定义

将项目工作分解为更小、更易管理的工作包也称活动或任务，这些小的活动应该是能够保障完成交付产品的可实施的详细任务。在项目实施中，要将所有活动列成一个明确的活动清单，并且让项目团队的每一个成员能够清楚有多少工作需要处理。活动清单应该采取文档形式，以便于项目其他过程的使用和管理。当然，随着项目活动分解的深入和细化，工作分解结构可能会需要修改，这也会影响项目的其他部分。例如成本估算，在更详尽地考虑活动后，成本可能会有所增加，因此完成活动定义后，要更新项目工作分解结构上的内容。

2. 活动排序

在进行项目活动关系的定义时通常采用优先图示法、箭线图示法、条件图示法、网络模板这四种方法，最终形成一套项目网络图。其中比较常用的方法是优先图示法，也称为单代号网络图法。

3. 活动工期估算

项目工期估算是根据项目范围、资源状况计划列出项目活动所需要的工期。估算的工期应该现实、有效并能保证质量。所以，在估算工期时要充分考虑活动清单、合理的资源需求、人员的能力因素以及环境因素对项目工期的影响。在对每项活动的工期估算中应充分考虑风险因素对工期的影响。项目工期估算完成后，可以得到量化的工期估算数据，将其文档化，同时完善并更新活动清单。

一般来说，工期估算可采取以下几种方式：

①专家评审形式。由有经验、有能力的人员进行分析和评估。

②模拟估算。使用以前类似的活动作为未来活动工期的估算基础，计算评估工期。

③定量型的基础工期。当产品可以用定量标准计算工期时，则采用计量单位为基础数据整体估算。

④保留时间。工期估算中预留一定比例作为冗余时间以应付项目风险。随着项目进展，冗余时间可以逐步减少。

4. 安排进度表

项目进度计划意味着明确定义项目活动的开始和结束日期，这是一个反复确认的过程。进度表的确定应根据项目网络图、估算的活动工期、资源需求、资源共享情况、项目执行的工作日历、进度限制、最早和最晚时间、风险管理计划、活动特征等统一考虑。

进度限制即根据活动排序考虑如何定义活动之间的进度关系。一般有两种形式：一种是加强日期形式，以活动之间前后关系限制活动的进度，如一项活动不早于某活动的开始或不晚于某活动的结束；另一种是关键事件或主要里程碑形式，以定义为里程碑的事件作为要求的时间进度的决定性因素，制订相应的时间计划。

在制订项目进度表时，先以数学分析的方法计算每个活动最早开始和结束时间与最迟开始和结束日期得出时间进度网络图，再通过资源因素、活动时间和可冗余因素调整活动时间，最终形成最佳活动进度表。

关键路径法（CPM）是时间管理中很实用的一种方法，其工作原理是：为每个最小任务单位计算工期、定义最早开始和结束日期、最迟开始和结束日期、按照活动的关系形成顺序的网络逻辑图，找出必需的最长的路径，即为关键路径。

时间压缩是指针对关键路径进行优化，结合成本因素、资源因素、工作时间因素、活动的可行进度因素对整个计划进行调整，直到关键路径所用的时间不能再压缩为止，得到最佳时间进度计划。

5. 进度控制

进度控制主要是监督进度的执行状况，及时发现和纠正偏差、错误。在控制中要考虑影响项目进度变化的因素、项目进度变更对其他部分的影响因素、进度表变更时应采取的实际措施。

10.7 软件管理工具

项目管理和项目管理技术方法，没有相应的软件系统的支持和实现，这些技术和方法将难以实现。计算机和网络技术的发展为项目管理带来了新的发展。我们可以利用计算机记录、分析、模拟演示项目管理的过程，协调项目的各个细节，而网络能够使我们可以及时传递和共享信息。因此，在信息时代，项目管理要充分利用现代信息技术，进行全面及时的信息交流和传递。

微软公司于1990年就推出了基于Windows平台的项目管理软件系统 Microsoft Project 1.0版本，后经过多年的升级改进，不断推出功能更加完善的Microsoft Project 新版本，被称为全球最畅销的项目管理软件，它能够支持从初学者到专家各个不同层次的需要，可以帮助用户有效地进行项目计划、设计和管理一个项目，使用户能够实现项目范围管理、进度管理、资源管理、信息沟通管理、项目综合管理。

目前项目管理软件Microsoft Project正被广泛地应用于项目管理工作中，尤其是它清晰的表达方式，在项目时间管理上更显得方便、灵活、高效。在管理软件中输入活动列表、估算的活动工期、活动之间的逻辑关系、参与活动的人力资源、成本，项目管理软件可以自动进行数学计算、平衡资源分配、成本计算，并可迅速地解决进度交叉问题，也可以打印显示出进度表。项目管理软件除了具备项目进度制定功能外，还具有较强的项目执行记录、跟踪项目计划、实际完成情况记录的能力，并能及时给出实际和潜在的影响分析。图10-4~图10-9所示为部分项目管理和功能示例。

	任务名称	工期	开始时间	完成时间	前置任务	资源名称
1	**办公自动化系统**	**130 工作日?**	**2011年1月1日**	**2011年6月30日**		
2	需求分析	30 工作日?	2011年1月1日	2011年2月10日		系统分析师A
3	**方案设计**	**38 工作日**	**2011年2月11日**	**2011年4月5日**		
4	总体设计	8 工作日	2011年2月11日	2011年2月22日	2	系统分析师B
5	详细设计	30 工作日	2011年2月23日	2011年4月5日	4	软件设计师B
6	**程序设计**	**30 工作日**	**2011年4月6日**	**2011年5月17日**		
7	系统后台管理	12 工作日	2011年4月6日	2011年4月21日	5	编程员A
8	办公文档管理	20 工作日	2011年4月6日	2011年5月3日	5	编程员B
9	部门业务管理	20 工作日	2011年4月6日	2011年5月3日	5	编程员C
10	公众信息管理	25 工作日	2011年4月6日	2011年5月10日	5	编程员D
11	后勤管理	18 工作日	2011年4月22日	2011年5月17日	7	测试员A
12	**测试与联调**	**29 工作日**	**2011年5月18日**	**2011年6月27日**		
13	单元测试	10 工作日	2011年5月18日	2011年5月31日	6	测试员A
14	集成测试	12 工作日	2011年6月1日	2011年6月16日	13	测试员B
15	确认测试	5 工作日	2011年6月17日	2011年6月23日	14	测试员C
16	系统测试	2 工作日	2011年6月24日	2011年6月27日	15	测试员B
17	**培训交付**	**3 工作日**	**2011年6月28日**	**2011年6月30日**		
18	用户培训	3 工作日	2011年6月28日	2011年6月30日	12	软件设计师A
19	成果交付	3 工作日	2011年6月28日	2011年6月30日	12	系统分析师B

图 10-4　软件项目管理示例

	任务名称	工期	开始时间	完成时间	前置任务	完成百分比	资源名称
1	**A&B项目计划**	**34 个工作日**	**2015年10月7日**	**2015年11月14日**		**2%**	
2	**1. 项目启动**	**1.5 个工作日**	**2015年10月9日**	**2015年10月10日**		**0%**	
3	项目组成立	0.5 个工作日	2015年10月9日	2015年10月9日		0%	
4	事项沟通	0.5 个工作日	2015年10月9日	2015年10月9日	3	0%	
5	项目计划发布	0.5 个工作日	2015年10月10日	2015年10月10日	4	0%	
6	**2. B方输出资源**	**1.5 个工作日**	**2015年10月10日**	**2015年10月12日**		**57%**	
7	提供OBD接口协议、ECU	0.5 个工作日	2015年10月10日	2015年10月10日	2	100%	
8	提供平台接口、故障码接口	0.5 个工作日	2015年10月12日	2015年10月12日	7	20%	
9	提供车检SDK、demo	0.5 个工作日	2015年10月12日	2015年10月12日	8	50%	
10	**3. A对接OBD**	**10 个工作日**	**2015年10月7日**	**2015年10月17日**		**0%**	
11	开发心跳包	1 个工作日	2015年10月7日	2015年10月7日		0%	
12	OBD数据交互接口	2.5 个工作日	2015年10月8日	2015年10月10日	11	0%	
13	缓冲时间（其它事宜）	1.5 个工作日	2015年10月10日	2015年10月12日	12	0%	
14	行程数据接口	1 个工作日	2015年10月13日	2015年10月13日	13	0%	
15	打包及GPS数据接口	1 个工作日	2015年10月14日	2015年10月14日	14	0%	
16	日志指令	1 个工作日	2015年10月15日	2015年10月15日	15	0%	
17	报警相关接口	2 个工作日	2015年10月16日	2015年10月17日	16	0%	
18	**4. A对接B服务器**	**5 个工作日**	**2015年10月14日**	**2015年10月19日**		**0%**	
19	登录接口	1 个工作日	2015年10月14日	2015年10月14日		0%	
20	车辆配置文件接口	2 个工作日	2015年10月15日	2015年10月16日	19	0%	
21	车检故障码接口	2 个工作日	2015年10月17日	2015年10月19日	20	0%	
22	5. OBD升级模块	1 个工作日	2015年10月19日	2015年10月19日	10	0%	
23	**6. IOS/Android对接OBD**	**2 个工作日**	**2015年10月19日**	**2015年10月20日**		**0%**	
24	对接wifi	1 个工作日	2015年10月19日	2015年10月19日		0%	
25	对接车检SDK	1 个工作日	2015年10月20日	2015年10月20日	24	0%	
26	**7. 项目整体联调**	**5 个工作日**	**2015年10月20日**	**2015年10月24日**		**0%**	
27	A与B通讯联调	5 个工作日	2015年10月20日	2015年10月24日	22	0%	
28	A与B服务器联调	2 个工作日	2015年10月20日	2015年10月21日	18	0%	
29	APP与OBD通讯联调	3 个工作日	2015年10月21日	2015年10月23日	23	0%	
30	8. A方面功能开发	11 个工作日	2015年10月26日	2015年11月6日	26	0%	
31	9. 场景测试（可能需要配合）	5 个工作日	2015年11月9日	2015年11月13日		0%	
32	10. 验收发布	1 个工作日	2015年11月14日	2015年11月14日	31	0%	

图 10-5　项目规划功能示例：任务进度计划

任务名称	工期	开始时间	完成时间	前置任务	资源名称	限制类型	限制日期	可宽延的总时间
里程碑	**96 days**	**2014年5月13日**	**2014年9月24日**			**越早越好**	**NA**	**0 days**
需求确定	0 days	2014年5月13日	2014年5月13日	12	项目经理	必须完成于	2014年5月13日	0 days
设计确定	0 days	2014年6月17日	2014年6月17日	15	项目经理	必须完成于	2014年6月17日	0 days
编码完成	0 days	2014年7月15日	2014年7月15日	18	项目经理	必须完成于	2014年7月15日	0 days
测试通过	0 days	2014年8月13日	2014年8月13日	21	项目经理	必须完成于	2014年8月13日	0 days
发布	0 days	2014年9月24日	2014年9月24日	24	项目经理	必须完成于	2014年9月24日	0 days
需求阶段	**18.5 da**	**2014年4月7日**	**2014年5月1日**			**越早越好**	**NA**	**8.38 days**
需求调研	5 days	2014年4月7日	2014年4月14日		产品经理	不得早于...开始	2014年4月7日	8.38 days
调研方案整理	3 days	2014年4月14日	2014年4月17日	8	产品经理	越早越好	NA	8.38 days
调研方案评审	1 day	2014年4月18日	2014年4月21日	9	产品经理，项目经理	越早越好	NA	8.38 days
需求整理	5 days	2014年4月21日	2014年4月29日	10	产品经理	越早越好	NA	8.38 days
需求评审	1 day	2014年4月29日	2014年5月1日	11	产品经理，项目经理	越早越好	NA	8.38 days
设计阶段	**20 days**	**2014年5月14日**	**2014年6月10日**			**越早越好**	**NA**	**5 days**
设计任务1	10 days	2014年5月14日	2014年5月27日	2	开发经理	越早越好	NA	5 days
设计任务2	10 days	2014年5月28日	2014年6月10日	14	开发经理	越早越好	NA	5 days
编码阶段	**20 days**	**2014年6月18日**	**2014年7月15日**		**开发经理**	**越早越好**	**NA**	**0 days**
编码任务1	10 days	2014年6月18日	2014年7月1日	3	开发工程师	越早越好	NA	0 days
编码任务2	10 days	2014年7月2日	2014年7月15日	17	开发工程师	越早越好	NA	0 days
测试阶段	**20 days**	**2014年7月16日**	**2014年8月12日**		**测试人员**	**越早越好**	**NA**	**1 day**
测试任务1	10 days	2014年7月16日	2014年7月29日	4	测试工程师	越早越好	NA	1 day
测试任务2	10 days	2014年7月30日	2014年8月12日	20	测试工程师	越早越好	NA	1 day
发布阶段	**20 days**	**2014年8月14日**	**2014年9月10日**			**越早越好**	**NA**	**10 days**
发布任务1	10 days	2014年8月14日	2014年8月27日	5	项目经理	越早越好	NA	10 days
发布任务2	10 days	2014年8月28日	2014年9月10日	23	项目经理	越早越好	NA	10 days

	任务模	Task Name	工期	开始时间	完成时间	前置任务	资源名称	工时
0		项目进度监控	22 个工作日	2012年8月14日	2012年9月12日		预算 - 人力，预算 -	176 工时
1		**阶段 1**	**8 个工作日**	**2012年8月14日**	**2012年8月23日**			**64 工时**
2		任务 1	3 个工作日	2012年8月14日	2012年8月16日		洪国明	24 工时
3		任务 1	3 个工作日	2012年8月17日	2012年8月21日	2	孙荷佑，机票，住宿	24 工时
4		阶段 1 完成	0 个工作日	2012年8月21日	2012年8月21日	3	王婉芬	0 工时
5		阶段 2 计划中	2 个工作日	2012年8月22日	2012年8月23日	4	王婉芬	16 工时
6		**阶段 2**	**8 个工作日**	**2012年8月24日**	**2012年9月4日**			**64 工时**
7		任务 3	3 个工作日	2012年8月24日	2012年8月28日	5	洪国明	24 工时
8		任务 4	3 个工作日	2012年8月29日	2012年8月31日	7	孙荷佑，机票，住宿	24 工时
9		阶段 2 完成	0 个工作日	2012年8月31日	2012年8月31日	8	王婉芬	0 工时
10		阶段 3 计划中	2 个工作日	2012年9月3日	2012年9月4日	9	王婉芬	16 工时
11		**阶段 3**	**6 个工作日**	**2012年9月5日**	**2012年9月12日**			**48 工时**
12		任务 5	3 个工作日	2012年9月5日	2012年9月7日	10	洪国明	24 工时
13		任务 6	3 个工作日	2012年9月10日	2012年9月12日	12	机票，住宿，孙荷佑	24 工时
14		阶段 3 完成	0 个工作日	2012年9月12日	2012年9月12日	13	王婉芬	0 工时

图 10–6　项目规划功能示例：任务进度计划

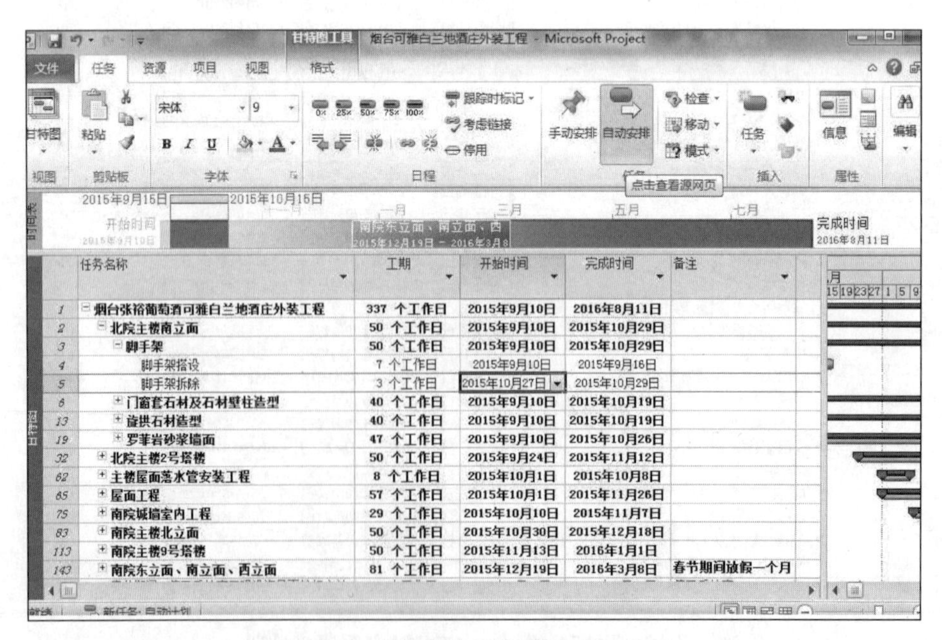

	任务名称	工期	开始时间	完成时间	备注
1	烟台张裕葡萄酒可雅白兰地酒庄外装工程	337 个工作日	2015年9月10日	2016年8月11日	
2	北院主楼南立面	50 个工作日	2015年9月10日	2015年10月29日	
3	脚手架	50 个工作日	2015年9月10日	2015年10月29日	
4	脚手架搭设	7 个工作日	2015年9月10日	2015年9月16日	
5	脚手架拆除	3 个工作日	2015年10月27日	2015年10月29日	
6	门窗套石材及石材壁柱造型	40 个工作日	2015年9月10日	2015年10月19日	
13	旋拱石材造型	40 个工作日	2015年9月10日	2015年10月19日	
19	罗菲岩砂浆墙面	47 个工作日	2015年9月10日	2015年10月26日	
32	北院主楼2号塔楼	50 个工作日	2015年9月24日	2015年11月12日	
62	主楼屋面落水管安装工程	8 个工作日	2015年10月1日	2015年10月8日	
65	屋面工程	57 个工作日	2015年10月1日	2015年11月26日	
75	南院城墙室内工程	29 个工作日	2015年10月10日	2015年11月7日	
83	南院主楼北立面	50 个工作日	2015年10月30日	2015年12月18日	
113	南院主楼9号塔楼	50 个工作日	2015年11月13日	2016年1月1日	
143	南院东立面、南立面、西立面	81 个工作日	2015年12月19日	2016年3月8日	春节期间放假一个月

图 10–7　项目监控功能示例：Gantt 图

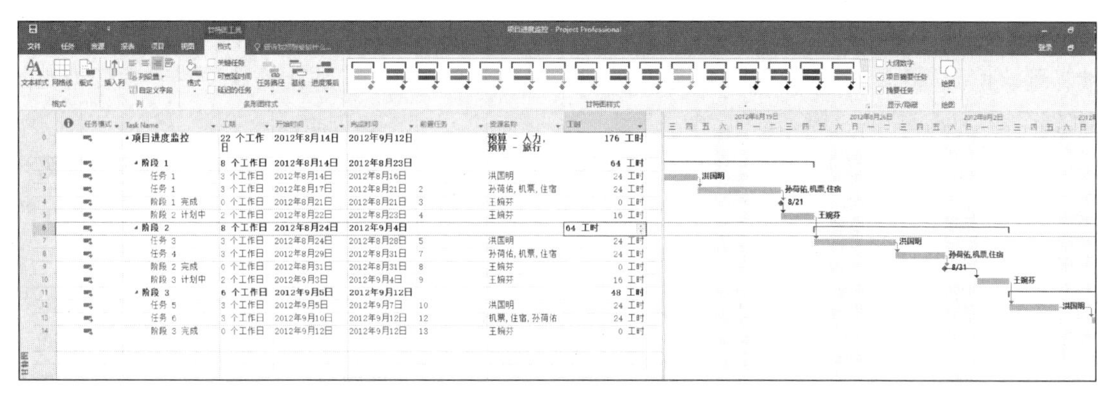

图 10–7 项目监控功能示例：Gantt 图（续）

图 10–8 项目监控功能示例：预算情况图

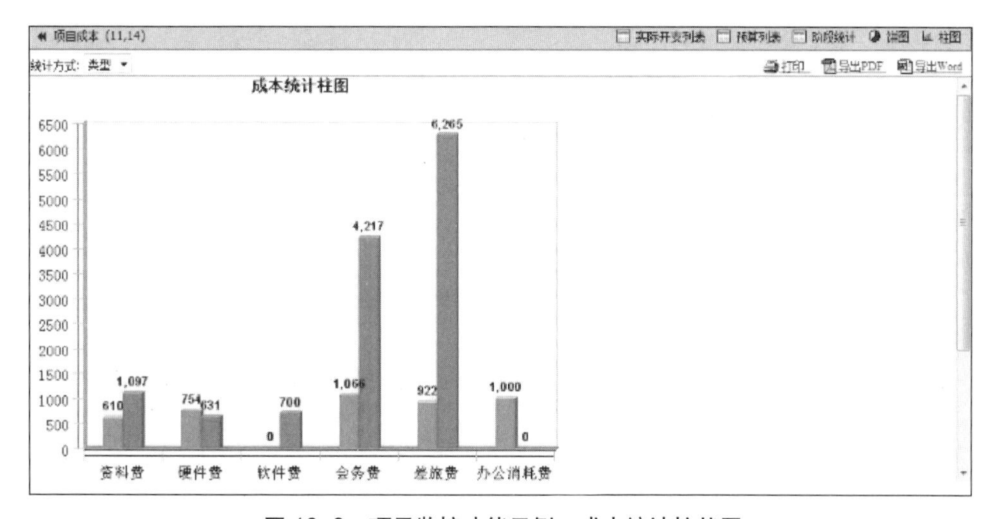

图 10–9 项目监控功能示例：成本统计柱状图

项目管理工具软件系统通常使用微软Microsoft Project的各个版本，但它应用于软件项目管理时缺少针对性，而另一款被人们认可并广为使用的软件项目管理软件工具——集成化项目管理系统Future系统正在业力逐步流行起来。

Future是基于Web的集成化项目管理系统，主要功能包括项目规划、项目监控、需求管理、质量管理、配置管理、合同管理和日常工作管理等，Future的目标是让软件项目管理变得更加简单有效。

Future的主要用户是IT企业的研发主管、项目经理、软件开发人员、测试人员和质量管理人员等。使用Future可以大大降低IT项目管理的难度和工作量，有效提高产品质量、提高生产率并且降低开发成本。

Future为软件项目管理提供了一个卓有成效的解决方案。软件企业开发软件产品的主要目的是获取利润，为了使利润最大化，人们总是希望产品开发工作做得好、做得快并且少花钱。然而，国内绝大多数软件项目依然面临着质量低下、进度延误、费用超支这些老问题，这是IT企业尤其是软件企业长期面临的研发管理难题。

Future将项目规划、项目监控、需求管理、质量管理、配置管理、合同管理和日常工作管理这些最常用的管理工具全部集成于Web环境，用户不必多次购买分立的管理工具，不仅提高了使用效率，而且大大降低了购买软件的成本。

Future项目管理软件功能界面图如下：

1. Future 4.1的功能结构（见图10–10）

图 10–10 Future 4.1 的功能结构

2. 研发项目管理流程（见图10-11）

图10-11 研发项目管理流程

3. 研发项目管理系统Future的界面示例（见图10-12）

系统管理视图

系统管理视图
- 公共设置
  - 组织结构
  - 人员管理
  - 公共角色
  - 评审流程设置
  - 审批流程设置
  - 产品线设置
  - 工作日历
  - Email参数
  - 绩效体系维护
  - 系统备份
  - 系统枚举值
  - 许可管理
  - 系统操作日志
  - 初始化和修复
  - 个性化设置
  - 自定义菜单
- 项目管理视图设置
  - 项目角色权限
  - 立项与结项 (4/23)
  - Email设置
  - 任务树形表模板
  - 质量保证模板
  - 工作延期提醒设置
- 营销客服视图设置
  - 人员角色权限
  - Email设置
  - 受理和处理分类 (6)
- 行政办公视图设置
  - 人员角色权限
  - Email设置

立项与结项 (4/23)　列表　树形表　分列树形表　新建

立项与结项树形表　提示：拥有系统授权者可以使用。

项目来源：全部　本单位　客户　代理商　隐藏停用项目

#	全部展开 组织结构/项目简称 全部折叠	项目经理	开始日期	计划完成日期	结项日期	启用/停用	创建人
						[全部]	
1	上海漫索科技(0/23)						
2	软件开发部(13/13)						
3	MainSoft 6.x	黄曙江	2008-01-01	2008-04-30		启用	系统管理员
4	Mainsoft 7.x	黄曙江		0-31		启用	系统管理员
5	MainSoft 8.x	黄曙江		2-31		启用	林锐
6	RDMS 4.x	林锐		6-30	2010-07-01	启用	系统管理员
7	RDMS 5.x	黄曙江		2-29		启用	系统管理员
8	软件测试部(0/0)						
9	咨询和营销部(5/5)						
10	XX技术管理项目-2010	林锐		2-31		启用	林锐
11	步步高咨询项目	林锐		1-30		启用	系统管理员
12	福州星网视易咨询项目	林锐		0-01		启用	系统管理员
13	浙江创维公司咨询项目	林锐		2-31		启用	系统管理员
14	步步高教育电子公司(0/1)						
15	点读机事业部(0/0)						
16	早教机事业部(1/1)						
17	步步高产品研究和设计	林锐	2009-04-01	2010-04-01		启用	林锐
18	其他(0/0)						
19	浙大工业设计(0/0)						

复制为新项目
修改项目信息
修改创建人
撰写立项信息
撰写结项信息
停用
移动到
生成Excel文件
拷贝列表
打印

图10-12 研发项目管理系统Future的界面示例

习　题

1. 项目管理分为哪几个阶段，每个阶段的基本任务是什么？
2. 一个项目包括哪些要素？
3. 一个项目成功的关键因素是什么？
4. 软件开发项目启动阶段的主要任务是什么？
5. WBS是什么？
6. 软件开发项目如何实施风险管理？
7. 软件开发项目的团队应该具有什么样的人才结构？
8. 如何理解软件开发项目的进度计划？

参考文献

[1] 索姆维拉. 软件工程：第9版[M]. 程成，译. 北京：机械工业出版社，2011.
[2] 张海藩. 软件工程[M]. 2版. 北京：人民邮电出版社，2006.
[3] 耿建敏，吴文国. 软件工程[M]. 北京：清华大学出版社，2009.
[4] 李发陵，刘志强. 软件工程[M]. 北京：清华大学出版社，2013.
[5] 王立福. 软件工程[M]. 北京：北京大学出版社，2009.
[6] 廖礼萍. 软件工程与实践[M]. 西安：西安交通大学出版社，2012.
[7] 史济民. 软件工程：原理、方法与应用[M]. 2版. 北京：高等教育出版社，2002.
[8] 殷人昆. 实用软件工程[M]. 3版. 北京：清华大学出版社，2010.